第一辑
（2014）

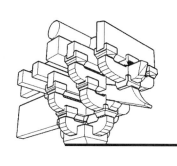

北京古代建筑博物馆 编

北京古代建筑博物馆文丛

学苑出版社

图书在版编目(CIP)数据

北京古代建筑博物馆文丛. 第 1 辑/北京古代建筑博物馆编.
— 北京:学苑出版社,2014.12

ISBN 978 - 7 - 5077 - 4659 - 4

Ⅰ. ①北… Ⅱ. ①北… Ⅲ. ①古建筑 - 博物馆 - 北京市 -
文集 Ⅳ. ①TU - 092.2

中国版本图书馆 CIP 数据核字(2014)第 280280 号

责任编辑:周　鼎
出版发行:学苑出版社
社　　　址:北京市丰台区南方庄 2 号院 1 号楼　　100079
网　　　址:www. book001. com
电子信箱:xueyuanpress@ 163. com;xueyuanyg@ sina. com
销售电话:010 - 67675512、67678944、67601101(邮购)
印　刷　厂:三河市灵山红旗印刷厂
开本尺寸:787 × 1092　1/16
印　　　张:23.5
字　　　数:380 千字
版　　　次:2014 年 12 月第 1 版
印　　　次:2014 年 12 月第 1 次印刷
定　　　价:280.00 元

"先农坛历史文化展"清代中和韶乐乐器展厅

"先农坛历史文化展"展厅一

先农坛历史文化展

"先农坛历史文化展"展厅二

"先农坛历史文化展"展厅三

"先农坛历史文化展"复原的清代末年先农神祭祀陈设

"先农坛历史文化展"仿制品：彩亭

2014 年“敬农文化展演”活动揭幕式

2014年"敬农文化展演"活动现场：祭祀陈设

2014年"敬农文化展演"活动现场：祭神

"皇帝"敬香

2014年"敬农文化展演"活动现场：祭舞

舒小峰局长陪同市领导观看展览

舒小峰局长开幕式致辞

展览讲解

"中华古桥展"揭幕式

古桥模型一

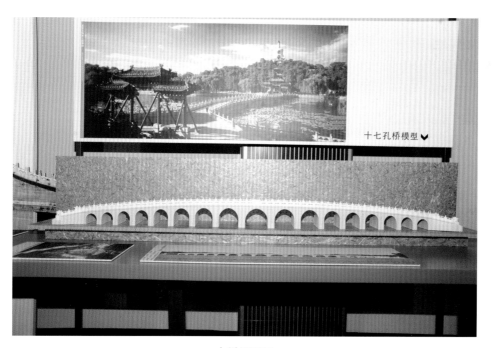

十七孔桥模型 ✔

古桥模型二

《古都今与昔》台湾巡展开幕式

台湾巡展开幕式

台湾巡展展厅

2014 年德国巡展开幕式

德国观众领取纪念品

紧张布展

古建彩画展览

北京古建博物馆文化创意产品 一

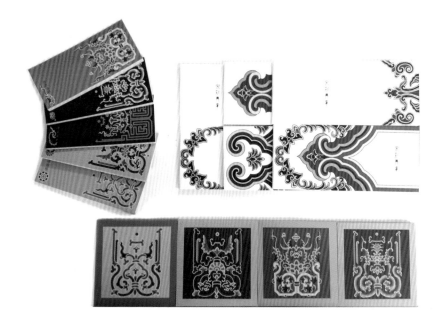

北京古建博物馆文化创意产品 二

从中国古建筑 最根本的 特征说起

以上是我为中国国家一级注册建筑师资格考试"中国建筑史"复习教材中的一个片断："木构架体系，房倒屋不塌"是中国古建筑最根本的特点。这是梁思成先生经过在国外学习、研究、考察西方古典建筑，回国后在中国营造学社研读中国古代的营造术书——营造法式、清工部工程做法，并调查测绘了大量的古建筑而得出的结论，而且引用了一句通俗的谚语，"房倒屋不塌"来形象地概括中国古代建筑的特征，十分生动。得体。以致把中国古建筑中的宫殿、祠庙、衙署、庐居、商铺等建筑，除全是木构架角杭体系，既或是砖石结构的塔、殿、牌坊墓室，也都做成仿木构式样，更表明木构架

此处可分段

20×15＝300　　第　1　页

一个最彻底的例子：福建泉州的 ~~双石塔~~ 开元寺 塔的 一切构件—梁、柱、斗栱……全是石头的、尤其是出跳的斗栱,对石材很是不利……。至今记得梁思成老师在讲到一段时说："它们明"是石头、都要竭力地 ~~做成~~ 装成 木材的样子……"说着伸出双臂做斗栱出跳的姿态……。砖塔、基室甚至无梁殿都有仿木结构的表现。更足以见木构架体系在中国古建筑中的地位之重。

不过、实际上人们对木构架体系的理解不是很清楚、存在着一些误区；例如说北京的合院房屋是"砖木结构"的。不修看见一栋建筑有砖墙有木构架就是砖木结构的、要看砖墙是否是承重墙。正规的北京的合院房屋全是木构架的、只有硬山搁檩的才够称砖木结构 ~~梁架是否支在砖墙上?!~~

中国古建筑的木构架承重体系与西方近代

王其明教授手稿的影印件（二）

体系是中国建筑最基本的特征。

作为老北京的老年人，对此更有亲身体会。
我现年85岁，幼年时上学，走在胡同中——尤其
是雨后，常可见到房屋的沿于后塌墙垮塌下来，
而房坡无损。——近年来胡同中开了不少商铺
饭馆，一般都是拆除后墙装修而成，这些都
是墙倒屋不塌的生动实例。再举一个有趣例子，
最近听评书"薛礼征东"，书中说到尉迟敬往书
苦找寻白衣小将薛仁贵，那天已抓住薛的手腕
却被摔倒，挣脱逃走。而当车后也室中薛的几
位弟兄，已无法从房门出逃，而是踹倒西山
墙逃脱。如果山墙是承重墙，则不易踹倒，再
者墙倒屋塌如何逃走。从这也可见唐代中国
屋宇是木构架承重，墙倒屋不塌的。

砖石建筑做成木构的模样，例证极多，只举

王其明教授手稿的影印件（三）

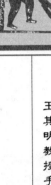

的钢筋混凝土框架结构的原理是一致的，也是科学的，这也正是中国建筑得以传承久远的原因，值得珍视。如何进一步提高发展，则有待于来者！

王其明 2044.7.30

20×15=300　　第　　页

王其明教授手稿的影印件（四）

北京古代建筑博物馆文丛
第一辑(2014 年)

编委会

序 言

一

北京古代建筑博物馆（以下简称古建馆），1991 年正式成立。20 余年间，古建馆开放、接待、服务等各项工作均取得了不小的成就，业务研究也大有建树。过去的一个时期，在理论研究方面，本馆以单位或个人的名义先后出版了《北京先农坛史料选编》、《北京古代建筑博物馆论文集》、《北京先农坛研究与保护修缮》、《先农神坛》、《北京先农坛》、《中国古代建筑展》（图录）、《先农坛历史文化展》（图录）等专论、专著，同时本馆专业人员也曾在《北京文博》等文化刊物上广泛发表学术文章，使本馆的学术研究在相关领域之中有了长足的拓展。

然而，一直以来古建馆还没有建立起一个系统的介绍本馆各方面工作的专门刊物。经过努力，今年古建馆拟编辑出版一部丛刊，刊名定为《北京古代建筑博物馆论文丛》（以下称《馆刊》），我相信，随着这部研究古代建筑历史文化、研究先农坛历史文化、研究博物馆管理和博物馆学等方面的综合性刊物的诞生，本馆的业务工作和理论研究水平也将有一个新的飞跃！

目前在全馆员工的努力之下、专家学者的支持之下，这部《馆刊》已编辑完成，不日出版。这是一部学术性较强的刊物，在古建馆的建馆史上具有里程碑的意义，作为本届馆长，能够为这部《馆刊》作序，我感到非常荣幸。

荀子讲过："不积跬步，无以至千里；不积小流，无以成江海。"①

---

① 参见［清］王先谦撰《荀子集解·劝学第一》，中华书局 1988 年 9 月第 1 版，第 8 页。

古建馆的起步之年定格在 1988 年，"从先农坛的古建筑腾退、拆迁、修缮、保护，到博物馆的展陈、开放、宣传、管理，经历了 20 多年难忘的成长岁月"，① 迈出了"千里积跬"的第一步。但是，日积月累之后，我们发现：古建馆的建设与发展之路仍然艰巨，更何况我们还肩负着双重的历史重任。众所周知，依托古代建筑遗址筹办博物馆是文物局办馆的一大特色。古建馆和古代先农坛遗址，这两件事物原本互无联系，由于市文物局对先农坛实施了搬迁整治规划，又在其遗址内建立了古代建筑博物馆，因此二者之间就有了密切的联系，古建馆的主要业务工作也就包含了"古代建筑历史文化"和"先农坛历史文化"两条主线。作为博物馆的一员，我们深知脚下的路还很长，任重而道远，"革命尚未成功，同志仍需努力"。②可喜的是，在基础工作积累的过程中，古建馆的两大基本陈列已经制作并改造完成，即"中国古代建筑展"和"先农坛历史文化展"，此两项展览的建立，为本馆今后的业务研究和各项工作的发展打下了坚实的基础。

二

近年来，本馆在古代建筑方面的主题展览已经逐渐形成了临时展览的一大特色品牌，内容包括"土木中华"、"中华牌楼"、"中华古桥"、"中华古亭"、"中华古村镇"、"中华民居"、"中华古塔"、"中华古建彩画"等，这些品牌创建伊始便走了一条巡回展览之路。例如，2013 年举办"中华牌楼"赴韩国巡展，2014 年 3 月配合市文物举办"中华民居——北京胡同、四合院"赴泰国巡展，4 月举办"古都今与昔——北京建筑风貌展"赴台南巡回展览，6 月举办"土木中华"赴德国巡展、12 月赴西班牙举办巡展，今年第三季度还将举办"中华古典园林"赴澳大利亚巡展等，接下来，2015 年计划赴法国举办巡展。这些展览都是以开发和挖掘本馆资源而生成的，具有独特性和独创性的特殊含义。我们的巡回展览所到之处，均受到好评，品牌效应十分显著。

接下来，本馆还将在国内进行巡回展览，计划每年不少于一个省。在"走出去"的同时，我们要把一些特色展览"引进来"，比

① 参见《北京古代建筑博物馆论文集·写在前面的话》，中国民主与法制出版社 2012 年 1 月第 1 版。

② 孙中山先生语。

如福建民居、云南民居、西藏民居、新疆民居等，拓展民族建筑文化进馆，一方面力争促进文化交流；另一方面要做到互通有无，互补短长，达到相互宣传和相互发展的目的。

三

在先农坛历史文化方面，近年来也逐渐形成了一些特色展览的构想，包括"中华先农文化"、"中华坛庙文化"、"中华祭祀文化"、"中华农耕文化"、"中华农具文化"等，希望这些内容将成为本馆继建筑系列巡展之后的又一主打品牌。

在举办先农坛历史文化临时展览的同时，还有两项特色文化活动值得推出，即"敬农文化展演"活动和"一亩三分地——皇帝亲耕"文化活动。

(一)"敬农文化展演"活动

这是近年来本馆一年一度坚持不懈举办的文化活动之一。

追溯祭祀先农的历史，可以查考到三千多年前的西周时朝，《史记·孝文本纪》载："上曰：'农，天下之本，其开耤田①，朕亲率耕，以给宗庙粢盛。'"② 此后，自汉至魏晋南北朝之后皆在京都设坛祭祀先农。唐宋时将祭祀及设施规模逐渐扩大。元统一后，"武宗至大三年夏四月，从大司农请，建农、蚕二坛。博士议：二坛之式与社稷同，纵广一十步，高五尺，四出陛，外墙相去二十五步，每方有棂星门。"③

开发"敬农文化展演"活动，是以展现皇家传统祭祀文化为契机，结合业务研究开展的文化活动内容之一，这是今后本馆业务工作的一项重要任务，在举办文化活动的同时，扩大宣传、扩大影响，以逐渐形成"敬农"文化系列品牌，目的是不断提高本馆的社会知名度，以收到广泛的社会效益。

(二) 开展"一亩三分地"耤田礼文化活动

《礼记》记载："天子千亩，诸侯百亩。""耤田礼"，是帝王模

---

① 耤田，意为皇帝耕种的田地。
② ［西汉］司马迁撰《史记》，中华书局1963年6月第1版，第423页。
③ ［西汉］司马迁撰《元史》，中华书局1976年4月第1版，第1891页。

拟耕种的一种特定仪式。"耤"同"借"，是借助民力耕种的意思。封建帝王祭先农、行耤田礼仪式逐步升为国家重要祀典，表明国家对于发展农业的高度重视。皇帝于初春祭祀先农，主持耤田礼，亲自扶犁三推三返，以垂范于民、诏告天下、农事开始，劝民农桑，提高产值，不得懈怠。

按照古制：天子耤田千亩，至明清演为"一亩三分地"。帝王曾经在这块土地上举行过"亲耕典礼"，其时场面可谓盛况空前。祭祀先农行亲耕之礼，是皇帝一年之中举行祭祀活动的重要组成部分。皇帝在"亲耕享先农"的这一天，凌晨天还未亮就起来，冒着二月的严寒，不辞辛苦，从皇宫中乘辇来到先农坛，从祭祀、更衣、亲耕、观耕到犒赏群臣等，一系列的仪式完成之后，皇帝已是十分疲惫。皇帝这样操劳，目的是为劝告天下：务农为本。因此，皇帝不辞劳苦，率先垂范，给朝野上下做了一回榜样，只要农夫把地种好，有了好的年景和收成，皇帝每年在这"一亩三分地"上费点辛苦也算值得。这块土地凝聚着皇帝对天下种田人的期望，也彰显了朝廷重视农桑的基本理念。

世事沧桑，数百年逝去，现而今，代表着注重农业发展的"一亩三分地"的真实含义已淡出历史舞台，皇帝亲自扶犁耕耘的身影也渐渐地在历史的长河中被淹没。"一亩三分地"的概念也被"一己私利"取而代之，这与历史的本原意义已经完全背道而驰。因此，认真策划"一亩三分地"皇帝亲耕享先农这样一个文化活动，再现皇帝在"一亩三分地"亲耕的历史场景，是还原历史之本原的一种方法，把"一亩三分地"的实际内涵和古代帝王亲自扶犁耕作的场面展示给观众，通过活动的开展，要让观众普遍了解到"一亩三分地"的实际内容，以此来加深人们对于历史的了解，这应该是历史赋予我们的责任。

四

回顾20多年来古建馆的建设与发展之路：从白手起家到形成规模，从关门搞陈列到开门走出去在世界范围之内举办巡回展览，实现历史性的跨越，这和历届馆领导班子所付出的努力并取得的突出成就是大大分不开的。

在古建馆建设与发展的过程中，我们已经建立、培养和造就了

一支年富力强、办事高效、精力充沛、经验丰富、能力过人的干部队伍。今后，博物馆的发展还需要继续遵循老、中、青三结合原则，还要编制发展规划、组织教育培训、强化劳动纪律，这样，我们的工作机制才能正常运转，才能朝着有利于本馆建设与发展的既定目标不断前进。

《馆刊》出版之际，本馆的"学术委员会"也随之成立了，这是本馆的另一项基础建设。今后，我们在理论研究、业务能力和专业技能提高诸方面还要更多一番努力，以达到整体共同推进的目的。这个委员会要对本馆的传统建筑研究、先农坛历史文化研究以及科普研究等提出指导性意见，同时要对《馆刊》和文章质量进行把关，总之，本馆的业务工作水平要在学术委员会的指导之下，力争提升到一个新的高度。

《馆刊》即将面世，在这里让我们以朴实的语言、认真的态度和平实的眼界来评述、观察、分析和体味其中的内容，期望大家一起交流经验，讨论看法，商榷问题，多多提出建设性的意见和建议，进一步把我们的馆刊办好。

为了我们的发展与进步，为了我们的成长与壮大，为了我们远大的中国梦想，让我们大家携起手来共同努力奋斗！

北京古代建筑博物馆馆长

2014 年 7 月

目 录

先农坛及先农文化研究 ▃▃▃▃▃▃▃▃▃ 287

北京古代建筑博物馆文丛　第一辑　2014年

博物馆学研究

"中华古典园林澳洲展"刍议

◎ 徐 明

引　言

　　2014 年 10 月北京市文物局在堪培拉市建设的"北京花园"建成之际，将举行隆重的落成典礼，此间，北京古代建筑博物馆按照上级要求设计制作的"中华古典园林建筑展暨'北京花园'园林作品展"将为开幕仪式增添一抹亮丽的光彩。

　　中国园林起自公元前的西周时期，数千年的积淀与传承，使得中华园林居于世界领军地位。英国园艺学家亨利·威尔逊[①]（图 1）称中国园林为"园林之母"。的确，中华民族在千百年间所形成的独特的造园技艺，在西方国家掀起过一股"中国园林热"。推之中国的造园理念：是以追求自然精神为最终目标，乃至达到了最高的审美境界。因此，我国园林备受西方国家所推崇，由此可见，中国园林所折射出的传统文化底蕴，是中华民族五千年文化内在精神品格的生动写照，是我们今天仍然需要发扬光大、继承与发展的壮丽事业。

一、世界古典园林

　　谈到世界园林，学人把它分为三个系统，即欧洲园林、西亚园林和东方（中国）园林，以下简要述之。

（一）欧洲园林

　　欧洲园林的历史更多的承袭了古希腊园林的历史，其主要风格与古希腊园林有很大关联。

---

　　① 亨利·威尔逊（1876—1930）：英国人，20 世纪初著名的园艺学家、植物学家、探险家。1899—1911 年间，亨利·威尔逊曾 4 次来到中国考察，威尔逊被西方称为"打开中国西部花园的人"。1913 年，他的著作《一个博物学家在华西》出版，在当时很有影响，此后该书再版时更名为《中国：园林之母》。

从建筑特点上看，欧洲园林的建筑结构以石材为主，建筑和植物相分离。其法国古典主义园林和英国风景式园林为欧洲园林的优秀代表，欧式园林大部分均因地势而建，建筑主体四周铺陈大片绿地，并以规则式和自然式园林构图为造园流派，使得人工美和自然美相应成趣，相得益彰，欧式园林还以起伏开阔的草地、自然曲折的湖岸、成片成丛自然生长的树木构成一幅幅完美的画卷。同时，欧洲园林规整有序，刻意描绘人与自然的融合，使人置身其中，能够充分享受自然中的阳光和空气。

图 1　厄勒斯特·亨利·威尔逊

欧洲园林的典型代表作：凡尔赛宫①（图2）、罗马埃斯特别墅②（图3）。

图 2　凡尔赛宫

① 凡尔赛宫：位于法国巴黎，法国王宫，1979 年被列入《世界文化遗产名录》。凡尔赛宫是欧洲最宏大、最豪华的皇宫，是人类艺术宝库中的一颗绚丽灿烂的明珠。凡尔赛原是一个小村落，路易十三于 1624 年在凡尔赛树林中修造了狩猎宫。1661 年路易十四开始建宫，后经历代王朝修葺和改建，1689 年全部竣工，历时 28 年落成。

② 在罗马以东 30 多千米处的阿涅内河畔的一座半山腰上，坐落着风景如画的蒂沃利市镇。早在公元前 2 世纪，这里就成为古罗马人的度假胜地，同时吸引了许多皇帝和贵族在此建造别墅和离宫。建于文艺复兴时期的埃斯特别墅正是蒂沃利最著名的游览景点，2001 年被联合国教科文组织列入《世界遗产名录》。

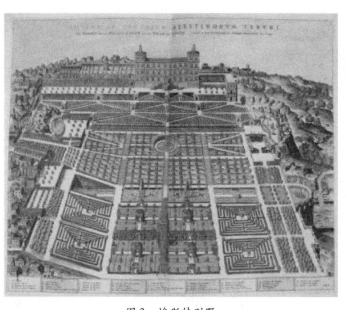

图3 埃斯特别墅

(二) 西亚园林

公元前6世纪，世界著名文明古代国——古巴比伦，位于幼发拉底河与底格里斯河流域，创下了历史上的造园奇迹，当时，古巴比伦的国王为讨好他的皇后，为她建造了一座"空中花园"。据传，该园种植有各种鲜花名木，在该花园的顶部，巧妙地设计了汲水装置，用以浇灌植物。在建筑方面，花园建立在各个不同高度的台地之上，而且越往上走平台越小，每层都用石拱廊做支撑，在远处观看，宛如空中花园，故人们称之为"架空花园"或"悬空花园"。这种独特的造园形式，极大地表现了当时的工匠们的聪明才智，该花园被后世誉为世界七大奇迹之一（图4）。

西亚园林的特点是建筑封闭，面积较小。大多园林采用十字形的林荫路作为中轴线，用以分割出不同区域，而中心区域又以十字形道路交汇，并建设水池，意喻天堂。园中明沟暗渠交错，布置涌泉滴水，再以几何图案分出各个不同的小庭园，每园树木相同，同时，彩色陶瓷马赛克图案在庭园装饰中被广泛使用。代表作有泰姬陵①（图5）与阿尔罕布拉宫等。

---

① 泰姬陵：被印度诗翁泰戈尔形容为"永恒面颊上的一滴眼泪"。泰姬陵是一座为爱而生的建筑，它是全部用白色大理石建成的宫殿式陵园，在一天里不同的时间和不同的自然光线中显现出不同的特色，其和谐对称、花园和水中倒影融合在一起创造了令无数参观者惊叹不已的奇迹。没有陵寝的冷寂，反倒寓意了爱情的新生。这是印度的骄傲，世界的奇迹。

图4　空中花园

图5　泰姬陵

（三）东方园林

　　东方园林以我国园林为代表。我国园林历史悠久，在传统理念、美学思想、建筑彩画、文学艺术等方面均有深刻表现，在世界园林史上独树一帜，享有很高的历史地位。我国古典园林其建筑风格典雅精致，其造园艺术讲究依山傍水，其园林理念追求师法自然。园林设计者力求在有限的空间之内营建亭台楼阁，或高山流水，或小桥人家。中华古典园林粗略可以分为皇家和私家园林两大类别，皇家园林体现着红墙绿瓦、翠柏成荫、山石嶙峋，波光粼粼和金碧辉煌的宏伟气韵，而私家花园则表现出复杂多变、咫尺山林、清流萦绕，竹影婆娑和曲径通幽的恬淡意境。东方园林主要以中国园林为重要标志，其园林表现形式在很大程度上散发着中国传统文化的魅力和本民族固有的审美情趣。中国园林堪为世界园林极品，因此，不断为世界所推崇，代表作有北京圆明园、颐和园、承德避暑山庄、苏州拙政园、留园、可园等。

二、中华古典园林

众所周知，两河流域孕育和造就了像古巴比伦这样的文明古国，而黄河则养育了中华民族，使之纳入了世界"文明古国"之行列。考古发现，史前譬如大河文化、仰韶文化、裴李岗文化、半坡文化等都发现了人们生活、起居、劳作和与狩猎相关的重要遗迹；当人类进入了原始农业公社之后，出现了种植场地、果园蔬圃等，这些迹象表明了当时社会客观上已经具有了基本的园林理念，抑或出现了园林的原始形态。

对于中国古典园林，从地域上划分，学者们将它分为三大体系，即北方园林、江南园林和岭南园林；从使用性质上划分，有学者把它分为皇家园林和私家花园两个类别。

我馆今年在澳大利亚举办的《中华古典园林暨"北京花园"园林作品》展，也将围绕这些基本内容进行概括性和框架式的展示，本文拟结合这些问题展开以下一些思索。

（一）中华早期古典园林

1. 西周时期

周文王建灵台。有关园林的字源，是由象形的甲骨文演变而来，比如汉字中"囿"。从周代至今，中华园林已有三千多年的发展史，并逐渐形成了独特的民族风格。早期皇家园林，最早见于文献资料《诗经·大雅·灵台》中的一段文字描写：

"经始灵台，经之营之，庶民攻之，不日成之。经始勿亟，庶民子来。王在灵囿，麀鹿攸伏；麀鹿濯濯，白鸟翯翯。王在灵沼，于牣鱼跃。虡业维枞，贲鼓维镛。于论鼓钟，于乐辟雍。于论鼓钟，于乐辟雍。鼍鼓逢逢。矇瞍奏公。"①

文章描写的时代背景：商朝末年，纣王残暴，沉迷酒色，朝政荒废，天下民不聊生。商纣王听信谗言，将西伯侯姬昌（即周文王）拘禁于羑里。后西伯侯得军师吕公望相助报仇灭商，他修德进贤，广施仁政，这种执政理念深得民心。

新政权建立之后是新都城的建立。《诗经·大雅·皇矣》及《诗经·大雅·文王有声》分别记载"同尔兄弟，以尔钩援。与尔临冲，以伐崇墉"和"文王受命，有此武功。即伐于崇，作邑于丰"，意思是说新的都城建于丰邑。西周建立之初，战乱之后的社会得到了休养生息，营建灵台是当时的一件大事，灵台的主要功能是观察天象、颁布律令、教化民众、占卜祭祀、举行庆典、会盟诸侯等，它是一个多功用的场所。文王时代，臣服周朝的诸侯国约占三分之二，正可谓是众望所归。因此，周文王以民力修建灵台时，百姓纷纷踊跃而来，不到几天时间很快就把灵台建成了。《孟子·梁惠王》记载："文王以民力为台为沼，而民欢乐之。其谓台曰：灵台，其为沼曰：灵沼。"（图6）

图6 灵台遗址

周文王建灵台，利用自然台地、引入山泉、种植树木、饲养鸟

① 《四书五经》，岳麓出版社1997年1月第1版，第392页。

兽。灵囿建在植被茂盛、鸟兽孳繁的地段，掘沼筑台，即为灵台，引水入沼，即为灵沼，育动物于囿，即为灵囿。园林学家汪菊渊在他的《中国古代园林史》中这样写到：

"文王在灵囿娱乐，看到了雌鹿自由自在地伏在那里，看到了皮毛光亮的雌鹿和洁白而肥泽的白鸟活生生的情态。灵沼是养有鱼类的池沼，鱼盈满其中，因此文王在灵沼可以欣赏到鱼在池中跳跃出水面的景象。由此可见，灵囿不仅是供畋猎而已，同时也是欣赏自然界景物、动物生活的一个审美享受的场所。"①

周文王建筑灵台，另一概念称之为"辟雍"——即教化民众之意。辟雍为天子讲学场所，《王制》载："天子命之教，然后为学。大学在郊，天子曰辟雍，诸侯曰泮宫。"辟雍与泮宫虽然都是古代的官学，但内在有着严格的区别，辟雍的建筑规格是环水为一周，泮宫引水则为其一半，建筑规模也不允许违反规定，以表示等级的不同。辟是水中央方形的建筑，周围环水为雍。辟即玉璧，外圆而内方，象征帝王主宰天圆地方，形容管理一切，同时喻示王道教化圆满不绝。

辟雍为上古时期君王讲学的处所，其周边环境十分优美，文王闲暇之余，听着枝头鸟儿鸣，看着林中鹿儿跳，赏着水中鱼儿游……文王愉悦的心情溢于言表。同时，在辟雍之中还伴有钟鼓韶乐之音，文王历经磨砺，此时，在这样的美景之中享受着王者的快乐，这种心情非常人所能理解和感受。因此《诗经》中描绘了"于论鼓钟，于乐辟雍"一派歌舞声平和太平盛世的景象。

周文王建筑灵台，集公务、教育、占卜、狩猎和休闲于一体，如此的园林方式开帝王营造苑囿之先河，同时也为后世所仿效，这是研究中国园林起源和发展过程中不可缺少的重要内容和基本看点。

2. 先秦及秦汉时期的园林

（1）先秦时期

中国古代提出"天人合一"这一哲学思想源于周代，后为老子、孔子、孟子所倡导。人与自然由对峙逐渐回归到亲和、回归到尊重自然，是人与自然和谐的基础，与自然保持和谐态度，敬畏自然、师法自然也成为了中华古典园林的造园基本理念。西周之后，春秋

---

① 参见汪菊渊《中国古代园林史》，中国建筑工业出版社 2006 年第 1 版，第 20 页。

战国时期出现了以自然山水为成组风景的造园模式，如土山、池沼和台地的不同组合形式。山水园林此时已开始萌芽，此后的历史长河中，历代不少帝王便热衷于园林建设。

（2）秦始皇时期

秦始皇平定六国之后，着手修建大型园林宫苑阿房宫，随后又开辟了咸阳宫殿、郦山皇陵等，以此昭示君主制和皇权统治思想的延续性。

秦始皇统一全国以后，在都城咸阳大兴土木，其中所建宫殿中规模最大的就是阿房宫。秦始皇三十五年，在故周都城丰、镐之间渭河以南，集天下建筑之精英，营造了一座新朝宫，即阿房宫。《史记·秦始皇本纪》记载："吾闻周文王都丰，武王都镐，丰镐之间，帝王之都也。乃营作朝宫渭南上林苑中。先作前殿阿房，东西五百步，南北五十丈，上可以坐万人，下可以建五丈旗，周驰为阁道，自殿下直抵南山，表南山之巅以为阙，为复道，自阿房渡渭，属之咸阳，以象天极阁道绝汉抵营室也。"[1] 秦始皇建新都，其工程规模浩大，劳民伤财之巨，史所未有。但没等工程完工，秦始皇还来不及享受就故去了，秦王朝也随之垮台。

秦朝在历史上虽然只存在了十五年，当时建造的著名宫苑——阿房宫也被付之一炬，但秦始皇的一系列创造以及他留给后辈的宝贵财富确是十分巨大的，以至于当今世界仍然蒙荫福祉，毛泽东的著名感慨"不到长城非好汉"的诗句因秦代古代建筑——长城而作，却意想不到地引来了世界亿万游客，带来了巨大财富。而当年戒备森严的军事设施长城居然成为两千多年之后的旅游观光胜地，这也一定是叱咤风云的秦始皇所始料未及的。

（3）汉武帝时期

《中国古代建筑与园林》中讲："秦始皇在陕西渭南建的信宫、阿房宫不仅按天象来布局，而且'弥山跨谷，复道相属'，在终南山顶建阙，以樊川为宫内之水池，气势雄伟、壮观。秦始皇曾数次派人去神话传说中的东海三仙山求取长生不老之药，于是他在自己兰池宫的水池中筑起蓬莱山，表达了对仙境的向往。汉武帝在秦代上林苑的基础上，大兴土木，扩建成规模宏伟、功能更多样的皇家园

_____

① ［西汉］司马迁撰《史记·卷六·秦始皇本纪·第六》，中华书局1959年第1版，第256页。

林——上林苑。上林苑囊括了长安城的东、南、西的广阔地域，关中八水流经其中，建宫、苑数量不下三百余处，是中国皇家园林建设的第一个高潮。上林苑苑中既有皇家住所，欣赏自然美景的去处，也有动物园、植物园、狩猎区，甚至还有跑马赛狗的场所。在上林苑建章宫的太液池中建有三仙山，从此，中国皇家园林中'一池三山'的做法一直延续到了清代。"[1]

汉代在囿的基础上发展为苑，周围分布着宫室建筑，其中苑中养有百兽，类似今天的野生动物园，供帝王射猎取乐，基本保持了西周时期囿的传统。此外，苑中建有宫和观，形成宫苑。

"一池三山"是园林的灵魂。传说中东海有"蓬莱、方丈、瀛洲"，这是我国古代神话故事中的三座仙山，山中住有神仙。封建帝王做梦都想万寿无疆、长期统治天下，于是，汉武帝也学秦始皇的样，在长安修建了"瑶池"和"三仙山"，此后，"一池三山"就成为了皇家园林的代表格局。比如颐和园昆明湖中有五座岛屿，其中藻鉴堂喻蓬莱，治镜阁喻方丈，凤凰墩喻瀛洲。清康熙、乾隆时期在此基础上又发展为"三山五园"，三山是指万寿山、香山和玉泉山，五园是指清漪园（颐和园）、静宜园、静明园、畅春园和圆明园。

3. 皇家造园

古代神话认为"西王母"是一位神仙，人头豹身，居住在昆仑山的"瑶池"，由两只青鸟侍奉；同时，把传说中最高天帝——黄帝的花园和起居之地称之为"悬圃"，意即悬于空中，并植有各种奇花异草。如此一来，本文联想到古巴比仑的"空中花园"实为中国"悬圃"之滥觞。

古代传说在昆仑山上有琼楼玉宇、金台瑶池，为神仙所居，堪称仙境，这似乎正是人们梦寐以求的极乐上界。但对于社会的普通庶民而言，这种追求只能是天方夜谭，是根本无法实现的。但对于帝王则不同，他们有权力、有能力、有实力可以把天上的仙境变为人间的现实。

古代帝王可以利用政治特权和财力，占据广博土地来营造园林供其享用。据相关资料所载，中国最早的皇家园林方圆占地面积约

---

① 参见唐鸣镝、黄震宇、潘晓岚编著《中国古代建筑与园林》，旅游出版社2003年8月第1版，第193页。

为百余平方千米；秦汉的上林苑，占地 150 平方千米；北宋徽宗时的东京艮岳，"山周十余里"。

皇家园林除规模宏大之外就是富丽堂皇，正所谓"五步一楼，十步一景"。清乾隆建承德避暑山庄时感慨万端，他说："若夫崇山峻岭，水态林姿，鹤鹿之游，鸢鱼之乐，加以岩斋溪阁，芳草古木，物有天然之趣，人忘尘世之怀……"① 置身皇家园林其中，令人心旷神怡，极目望去：时而景致各异、风光旖旎；时而烟波浩渺、气势磅礴，好似在雄浑博大的环境之中感受到与天地共吐纳的豪迈气慨。

皇家园林在实际意义上属于皇家私有，比如宫苑、御花园等。皇家私园包括大内御园、行宫御园、离宫御园等。清代在北京皇城和宫城之内建宅园和王府花园的约有 200 多处，如故宫之内有御花园、宁寿宫西路乾隆花园、建富宫西御花园、慈宁宫花园，故宫之外有中南海、玉泉山，行宫御园和离宫御园建置在都城的近郊、远郊或更远一些的风景地带。

发展到清代，皇家园林趋于成熟，康熙，乾隆时期达到高潮，清代皇家造园艺术实现了历史性的飞跃，其代表园林有北京颐和园、北海、圆明园和河北承德避暑山庄。

总体概括皇家园林特点：一是规模宏大，天下美景尽收眼底；二是真山真水，山林湖沼均为造园素材；三是充分体现皇权寓意，政治色彩浓厚，建筑物体量高大雄伟，威严壮观，体态雍容华贵，色彩金碧辉煌；四是布局严谨，讲求中轴对称，突出皇权的至高无上的基本理念。

4. 私家园林

（1）早期私家园林

私家园林在汉代已见雏形，但数量极少，就其园林性质而言，还缺少一定意义的典型性。此时的代表园林有汉梁孝王刘武的兔园②、董仲舒③的舍园等。

魏晋南北朝之后，由于社会动荡的原因，一些士大夫、知识分

---

① 乾隆《避暑山庄后序碑》。

② 也称梁园，在今河南商丘县东，汉梁孝王刘武所筑。

③ 董仲舒（前179—前104）：西汉哲学家，向汉武帝建议"诸不在六艺之科、孔子之术者，皆绝其道，勿使并进"，为武帝所采纳，后世称为"罢黜百家，独尊儒术"，使儒学成为中国社会的正统思想，影响长达两千多年。

子多愿逃避现实社会而隐逸山林。东晋文学家陶渊明①辞官之后回归故里，在他的《桃花源记》中描绘了一个"世外桃源"，刻画了环境幽静、不受外界影响、生活安逸的理想社会。用现代语言来比喻，即寻求一种虚幻、超脱现实社会、自在安乐的美好境界。这虽是一种意念之中的理想追求，但千百年来，它的确对现实世界，从思想意识到实际运用都产生了极为深刻的影响。同期，西晋官僚石崇归隐故乡之后建有金谷园②，东晋诗人谢灵运建有始宁庄园③，唐宋时期，著名诗人王维建有辋川别业④（图7），著名史学家、作家司马光建有独乐园，据记载：司马光的《资治通鉴》这部长篇史书就是在独乐园里写作完成的。⑤

① 陶渊明（约365—427）：名潜，渊明。唐人避唐高祖讳，称陶深明或陶泉明。自号五柳先生，晋代文学家。以清新自然的诗文著称于世，相关作品有《饮酒》、《归园田居》、《五柳先生传》、《归去来兮辞》、《桃花源诗》等。

② 西晋石崇的别墅也叫金谷园。石崇是当时的大富翁，修筑了金谷别墅，即称"金谷园"。石崇因山形水势，筑园建馆，挖湖开塘，园内清溪萦回，水声潺潺。周围几十里内，楼榭亭阁，高下错落，金谷水萦绕穿流其间，鸟鸣幽村，鱼跃荷塘。石崇用绢绸茶叶、铜铁器等派人去南洋群岛换回珍珠、玛瑙、琥珀犀角、象牙等贵重物品，把园内的屋宇装饰的金碧辉煌，宛如宫殿。

③ 始宁庄园基本格局早已形成，自北而南沿曹娥江傍山依水而进，占有大片田园山泽。谢灵运在继承祖业基础上又扩大了始宁庄园，增加了不少建筑物，《山居赋》及谢本人的诗篇中对此有具体描述。但由于千年来地貌变迁，江流移动，加上当时地名指称不明确。今天要完全搞清楚庄园范围和建筑布局已很困难。

④ 唐代诗人兼画家王维（701—761）在辋川山谷（兰田县西南10余千米处）宋之问的辋川山庄的基础上营建的园林，今已湮没。辋川别业营建在具山林湖水之胜的天然山谷区，因植物和山川泉石所形成的景物题名，使山貌水态林姿的美更加集中地突出地表现出来，仅在可歇处、可观处、可借景处，相地面筑宇屋亭馆，创作成既富自然之趣，又有诗情画意的自然园林。

⑤ 相传宋代司马光被罢官后，居家洛城，以文学自娱，于家中筑园一座，园中造堂一厅，聚书五千卷在堂中，因此为堂取名为读书堂。倦了就投竿钓钓鱼，或者挽起衣袖，收束衣服采药去；或者决开水道浇灌花丛；或者操斧砍竹，灌热灌水。站在高处纵目驰骋、放怀心胸想不出天地间还有什么乐趣取代这种美好的舒适的生活，因此，又给园取名曰独乐园。

图 7　辋川别业局部

（2）兰亭雅集，曲水流觞

东晋著名人物——王羲之①，他曾以一种文人特有的方式使得"兰亭"成为了千古流名的旅游胜地。

晋穆帝永和九年（353年）农历三月初三，王羲之在会稽山阴的兰亭（今绍兴城外的兰渚山下），举行风雅集会，聚集名流高士40余人吟诗作赋，谈玄论道。

兰亭雅集拟制了一个游艺项目，取名为"曲水流觞"（图8），即40余位名士分别端坐于蜿蜒曲折的溪水两岸，每人相距相隔约为10余米，游戏开始后由书童将斟满酒的羽觞放入溪水中，任其顺流而下，羽觞流经谁的面前，谁则必须赋诗一首，吟不出诗者，罚酒三杯。这次兰亭雅集，共有16人被罚，其中包括王羲之的儿子王献之，后被清代诗人作打油诗"却笑乌衣王大令，兰亭会上竟无诗"取笑。雅集之后，大家把诗文汇集成册，并请王羲之作序，羲之即兴挥毫，这便是誉满天下的《兰亭集序》。此帖为草稿，28行，324字，作者由于当时兴致高涨，写得十分得意，后来再写已不能及。序中有20多个"之"字，写法各不相同。宋代米芾②称之为"天下第一行书"。

---

①　王羲之（303—361），字逸少，原籍琅邪临沂（今属山东），生长于江苏无锡，后迁居山阴（今浙江绍兴），东晋书法家，有书圣之称，后官拜右军将军，人称王右军，其书法师承卫夫人、钟繇。王羲之无真迹传世，著名的《兰亭集序》等帖，皆为后人临摹。

②　米芾（1051—1107），北宋书画家，初名黻，字元章，时人号襄阳漫士、海岳外史，自号鹿门居士。

图8　曲水流觞

　　会稽山阴——兰亭，因王羲之《兰亭集序》而声名远扬。现在的兰亭基本保持了原有园林建筑风格，以"景幽、事雅、文妙、书绝"四大特色而享誉海内外，成为重要的名胜古迹和著名的书法圣地。主要景点有"一序、三碑、十一景"："一序"即《兰亭序》，"三碑"即鹅池碑、兰亭碑、御碑，"十一景"即鹅池、小兰亭、曲水流觞、流觞亭、御碑亭、临池十八缸、王右军祠、书法博物馆、古驿亭、之镇、乐池等（图9）。

图9　兰亭

（3）宁可食无肉，不可居无竹

个园，清嘉庆二十三年（1818年），由两淮盐总黄玉筠建造。个园是扬州著名园林，被誉为中国四大园林①之一。因主人爱竹，乃取苏东坡②"宁可食无肉，不可居无竹，无肉使人瘦，无竹令人俗"的诗意，在园中修竹万竿，因"个"字是"竹"字的一半，状似竹叶（图10），故命名"个园"。个园是典型的南方私家园林，"月映竹成千个字"，③ 与门额"个园"相辉映。

个园以春夏秋冬四假山而驰名，春山，以竹丛形成"竹石图"；夏山，以青灰色太湖石为主；秋山，以黄山石堆叠而成；冬山，用石英石堆叠，石质晶莹雪白，每块石头几乎看不到棱角，给人浑然而有起伏之感。

图10 个园的竹子

明清时期出现了许多优秀的私家园林，造园之风可谓兴盛，此时著名的南方私家园林有无锡的寄畅园、扬州的个园、苏州的拙政园、留园、网师园和环秀山庄狮子林等，北方有翠锦园、勺园、半亩园等。而苏州古典园林更是以私家园林为主，造园人士有弃甲归

---

① 颐和园、承德避暑山庄、苏州拙政园、个园并称为中国四大名园。
② 苏轼（1037—1101）：字子瞻，一字和仲，号东坡居士，眉州眉山（今四川眉山市）人，北宋文豪，"唐宋八大家"之一。
③ 清代名人袁枚的诗句：月映竹成千个字，霜高梅孕一身花。

田和告老还乡者，其中不乏文人雅士、巨商富贾。苏州私家园林包括：网师园，初为南宋吏部侍郎史正志的宅邸；沧浪亭，为北宋诗人苏舜钦建造；狮子林，为元代高僧天如禅师惟则的弟子修建。

北宋文学家李格非[①]在他的《洛阳名园记》中记述了亲身游历的比较著名的园林19处，其中有18处为私家园林。《洛阳名园记》所记载的诸园涉及山池、花木、建筑、园林景观等方方面面，描写得翔实而具体，是一篇研究中国私家园林的重要文献资料。

私家园林的特点，一是规模较小，但力图做到"小中见大"，在有限的范围内能够创造出深邃不尽的景境，从而扩大实际空间的感受；二是多以水面为中心，四周分布建筑物，构成景点、景区相互呼应的特效；三是闲适自娱为私家园林的主要功能，以此来达到修身养性之目的。

总之，私家园林在唐宋以后发展到较高水平，到了清代，皇家园林有时还要吸收私家园林的一些造园技艺。私家园林更多的体现了文人雅士的审美理念，从园林成就上看，江南地区成要高，其风格清新秀雅，手法更为精妙。

三、中国古典园林造园理念

中国古典园林造园的基本理念是学习自然、源于自然以及高于自然。所谓"自然"即以山水为基础，但在园林设计上并不简单地照搬原始形态，而是有意识地进行再创造，中国古典园林所表现的山水既精练、概括又具有典型性，达到了"虽为人作，宛自天开"[②]的神似意境。

自古以来，山水在人们的意识中早已形成了一种文化的符号。早在二千五百年前孔子就讲过："知者乐山，仁者乐水。"[③] 大意是智慧者喜爱山，仁德者喜爱水，即乐山乐水。山水和人们生活有着实实在在的联系，中国园林无论是皇家还是民间造园始终离不开山和水，比如一池三山、三山五园等。

---

① 李格非（约1045—约1105）：北宋文学家，字文叔，济南（今属山东）人，女词人李清照父。

② 参见［明］计成《园冶人释·园说》，山西古籍出版社1993年6月第1版，第168页。

③ 参见《论语·雍也》。

（一）山

上古时期，由于水患，人们习惯居中于高处，其部落首领则称为岳，比如四岳，即分掌四岳之诸侯。四岳相传为共工的后裔，因佐禹治水有功，赐姓姜，封于吕，并使为诸侯之长。章炳麟①《官制索隐》下："《尚书》载唐虞之世，与天子议大事者为四岳。"

传说中的三仙山，比如《山海经》②记载，海上有三座仙山……是仙境，有长生不老药。而蓬莱海域常出现的海市蜃楼奇观，更激发了人们寻仙求药的热情，秦始皇之后，古代帝王纷纷到蓬莱寻觅长生不老之方。

人们对山除了敬畏还有崇拜，有很多成语描写山，其中"山清水秀"这一成语出自宋·黄庭坚③《蓦山溪·赠衡阳陈湘》："眉黛敛秋波，尽湖南，山明水秀。"形容风景优美。唐代诗人李白曾三次游历九华山，写下了"昔在九江上，遥望九华峰，天江挂绿"的美妙诗句，将九子山比作九朵芙蓉，故后人改称之为九华山。中国道教称中国名山为仙山，其中四大名山为道教圣地，分别是：湖北武当山，江西龙虎山，安徽齐云山，四川青城山。佛教传入中国之后，又有了佛教四大名山，分别是山西五台山、四川峨眉山、安徽九华山、浙江普陀山。此外还有著名的五岳名山，即泰山、华山、衡山、恒山、嵩山。

中国古典园林师法自然，山的造型不可或缺，这是突出园林自然山水的重要表现手法。

（二）水

中国古代的五行学说中"水"代表了人们所能认知的液体，周易中的坎为"水"。人类文明起源于大河流域，人们在水边繁衍生

---

① 章炳麟（1869—1936）：初名学乘，字枚叔，后改名绛，号太炎，浙江余杭人，早年参加维新运动，中国近代民主国学大师、革命家、思想家。

② 《山海经》为先秦古籍，记述古代神话、地理、动物、植物、矿物、巫术、宗教、历史、医药、民俗、民族等方面的内容。《山海经》原本有图，初名《山海图经》，魏晋后失传。《山海经》记载了诡异怪兽以及光怪陆离的神话故事，被认为荒诞不经。有些学者则认为《山海经》是对于远古地理的描述，其中包括了一些海外的远古山川鸟兽，是一本具有历史价值的著作。

③ 黄庭坚（1045—1105），字鲁直，号山谷道人，晚号涪翁，洪州分宁（今江西九江修水县）人，北宋知名诗人，为宋四家之一。庭坚笃信佛教，事亲颇孝，虽居官，却自为亲洗涤便器，亦为二十四孝之一。

息，水满足于人类的灌溉、饮用和排污等问题。但是，水兼有养育与毁灭的能力，因此，从大禹治水开始，人类始终在和水患作斗争，在又爱又怕的情感中，人们同时产生了对水的崇拜，并赋予水以神的灵性，祈祷它带给人类以安宁。《荀子·哀公》篇中荀子[①]讲述了孔子与鲁哀公一段对话，孔子曰："君者，舟也；庶人者，水也。水则载舟，水则覆舟，君以此思危，则危将焉而不至矣？"孔子在这里对水的利与弊做了形象化的分析。

在《老子·道德经》中，老子[②]把水比喻为最高的道德标准，他讲："上善若水。水善利万物而不争，处众人之所恶，故几于道。"意思是：水，可以滋润大地万物，却没有争夺显赫地位，而有时还要处于卑微地位，或去填充低洼之地，几近于道啊；又说："天下柔弱莫过于水，而攻坚强者莫之能胜，以其无以易之。"指出了水以柔克刚的哲学道理。

千百年来，人们崇拜水，中华传统文化中的龙王就是古代社会人们对于水的神灵化，因此，凡有水域即可能有龙王的存在，龙王庙堂遍及各地，祭祀龙王、祈求风调雨顺是中国传统的信仰习俗。刘禹锡[③]在他的《陋室铭》中讲到："山不在高，有仙则名。水不在深，有龙则灵。"意思：山不一定要高，有仙人居住就成为名山了；水不一定要深，有蛟龙就成为灵异的水了。这是诗人对于山和水的精辟与独到的总结。

将山水运用于园林之中，是园林文化中必要的造园手段，中国园林文化历史悠久，模仿自然山水造园，反映了人们对自然山水的追求和欣赏。纵观我国园林，有条件的引入真山，无条件的制造假山；其他比如水池、花木、建筑则是造园的综合艺术，是必不可少的园林内容，这种表现形式，讲究意境的创造，追求诗情画意，使自然、山水、山水、自然在园林中被运用到极致，中国古典园林造园理念，也突出表现在这里。

---

① 荀子（约前325—前238）：名况，时人尊而号为"卿"，故又称荀卿，汉代避宣帝讳而改称孙卿，战国末期赵国（今山西南部）人，先秦著名思想家，儒家代表人物之一。

② 李耳（约前580—前500之后）：字伯阳，又称老聃，后人称其为"老子"，河南周口鹿邑人，我国古代伟大的哲学家和思想家，道家学派创始人，世界文化名人。

③ 刘禹锡（772—842）：字梦得，汉族，唐朝彭城人，祖籍洛阳，唐朝文学家，哲学家。唐代中晚期著名诗人，有"诗豪"之称。

四、"北京花园"园林作品展的基本内容

堪培拉"北京花园"所展现的园林小品，体现了中华古典园林建筑传统的精华内容。比如古典园门、赏鹤轩、石子甬路、石雕石刻、铜鹤铜雀等，这些作品无不表现出中华古典园林的经典和华美。

（一）古典园门

北京花园的出入口处有一园门。在园门上方正中的显著位置悬挂一四字匾额，题名"北京花园"。该园门为仿古形式，以北京故宫养心殿、养心门①为蓝本进行设计，屋顶采用琉璃斗拱作为支撑，斗拱在古代建筑中起着承重作用，其榫卯结构具有实用性和建筑装饰性。琉璃多用于古代建筑装饰，其规格较高，多在皇家建筑中施用；雕饰为旋子彩画，旋子彩画是古建彩画的一种表现形式，彩画常绘于梁、枋、斗拱、柱头、雀替和窗棂等木构件上，彩画对于木构件具有保护作用（图11）。

图11　北京故宫养心门

---

① 养心殿：明代嘉靖年建，位于内廷乾清宫西侧，一直作为皇帝的寝宫。养心殿一名出自孟子的"养心莫善于寡欲"，意思就是：修养心性的最好办法是减少欲望。这里有乾隆皇帝的读书处三希堂，同治年间，这里曾经是慈禧、慈安两太后垂帘听政处。养心殿前有琉璃门，曰"养心门"。

在堪培拉市建北京花园，在入口处展现一座中国古代建筑中的上乘之作——园门，使澳大利亚人通过这些建筑了解到中国传统建筑文化，这是"北京花园"设计者的点睛之笔。

（二）赏鹤轩

"轩：轩式类车，取轩轩欲举之意，宜置高敞，以助胜则称。"①

"园林建筑廊庑的各种轩式，与古代乘车的'轩'类似，是取其拱起有高昂飞举的意义，适宜用于需要高敞的建筑，有助于建筑空间轩昂爽朗为佳。"②

古代建筑中的轩是敞亮而又临水的建筑物，也是文人墨客吟诗作画之所。《红楼梦》中就曾写到："遥望东南，建几处依山之榭；纵观西北，结三间临水之轩。"③ 在中国传统建筑中，轩这种建筑形式十分唯美，但规模不及厅堂之类，而且其位置也不同于厅堂那样讲究中轴线对称布局，而是比较随意，相对来说比较轻快，不甚拘束。著名诗人苏轼的《和秦太虚梅花》诗句："江头千树春欲暗，竹外一枝斜更好。"专门用以赞美轩这样的建筑。轩可分为内轩和廊轩，常见的轩有抬头轩、船篷轩、鹤颈轩（鹤胫轩）、菱角轩、海棠轩、一支香轩等。轩，供人休息和观景，主要特点是周围开敞。轩在临水的一面为全开扇，高达数米，格心的棂条秀巧纤丽，花饰简约，裙板不作多余的装饰，显出淡泊的闲居情趣（图12）。

北京花园中的赏鹤轩，四面敞厅，歇山屋顶，主要结构为石质，内外檐雕刻旋子彩画。轩内设置青白石石凳，以供游人休憩。与赏鹤轩形成对景的是对面的"五行铜鹤"，二景遥遥相对，呼应成趣，给花园增添了别样轻松、雅致的气氛。

北京花园中还有一些非建筑类的园林景观，比如铜雕塑有五行铜鹤、马超龙雀，砖雕有四灵（四像），石雕有汉画像石、太湖石、昆仑石等，由于篇幅有限，本文将不再一一赘述。

---

① 参见张家骥《园冶全释》，山西古籍出版出版发行1993年6月第1版，第229页。

② 同上，第29页。

③ ［清］曹雪芹、高鄂《红楼梦》，北京图书馆出版社1999年8月第1版，第98页。

图 12　赏鹤轩

结　语

　　中国古典园林历史悠久，造诣高深，堪称艺术瑰宝，对于世界造园的发展有着很大影响。中国古典造园艺术不但在历史上已被东、西方国所借鉴，直到今天，仍然保持着极大的艺术魅力。

　　中国古典园林是全人类宝贵的文化遗产，其中优秀的园林设计对于现代世界造园仍具有指导意义。截至目前为止，中国已经在世界各地，比如埃及、德国、苏黎世、比利时、瑞士以及澳大利亚等国家分别建立了"中国园"。这项工作仍然不会停顿，会一直发展下去。

　　今年十月间，为配合澳大利亚堪培拉园林建设，我馆授命赴澳举办古典园林展览，此项任务虽非我馆主要研究方向，但是与我们的主要业务工作有着很大的关联性，举办这样的展览，既是挑战也是责任，同时还是一项十分艰巨的工作任务。这项展览除了本身的意义之外，更重要的还有它深远的、促进两国间长久文化交流与协作的政治意义。为此，我们能够成为两国间的文化交流与传播的使者，能够为两国的邦交、友谊、合作做些努力，是我们应该引以为荣的一件大事！

　　　　　　徐明（北京古代建筑博物馆，馆长、副研究馆员）

从中国古建筑最根本的特征谈起

◎ 王其明

一、木构架体系，"墙倒屋不塌"

中国古建筑中的重要建筑都是采用木构架的，墙只起维护作用，木构架的主要类型有抬梁式、穿斗式二种，由此体系而派生出以下特点。

重视台基——为防止木柱根部受潮（包括土墙）需台基高出地面，逐渐台基的高低与形式成为显示建筑等级的标志，如王府台基高度有规定、太和殿用三层须弥座汉白玉台基等。

屋身灵活——由于墙不承重，可以任意设置或取消，可亭可仓可室可厅，墙体可厚可薄，开窗可大可小，以适应不同气候。

屋顶呈曲线或曲面——"上欲尊，而宇欲卑，吐水疾而霤远"。屋顶以举折或举架形成上陡下缓的坡度曲线，以取得屋面雨水以最快的速度下注而远离屋身，檐部平缓又取得"反宇向阳"多纳日照的好处。中国建筑的曲线坡屋顶有如建筑的冠冕优美而实惠，屋角起翘，"如鸟斯革、如翚斯飞"。

重要建筑使用斗拱——斗拱原为起承重作用的构件，随着结构功能的变化，斗拱成为建筑等级的标志；

装饰构造而不去构造装饰——仅对必须的构件加以艺术处理，而不是另外添加装饰物。如在石柱础上加以雕饰，梁柱做卷杀，形成梭柱、月梁。屋顶尖端接缝处加屋脊，脊端、屋檐等有穿钉处加设吻兽、垂脊、仙人走兽、帽钉等以防雨、防滑落，甚至油漆彩画也是由于木材需要防腐而引起的。在必须的条件下，加以美化处理，而非纯粹的装饰。

二、院落式布局

用单体建筑围合成院落，建筑群以中轴线为基准由若干院落组合，利用单体建筑的体量大小和在院中所居位置来区别尊卑内外，符合中国封建社会的宗法观念，中国的宫殿、庙宇、衙署、住宅都属院落式。另外，院落式平房比单栋的高层木楼阁在防救火灾方面大为有利。

三、有规划的城市

历史上大多数朝代的都城都比附于《周礼·考工记》的王城之制，虽不是完全体现，但大多数都是外形方正，街道平直，按一定规划建造的，包括州县等城市也是如此。只有在自然条件极为特殊的地段，才偶然有不规划的城存在。

四、山水式园林

中国园林园景构图采用曲折的自由布局，因借自然，模仿自然，与中国的山水画、山水诗文有共同的意境。与欧洲大陆的古典园林惯用的几何图形、树木修剪、人力造作的气氛大异其趣，强调"虽由人作，宛自天开"。

五、特有的建筑观

视建筑等同于舆服车马，不求永存，从来不把建筑作为一种学术。崇尚俭朴，把"大兴土木"等同于劳民伤财的事。对于崇伟新构的建筑，贬多于褒。技术由师徒相传，以实地操作、心口相传为主。读书人很少有人关心建筑，术书很少，这些建筑观影响了中国建筑的进步。

以上是我为中国国家一级注册建筑师资格考试《中国建筑史》复习材料写的一个片段，"木构架体系，房倒屋不塌"，是中国古建筑最根本的特点，这是梁思成先生经过在国外学习、研究、考察西方古典建筑，回国后在中国营造学社解读中国古代的营造术书——《营造法式》、《清工部工程做法》，并调查测绘了大量的古建筑而得出的结论，而且引用了一句通俗的谚语"房倒屋不塌"来形象地概括中国古代建筑的特征，十分生动得体。

纵观中国古建筑中的宫殿、祠庙、衙署、民居、商肆建筑，几

乎全属于木构架体系，既或是砖石结构的塔、殿、牌坊、墓室，也有不少做成仿木结构式样的，更表照木构架体系，是中国建筑最基本的特征。

作为老北京的老年人，对此更有亲身体会。我现年85岁，幼年时上学走在胡同中——尤其是雨后，常可见到房屋的沿街后檐墙垮塌下来，而屋顶无损。……近年来胡同中开了不少商铺、饭馆，一般都是拆除后檐墙装修而成，这些都是墙倒屋不塌的实例。再举一个有趣的例子，最近听评书"薛礼征东"，书中说到尉迟敬德苦苦寻找白衣小将薛仁贵，那天已抓住薛的手腕却被摔倒，薛挣脱逃走。而留在后边屋中薛的几位弟兄，已无法从房门出逃，而是踹倒西山墙逃脱。如果山墙是承重墙，一则不易踢倒，再者墙倒屋塌如何能逃走？这也说明唐代中国屋室肯定是木构架承重，墙倒屋不塌的。

砖石建筑做成木构的模样，例子很多，只举一个最彻底的例子：福建泉州开元寺双石塔。塔的一切构件——梁、柱、斗拱……全是石头的，尤其是出跳的斗拱，对石材很是不利……至今记得梁思成老师在讲这一段时说："它们明明是石头，却要吃力地装成木材的样子……"说着伸出双臂做斗拱出跳的姿态……砖塔、墓室甚至无梁殿都有仿木结构的表现，更足以见木构架体系在中国古建筑中的地位之重。

不过，实际上人们对木构架体系的理解不是很清楚，存在着一些误区，例如说北京四合院房屋是"砖木结构"的，不能看见一栋建筑有砖墙有木构架就是砖木结构的，要看砖墙是否是承重墙，梁架是否支在砖墙上！正规的北京四合院房屋全是木构架的，只有硬山搁檩的才能算砖木结构的。

中国古建筑的木构架承重体系与西方近代的钢筋混凝土框架结构的原理是一致的是科学的，这正是中国建筑得以传承久远的原因，值得珍视。如何进一步提高发展，有待于来者！

王其明（北京建筑大学，教授）

浅谈石刻在北京不可移动
文物中的价值与作用（一）

◎ 吴梦麟

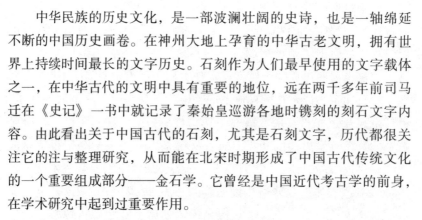

北京古代建筑博物馆文丛

第一辑 2014年

26

　　中华民族的历史文化，是一部波澜壮阔的史诗，也是一轴绵延不断的中国历史画卷。在神州大地上孕育的中华古老文明，拥有世界上持续时间最长的文字历史。石刻作为人们最早使用的文字载体之一，在中华古代的文明中具有重要的地位，远在两千多年前司马迁在《史记》一书中就记录了秦始皇巡游各地时镌刻的刻石文字内容。由此看出关于中国古代的石刻，尤其是石刻文字，历代都很关注它的注与整理研究，从而能在北宋时期形成了中国古代传统文化的一个重要组成部分——金石学。它曾经是中国近代考古学的前身，在学术研究中起到过重要作用。

　　进入 20 世纪以来，西方以田野发掘为基础的近代考古学传入我国。石刻作为具有中国特色的文化遗物，同样在考古学中显示出它的重要资料价值。随着考古调查和田野发掘的深入开展，新的地下石刻资料不断出土，甚至边远地区也屡有发现和被人们认识与研究。至今国内外所保存的中国古代石刻，无论在数量上还是在保存史料的丰富上，仍在众多类型的古代遗物中名列前茅。随着人们对石刻认识的扩展与深入，已超出金石学的视野，对石刻的形制、纹饰、工艺，尤其对内容的全面论证，取得了大量的科研成果，石刻已被列入中国不可移动文物中的一类。

　　石刻有广义与狭义之分。人们将文字石刻与石雕往往称之为石刻，实际上这是广义的解释，狭义的石刻应专指文字石刻，它又分摩崖石刻、刻石、碑碣、墓志、刻经、帖石六类，成为其内容和表现形式。

　　我国历史悠久，文化遗存量大、质高、涉及面广，可分为不可移动文物、考古出土文物、博物馆馆藏文物和传世文物。本文旨在表述石刻文物在不可移动文物中的价值和作用，所以先以不可移动文物做简单介绍。

顾名思义，不可移动文物是指与可移动文物不相同而言的，它是指不能整体移动或者不宜于整体移动的文物，特别是不能和周围环境一起移动的文物，如故宫、长城、大运河等。不可移动文物由古遗址、古墓葬、古建筑、石窟寺和石刻、近现代重要史迹、近现代具有代表性建筑和窖藏七大类组成，其中以古墓葬、古建筑、石窟寺和石刻类中保存的石雕和文字石刻最为丰富。我在从事《中国文物地图集》编辑、审稿时到过不少地方，被那些造型精美、雕工精湛、文字内容丰富的碑碣、刻石、墓志等吸引，甚至受到震撼。早就萌生了要撰写一篇论证石刻与不可移动文物的关系的文章，但限于研究能力，此题目又较大，也只好先做个尝试。

一、古建筑

　　我国古代建筑是中华民族十分珍贵的文化财富，具有悠久的历史。我国地广物博，南北地跨纬度悬殊，又西高东低，形成多种气候。为了生存，远古先民们在与自然搏斗中发明了"筑土构木"的原始方法，就地取材，筑造房屋，解决了人们居住问题。众多的考古发现已证实了这种行为，如陕西西安半坡遗址就是典型的一处（甘肃大地湾氏族聚落遗址中，有地画的氏族首领举行活动场所的发现，提供了研究原始社会晚期中木构建筑雏形的实例）。之后，又在河南省偃师二里头发现了宫室"四合院"，它是公元前1800年前的遗址，其建筑遗址揭示的建筑形制，是我国延续至今的基本模式，甚至影响到紫禁城的布局。欧洲地中海周围盛产石材，而我国上古时期，由于自然资源丰富，可供建筑的天然材料丰富多样，既有茂密的森林，又有可供开采的岩石。但在使用石器和青铜工具时代，开采加工石材极困难，所以祖先们发现木材既易采伐，且是一种坚韧又方便加工的理想材料，从原始社会末期开始，先民们就习惯以木材为建造房屋的主要材料。经过长期实践，对木结构的性能和优点有了充分的认识和体验，于是，用木材构筑房屋逐渐形成一种传统。

　　我国古代建筑普遍采用木结构，因地理环境和生活习惯的不同，就形成抬梁、穿斗和干阑三种结构体系，其中抬梁式结构占主要地位。在建筑中使用榫卯组合成木构架和斗拱的使用都是极具特色的，如屋檐下的斗拱在世界建筑中是独一无二的。从出土文物中如陶楼证实早在春秋时期，建筑上就已有斗拱，成为建筑上不可或缺的构件。之后，特别是高大的殿堂和楼阁建筑，出檐深度越来越大，檐下斗拱层数越来越多，到了隋唐时期，斗拱的形制已达成熟阶段。凡高级建筑如宫殿、坛庙、城楼、寺观和府邸等都普遍使用斗拱，以示尊威和华美。但封建王朝的法制仍严格规定"庶民庐舍不过三间五架，不许用斗拱"，可见斗拱在古建筑结构和装饰方面占有突出地位。随着历史的发展，岁月的沧桑，我们已看不到春秋之后的木结构建筑。万幸的是还有少量唐代以降的著名木建筑幸存，如山西五台山佛光寺大殿、南禅寺大殿，河南初祖庵，天津蓟县独乐寺、辽代观音阁，山西应县木塔（佛宫寺塔）和明代十三陵长陵祾恩殿和清代紫禁城太和殿等，都是应用这种结构方法的范例。

当然，中国古代建筑除了木结构，还有砖石结构等。在公元15世纪就出现了全部用砖券结构的无梁殿，类别上也有了塔、桥和民居等，丰富多彩。目前我国在已公布的七批国家级重点文物保护单位中，古建筑占很大比重，其中以北方的山西、河北、北京、辽宁、内蒙古和南方的江苏、浙江为多。

北京是我国首批公布的历史文化名城之一，有着五十万年的人类活动史，三千多年建城史和八百多年建都史。文化积淀深厚，文化气息浓厚，又具有浓郁的民族特色、地域特点的文化和国际多元文化在这里交流荟萃。早在1948年梁思成先生编制的《全国重要建筑文物简目》中的第一项文物即"北京城全部"，并注明北平为"世界现存最完整、最伟大之中古都市，全部为一整个设计，对称均齐，气魄之大，举世无双"的赞语。北京都城的壮丽、恢弘，已成为世人共同的看法。虽经1949年后拆改变迁，但截止到2014年6月，北京地区共有依法登记的不可移动文物3840处，其中全国重点文物保护单位126处（含世界文化遗产7处），北京市级文物保护单位215处和更多的区级保护单位。它们是北京悠久历史和灿烂文化的实证，也是先民们创造文明智慧的结晶，能够历经沧桑保留至今，实属幸事。

北京地区保存的古建筑特别丰富，其类别多样，功能异同，等级高超，分布不太平衡且较集中。为此只能按通常的办法分类表达，并选择国保、市保和重要项目中石刻价值高、量大的作为收录的对象，按宫殿、坛庙、寺观、园囿、会馆、民居、塔、桥、其他为次序进行介绍。

（一）宫殿：故宫

位于北京城中轴线上，归东城区。故宫是闻名于世的古建筑群，

已列入世界文化遗产。故宫内保存的石刻不算太多，但也有些很有价值，如东、西华门外各立一座"官员人等至此下马"碑，镌刻了四体文（满、汉、蒙、藏文），下呈石座，顶设悬山顶，为北京现存最大的下马碑。箭亭内树立嘉庆御制碑一座，卧碑式，是仁宗关于训诫子孙下马必亡的圣谕。散存的还有"正大光明"榜书等，其他精美石雕不做介绍。

（二）坛庙：礼制性建筑，京师保存较多

1. 孔庙与国子监

位于北京市东城区，二组建筑东西毗邻，建于元代，是元、明、清三朝学宫和祭孔的重要场所。国子监内原东西六堂有"十三经"刻石189方，连同谕旨、御制告成碑等共190方。

北京孔庙与国子监毗邻，为元、明、清三代祭孔的场所，庙内绿树成荫、碑石林立。其中有元、明、清三代进士题名碑198座，其中元代3座、明代77座、清代118座，共载了51624位进士的姓名、籍贯和名次，题名碑分列先师门与大成门前东、西、南、北四处。大成殿前左右分列之元大德十一年（1307年）孔子加号"大成至圣文宣王"碑和四配（颜回、孔伋、曾参、孟轲）加号（复圣、述圣、宗圣、亚圣）碑。拾级而上大成门东西两侧放置清代石鼓10枚，因其形似鼓，故名。鼓面上镌刻的文字称"石鼓文"。实际是刻了10首游猎古诗，故又称"猎碣"。石鼓原出土于陕西凤翔，宋徽宗时移置汴京（开封），金太宗时移至燕京（北京），元代孔庙建成后将其移至孔庙大成门内。抗战前文物南迁，又运至南京，抗战胜利后运回北京故宫内。清乾隆朝仿先秦石鼓镌刻了10枚，置于孔庙大成门内，石鼓旁还立有清乾隆五十五年（1790年）御制《集石鼓所有文成十章制鼓重刻序》碑。庙内高大的14座碑亭中保存了明清两代石碑多通，如"明英宗建太学碑"，清乾隆三十四年（1769年）"重修先师庙并颁周彝谕旨碑"及康、雍、乾三朝帝王南征北战纪功的告成太学碑等。别具特色的是成贤街上的一对"官员人等至此下马"碑，其形制独特，又镌刻满、汉、蒙、回、藏、托忒等六体文字。这是北京故宫、坛庙、陵墓才能树立的，可见孔庙在封建社会时地位之高。

2. 历代帝王庙

位于北京西城区阜成门内。明嘉靖九年（1530年）建，清康熙、雍正、乾隆朝均有修葺。庙中轴线上殿宇重重，原庙门前东、西两侧各建一座四柱三楼木牌坊名"景德街"，已于1954年拆除，所幸残构件已整修，陈列在首都博物馆大厅内。下马碑2000年修复，上镌刻六种文字，但碑形制简单。

3. 杨椒山祠

位于北京西城区达智桥，又名松筠庵，明代杨继盛（1516—1555）旧居。杨继盛号椒山，明嘉靖朝因弹劾严嵩十大罪，写《请诛贼臣疏》被杀害。起草稿件的书房，后称为"谏草堂"。弹劾严嵩的奏书刻成石刻，现仍嵌在祠堂墙壁间。清乾隆朝进士张向陶，号船山曾住此，与乾隆朝进士洪亮吉在此彻夜长谈。清末"公车上书"即在祠内聚会起草，"公车上书"是康有为联合在京应试的举人1300余名，在此联名上书光绪帝，痛陈清政府与日本签订丧权辱国的《马关条约》而起草的，要求"拒和、迁都、变法"，史称"公车上书"，并刻之于石。原祠内还有为纪念杨继盛的《松筠庵前明相忠愍故宅》刻石、《杨椒山祠》和《杨椒山手植榆树歌》等刻石。

4. 顾亭林祠

位于北京西城区报国寺内。为纪念明末清初爱国学者顾炎武（1613—1682）而建，因时人称他为"亭林先生"，故定名"顾亭林祠"。是清道光二十三年（1843年）由何绍基、张穆等人集资在顾炎武居住过的地方建祠以示纪念，祠内存多方刻石。

5. 天　坛

位于东城区永定门内大街，是明清两代皇帝冬至祭天和正月上辛日行祈谷礼的地方。坛创建于明永乐十八年（1420），原名天地坛，合祀皇天后土，明嘉靖十三年（1534）改称天坛。坛内轴线上有著名的皇穹宇、祈谷坛、祈年殿、丹陛桥、圜丘等。此外还有斋宫、神乐署等，天坛内少见文字石刻，但石雕及石构建筑皆精致无比。皇穹宇正殿前有可听到回音的三音石，是建筑中科技成果的实例。天坛1998年被列入世界文化遗产名录。

6. 日、月、地坛

日坛原名朝日坛，位于朝阳区。明嘉靖九年（1530年）建，为明清两代皇帝每年"春分"祭祀"大明之神"（太阳神）的场所。月坛位于西城区，原名夕月坛，是明清两代皇帝祀"夜明之神"（月亮）和天上诸星宿神祇的场所，创建于明嘉靖九年（1530年）。地坛位于东城区安定门外，原称方泽坛，明嘉靖九年（1530年）始建。是明清两代皇帝，每年夏至祭祀皇地祇的场所。该坛与天坛圜

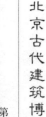

丘坛遥遥相对，规制仅次于天坛，它与日、月二坛均为嘉靖帝登基后改行四郊分祀的产物。地坛内原立有"地坛敕命碑"，明嘉靖十四年（1535年）立，螭首趺座，碑阴题名，篆额"奉天敕命"。碑字迹漫漶严重，现藏北京石刻艺术博物馆，此碑为天、地、日、月坛中少见的明碑。

7. 先农坛

位于北京宣武永定门大街西侧，明永乐十八年（1420年）始建，是明清两代朝廷祭祀先农炎帝神农氏的皇家祭坛。现坛内存古建筑多座，即先农坛、太岁坛、观耕台、具服殿、神仓、庆成宫等，该处文字石刻仅在具服殿处有题刻。

8. 先蚕坛

位于北海内西北，清乾隆八年（1743年）建，是清代后妃祭祀先蚕之神的场所。

（三）寺 观

北京历史上有众多的宗教活动，计有佛教、道教、伊斯兰教、景教、天主教等。留下了大量的遗迹和遗物，这里仅选有石刻遗存者。

1. 法源寺

位于北京西城区法源寺前街。唐贞观十九年（645年）始建，是唐太宗李世民为悼念出征阵亡将士而诏令建的。武则天万岁通天元年（696年）竣工，赐名悯忠寺。该寺位于幽州城东南隅，寺址未变，是考察幽州城位置的重要历史佐证。寺内多进院落，古木参天，文物荟萃，其中不乏重要石刻，即有唐、辽、金、元、明、清碑碣、刻石等，其中有著名的唐至德二年（757年）苏灵芝书丹的《无垢净光宝塔颂》、景福元年（892年）《悯忠寺藏舍利记》、明《敕建藏经》碑、明《重修崇福禅寺》碑、清翁方纲手摹《云麾将军碑》刻石、《法源八咏刻石》等，该寺为北京地区重要石刻的集中地之一。

2. 房山云居寺

位于房山区南尚乐水头村，国务院1961年公布为"房山云居寺塔及石经"。在寺旁石经山上和寺内地穴中庋藏近15000块石经板和碑石，镌刻始于隋代，后历经唐、辽、金、元、明七代，镌刻经籍1122部，3572卷，是世界上珍藏石刻大藏经最多的文化遗产地，此外还有唐开元年间金仙公主塔等七座唐塔。1981年又在嵌隋代高僧静琬始刻的支提窟式华严堂中发现隋大业十年瘗藏的佛舍利，共四层石函和银质鎏金函敬装，函上刻有铭文。云居寺是一处藏石刻大藏经和北京地区唐辽塔群的重要文物地。

3. 万佛堂、孔水洞石刻及塔

是 1922 年北京市文物工作者发现的一处重要文物。有孔水洞内洞壁上镌刻隋大业十年（614 年）刻经，两铺一佛二菩萨造像和明万历十七年（1589 年）重建的砖石结构无梁殿内壁嵌的"文殊普贤万菩萨法会图"石刻一堂。该浮雕体积大，用特殊构思，以半漏、全形显示，及几铺菩萨手持乐器等手法雕刻出一幅万头攒动举行法会的场面。构图新颖，技法娴熟实属罕见，为唐大历五年（770 年）作品，在音乐史和美术史上都有参考价值。洞内水势汹涌，为北京地区喀斯特溶洞中的特殊景观。因在隋代刻经后又有金代题刻、证明北京地下水的丰沛与枯水期的规律，对研究北京水文有参考价值。

4. 戒台寺

位于北京市门头沟区永定镇马鞍山麓，隋开皇年间始建，多层殿宇错落有致。寺内外广植各种松树，被称为戒台五松，寺内还有辽、金、元三代经幢及辽代高僧法均的"法均大师遗行碑"等。

5. 潭柘寺

位于门头沟区潭柘寺镇平原村。寺建于西晋建兴四年（316 年），寺名多次改动，有岫云寺、潭柘寺之名。寺依山而建，高低错落，又有银杏帝王树的陪衬，有"先有潭柘，后有幽州"之说。今寺为清代建筑，寺有上下两座塔院，是藏高僧遗骨之地。南塔院中有金代塔幢，其上文字较多，有历史价值。

6. 大觉寺

位于北京市海淀区苏家坨镇徐各庄。寺始建于辽代，因寺内清泉流淌，故有"清水院"之称。寺内有辽、明两代碑多通。其中辽咸雍四年（1068 年）"旸台山清水院藏经记碑"、"明"大觉寺庙产碑"最为有名。

7. 智化寺

位于北京东城区禄米仓。明正统八年（1443 年）司礼监太监王振建，原为家庙，后明英宗赐名"报恩智化寺"。寺有五进院落，多座殿堂。其中有转轮藏一座，明代遗物，十分珍贵。原寺内有九通碑，其中智华门内明天顺三年（1459 年）碑较为特殊，其首身一体，首题已被凿去，碑身上部为明英宗谕祭王振文。下部为线刻王振画像，是研究王振的重要材料。

8. 雍和宫

位于北京市东城区，为北京地区最大的喇嘛庙，原为雍正帝府邸。雍正帝登基后改为庙。宫内殿堂恢弘，气势轩昂。除佛像、唐卡等知名外，清乾隆五十七年（1792 年）高宗御制《喇嘛说》碑十分重要，为方碑，四体文合璧，是乾隆帝阐述宗教观点的重要文献。

9. 东岳庙

位于北京朝阳区神路街，为元代建的著名道观。庙内殿宇重重，文物荟萃，除有多尊明代道教像外，碑石众多，是该庙中的又一特点，共有元、明、清三代碑石 130 多座。其中著名的有元代赵孟頫书丹的《张留孙道行碑》及各种香会碑，为北京地区著名的碑林之一。

10. 白云观

位于北京西城区北滨河路西。唐代时的天长观，又名太极宫。元初长春真人受命主持天下道教，主持太极宫，后改名长春宫。长春真人羽化后，其弟子尹志平在长春宫东兴建道院，名白云观，藏其遗蜕。元末长春宫遭焚，白云观独存，之后屡有扩展修葺。观分三路，后有花园。观内有较多道教文物，其中藏有清道光朝摹刻的赵孟頫书《道德经》和《阴符经》刻石。明正统九年（1444 年）《白云观重修记碑》。正统十三年（1448 年）《赐经碑》及清康熙、乾隆、光绪朝镌刻碑等。

11. 牛街礼拜寺

位于西城区牛街。创建于辽代（有不同看法）。元代扩建，明成化十五年（1479 年）赐名"礼拜寺"，清康熙三十五年（1696 年）又大规模修缮，20 世纪 80 年代我曾在大殿后窑殿内见过康熙三十五年修缮墨书题记。该寺是北京最早和最大的清真寺，寺内建筑独具特色，又有元代《古兰经》抄本等文物精品。有关记述寺史的碑石也很引人注目，如明弘治九年（1496 年）阿拉伯文（碑阴）"敕赐礼拜寺碑"。清代教王，三洪碑和元至正十七年（1357 年）和二十二年（1362 年）筛海墓碑，以阿拉伯文书丹，极为珍贵。

12. 东四清真寺

位于北京东城区东四南大街。明正统十二年（1447 年）始建，初名礼拜寺，景泰元年（1450 年）皇帝敕名"清真寺"。殿拱门门楣上刻阿拉伯文《古兰经》。还有明万历七年（1579 年）"清真法昭百字主号碑"等。

13. 十字寺

位于北京房山区车厂村，寺已夷为废墟．遗址上现存大殿基址及碑刻和石雕。一为元至正二十五年（1365 年）《敕赐十字寺碑记》碑，碑身被明朝人磨刻，仅留碑首、宝珠和十字架雕饰为原刻。碑首与碑身以一石镌刻，具元代风格。另一为两组石雕，其上雕十字架、盆花和叙利亚文。三为"古刹十字禅林"残匾。这些石刻是元代景教传入元大都的实证，极其珍贵。两组石雕现藏南京博物院，已列为南京博物院的珍贵文物。

14. 北京四大教堂

北京现有著名天主教堂共有四座，分布在东西两城区。其中南堂修建最早，内有清代"世祖御制天主教堂碑记"，惜字迹漫漶甚。北堂（即西什库教堂）存清光绪十四年（1888 年）"天主堂迁建碑"及同年立"天主教堂迁建谕旨碑"，二碑均立于中国式碑亭中。堂后有樊国梁墓，墓碑为中西合璧式。东堂和西堂只在大堂外壁嵌部分石联，未见碑石。

（四）园囿

北京园囿分寺庙园林、皇家园林和私家园林，虽金代已有八大水院，元代有太液池等，但今存的重要园林多为明清两代遗存。

1. "三山五园"

"三山"指香山、玉泉山和万寿山，"五园"即圆明园、畅春园、静宜园、静明园和清漪园。这些地方除山高水长、环境优美宜人外，还荟萃了许多文物精华，其中均有碑石点缀其间，园囿中散发出文化气息。

（1）圆明园

今以遗址保存。园内残存清廷刊刻的帖石和碑刻，计有《钦定重刻淳化阁帖》帖石，原嵌于长春园淳化轩与含经堂间的回廊中，近年出土 10 方。《兰亭八柱帖》是乾隆帝集内府珍藏历代名家的兰亭墨迹和有关帖本八种，命工刻于圆明园"坐石临流"亭的八根石柱上，并于亭中竖一卧碑，阳面镌王羲之"兰亭修禊图"，阴面刻乾隆御制诗四首，该帖石现已移至中山公园内。圆明园内另存有乾隆、嘉庆、道光御笔各类碑碣近 50 余方，流散在外的石刻更多，如乾隆御制《文源阁记》碑、乾隆重摹梅石碑、乾隆丙戌新秋上澣御笔《半月台》诗碑已分别立于文津街国图古籍馆和北京大学内。其他摩

崖、刻石等圆明园内也有留存，如乾隆御笔《新月》诗、《青云片》等，其西达园中圆明园石刻中以昆仑石为著名。

（2）静明园

位于北京西山余脉东麓。金章宗时在此设玉泉行宫，元、明时有多次修葺。清康熙三十一年（1692年）改名静明园，有著名的燕京八景之一的"玉泉趵突"碑及石坊等。

（3）静宜园（香山）

位于卧佛寺南。金大定二十六年（1186年）建香山寺，清乾隆朝建"香山行宫"。乾隆十年（1745）扩建成二十八景，改名静宜园，园内立有燕京八景之一的"西山晴雪"碑、乾隆御笔石屏、双清别墅中的乾隆御笔诗刻等。

（4）畅春园

位于海淀区北京大学西，原为清康熙帝的别业，在此处理政务，已夷为遗址，仅存界石一桩。

（5）颐和园

位于北京海淀区青龙桥街道，金代在此建行宫，明代改为好山园，清乾隆十五年（1750年）改为清漪园，光绪十五年（1889年）改为颐和园。该园内保存石刻多种，计有碑碣、摩崖、刻石、帖石、昆仑石等。如大型碑《万寿山昆明湖》碑；方形，乾隆十六年（1751年）立石。碑阴刻《万寿山昆明湖记》，两侧咏昆明湖诗，皆高宗手书，为北京现有大型碑刻之一。清华轩内大型卧碑，为乾隆二十三年（1758年）立，内容为乾隆《西师诗》及记平定准格尔叛乱事。1860年遭英法联军焚烧已裂，周恩来总理曾要求加强保护。西堤南新建"耕织图"园内有"耕织图"碣，圆首、方座。《西堤诗》碣位于昆明湖东岸，乾隆二十九年（1764年）仲春御制诗碣，圆首、方座，也称"昆仑石"。此外因乾隆朝建清漪园时，将耶律楚材墓保留并建祠，并立碑昭其功绩，祠前有乾隆帝御制《耶律楚材墓碑记》一通，东侧有元代刻石翁仲。1998年在耶律楚材墓东发现其次子耶律铸夫妇合葬墓一座，出土《大元故光禄大夫监修国史中书右丞相耶律公墓志铭》及《故郡主夫人奇渥温氏墓志铭》各一方，还出土了玉石马、石狗等随葬品190余件，为北京地区重要的考古发现，也增添了颐和园石刻文物墓志的种类。颐和园后山及谐趣园等处刻有多方摩崖刻石，因被火烧已残缺不全，但填补了园中摩崖石刻的种类。还有一种石刻为帖石，今存宜芸馆内，为乾隆帝

命摹刻名家法帖上石，计10方。总之，颐和园石刻几乎囊括全部石刻的种类，增添了研究颐和园文化的新内容，1998年颐和园已列入世界文化遗产名录。

（6）北海及团城

位于西城区。金代建太宁宫，元至元八年（1271年）改琼华岛为万岁山，湖名太液池，明清时属西苑的北部。团城位于其南，原为水中园坻。

北海的石刻分布在琼岛和北岸西天梵境，快雪堂、万佛楼等处。琼华岛上著名的有燕京八景之一的"琼岛春阴"方碑，阅古楼《三希堂法帖》帖石495方。《白塔山总记》碑，为昆仑石，阳面刻白塔山总记，其余三面刻满、蒙、藏文，清乾隆三十九年（1774年）高宗御笔和《塔山四面记》碑，并称昆仑石，四石分别刻东西南北四面记，乾隆三十九年高宗御笔，总记、四面记记述了琼岛上的景点。北海北岸有澂观堂。乾隆四十四年（1779年）高宗得到《快雪时晴帖》后，在浴兰轩后建楠木殿一座，其东侧爬山廊内嵌帖石48方，楠木殿为此取名"快雪堂"。这里曾为纪念蔡锷将军建成蔡公祠，辟为"松坡图书馆"。北岸万佛楼内有乾隆三十五年（1770年）立《万佛楼成瞻礼诗》碑，石分别镌刻汉、满、蒙、藏文，因避"文革"时被破坏，埋入"极乐世界"前神路桥前地下，1987年复立。碑高大，为北京著名的方碑。万佛楼西八角亭内16方石幢，刻乾隆十九年（1754年）仿刻浙江杭州钱塘圣因寺唐贯休16应真像，为北京地区独一的大型线刻。

团城内有大型玉瓮一口。元至正二年（1342年）雕成，称"渎山大玉海"，为盛酒器，后流落至真武庙。乾隆十年（1745年）高宗命迁回团城建亭安置，作《玉瓮歌》刻于瓮内壁，命近臣48人赋诗，分别刻在方亭楹柱上，为北京最大的玉器。

（7）中南海

位于北海团城西南，原有"金鳌玉蝀"桥相连。其名为中海、南海的统称，与北海一起统称西苑，水面亦为太液池。水云榭中敞亭式水座中立有"太液秋风"卧碑，"燕京八景"之一，紫光阁、武成殿内立有"人字柳"碑及乾隆帝告诫子孙"下马必亡"碑各一座，"文革"中周总理、陈毅外长令保护，记得一夜间我们工作的地方就斜卧着这通重要的碑。另外殿中廊内嵌乾隆御制诗224首。

北京地区仍保存一些私家园林，但园中多为刻石小品。

（五）会　馆

北京地区的会馆是同籍贯或同行业的人建立的集会、寄寓的场所，其时代多为明清两代，主要分布在宣武、崇文二区，其他通州等地也有零星的保存。明永乐十三年（1415年）科举考试地由南京迁至北京后，为接待考试举子的试馆应运而生。清朝初入关后，科举制度进一步发展。康熙、乾隆两朝重视修书，为此来京的文人剧增，此时会馆发展迅速。工商会馆按不同行业分别建立，又称"行馆"。据民国时期统计，当时有会馆395所。早期的有江西南昌会馆、广东会馆、安徽芜湖会馆等，最晚的是1916年建的湖北大冶会馆，今存安徽会馆、顺德会馆、湖广会馆、阳平会馆戏楼等被公布为市级以上文保单位。值得关注的是多座会馆中保存了书法刻石、诗文、楹联等，如明万历汀州会馆碑，清康熙二十四年（1685年）重置云南会馆碑。清咸丰元年（1851年）玉行长春会馆重修碑等。现少量保存在原址，多方石刻已陈列和收藏在北京石刻艺术博物馆。

（六）古　塔

1．云居寺唐、辽塔

云居寺辽代罗汉塔四周有唐景云二年（711年）、太极元年（712年）、开元十年（722年）、开元十五年（727年）和石经山上开元十八年（730年）金仙公主塔五座唐塔上均有塔铭，为研究云居寺的重要史料。此外辽塔旁还有唐云居寺故寺主律大德神道碑，咸通八年（867年）立，辽应历十五年（965年）"重修云居寺一千人邑会之碑"。辽清宁四年（1058年）涿州石经山云居寺东峰续镌成四大部经碑、辽天庆七年（1117年）石经寺"释迦佛舍利塔碑"、辽天庆八年（1118年）"大辽涿州涿鹿山云居寺续秘藏石经塔铭"、元至正元年（1341年）"重修华严堂经本记"刻石、明崇祯四年董其昌书"宝藏"刻石等。房山云居寺贞石录已有收录，可参考。

2．天宁寺塔

位于西城区广安门外，八角13层密檐塔，辽代建，原名"天王寺舍利塔"。1992年修缮时发现天庆九年（1119年）《大辽燕京天王寺建舍利塔记》刻石。天宁寺殿大部分不存，仅辽塔孑存。

3．银山塔林

位于昌平区海子村，原为辽代大延圣寺，今遗址上遗存金、元

密檐式塔七座及元明石塔多座，其中五座塔有塔铭，后在大延圣寺址又发现明清多方碑文中有杨兆书诗碑等。

4. 居庸关云台

位于昌平区居庸关镇，元代建，原为过街塔座，汉白玉石构筑。塔正中辟拱形券，内雕四大天王像和六种文字刻经和题记，分别为梵文、藏文、八思巴文、维吾尔文、西夏文、汉文，该台建于元至正二年至五年（1342—1345）。

5. 妙应寺白塔

位于北京市西城区阜成门内。元至元八年（1271年），由尼泊尔工艺家阿尼哥主持修建，为中国保存年代早、造型大的覆钵式塔，塔高50.9米。至元十六年（1270年）历时八年竣工，并在塔前建大型寺院"大圣寿万安寺"，明天顺元年改名"妙应寺"。寺顶塔刹处有至正四年划刻题记，华盖四周华鬘上铸有明代施主功德名，寺内有清代碑刻多座。1928年因唐山大地震受损严重，修缮时在塔顶发现乾隆十八年（1753年）乾隆帝敬装的一批珍贵的佛教文物。庙内有形制高大的清雍正、乾隆帝御制碑，及元代大型石狮等。

6. 真觉寺金刚宝座

位于海淀区五塔寺村，因寺内有明成化九年（1473年）仿印度佛陀迦耶精舍形制而建的金刚宝座，俗称五塔寺。今寺已不存，仅石质塔存。1987年北京市文物局批准在此设立北京石刻艺术博物馆，今该处已成为搜集、保护和科研的专业性博物馆，馆藏极为丰富，也可称为又一处碑林。

7. 清净化城塔

位于朝阳区黄寺大街。清乾隆四十七年（1782年）为纪念在京圆寂的班禅六世，在寺西建的衣冠塔，命名清净化城塔。通体汉白玉砌筑，仿印度佛陀迦耶精舍形制。塔院内有清代碑亭两座，二碑对研究清代民族团结有重要史料价值。

（七）古 桥

北京自古是北方重镇，交通便利，桥梁众多，但因功能不同又可分许多类别，如交通要道上的古桥、宫殿坛庙中的桥、陵墓中的神路桥、寺庙园林中的桥等，质地不同，造型各异。本文只收录北京东西南北交通线上的几座大桥，此外北京还保存了广安门石道碑等。

1. 卢沟桥：位于丰台区宛平县城西，建于金代，是北京最重要的桥梁。可贵的是桥旁边还保留了不少碑石，如燕京八景之一的"卢沟晓月"碑，以及康熙、乾隆年修葺卢沟桥的碑，甚至还有民国年间记录永定河水位的"水则"刻石。

2. 朝宗桥

位于昌平区，建于明正统十二年（1447年），桥跨北沙河，桥北端雁翅处有明万历九年（1581年）碑一通。碑阳、阴面均镌"朝宗桥"三字。

3. 永通桥

位于朝阳区与通州区交汇处，桥旁有乾隆二十六年（1761年）立，朝阳门外石道碑。

4. 琉璃河桥：位于房山琉璃河与涿州交界处，为北京通往河北大平原的要道，桥旁有明清碑刻，记述修桥经过等。

（八）其 他

1. 皇史宬

位于东城区南池子，又名表章库，明嘉靖年间建，是明清两代皇家保藏宝训、实录之处，还珍藏过《永乐大典》副本，《大清会典》等内阁副本。碑亭内有明嘉靖十三年（1534年）修建碑，碑中记述了在北京门头沟石厂采石的史实。

2. 古观象台

位于北京东城区泡子河，明正统七年（1442年）在元大都东南角楼旧址上改建，为观星台，清代改名"观象台"，是我国明清两代天文观测中心。台上陈列多架明清时铸造的仪器，院内有紫徽殿及汤若望办公场所，值得一提的是有一座光绪年间碑，其碑首额题镌"天文仪器"，是北京今存碑刻中所少见。

以上罗列了八大类，但还有缺漏之处，在筛选中我不忍割爱，于是出现了近万字的现象，从中不难看出北京地区古建筑不但以其恢弘壮丽著称，其内还有许多文化内涵鲜为人知，如石刻。这些石刻都是前人苦心镌刻的，对研究每座古建筑都有重要的参考价值，另外从撰文、书丹及镌刻的工艺、用材之精等都还有待于进一步研究。

吴梦麟（北京石刻艺术博物馆，研究员）

《中国文物古迹保护准则》释义

◎ 晋宏逵

北京古代建筑博物馆文丛 第一辑 2014年

40

一、《准则》的编撰

1.《准则》是以国际古迹遗址理事会中国国家委员会的名义组织编写的

国际古迹遗址理事会（ICOMOS）是一个非政府专业组织，从事古迹、建筑群和考古遗址的保存、保护、修缮工作及其研究。成立于1965年，此前，其主要成员于1964年发布了《国际古迹保护与修复宪章》，即《威尼斯宪章》，成为该组织共同遵守的主要思想原则。由于该组织在专业上的重大国际影响，1972年联合国教科文组织认定它们为世界遗产委员会的咨询机构，该组织成员有建筑师、工程师、城镇规划师、考古学家、地理学家、历史学家、经济学家、文物保护工作者、遗产地的管理者等等。中国于1993年以"中国国家委员会"的名义参加了该组织，现在按照中国民政部社团管理的规定，在国内名称为"中国古迹遗址保护协会"，英文为ICOMOS/CHINA。2005年10月，在我国西安召开了国际古迹遗址理事会第15届大会，这是该组织第一次在中国召开大会，也是成立40年的纪念会。

2.《准则》编写的准备工作开始于1997年

1997年10月正式组成了"编撰项目组"，开始工作。编撰采取了中外合作的方式，邀请美国盖蒂保护研究所和澳大利亚遗产委员会的专家参与工作。1998年国家文物局组成了以局长为首的文件编撰顾问组，对文件的起草和修改进行指导。编制过程中，中、美、澳专家多次有针对性地考察三国的古迹遗址地点及其保护工作，努力把三个国家，主要是中国的经验写入文件。《准则》十易其稿，于2000年10月10日在承德举行的中国ICOMOS大会上获得原则通过。

3. 《准则》的文本有三个组成部分

（1）中国文物古迹保护准则，有序言和五章 38 条。（2）关于《中国文物古迹保护准则》若干重要问题的阐述，对《准则》条文进行深入的解释和阐发，共 16 章。（3）中国文物古迹保护准则案例阐释，用 86 个文物保护案例，对准则条文和阐述进行解说。目前，前两个文件已经正式发布，后一个文件也在西安会议上印发了征求意见稿。

二、《准则》的性质

1. 《准则》是在《中华人民共和国文物保护法》的法律法规体系框架下的文件

它的基本定义和原则与法律法规高度一致，它对于法律法规的一些条款做了专业性的解释，比如法律上"不改变文物原状的原则"。

2. 《准则》是由国际组织的中国国家委员会的制定的文件

因此与《威尼斯宪章》等国际公认的专业性文件所遵循的基本原则是一致的，包括文化遗产的价值评估，保护文化遗产历史真实性、完整性的原则等。

3. 《准则》是我国文物保护事业的一部行业规则

《准则》是从事文物保护工作从业者的专业行为和道德规范，是进行文物保护工作的专业依据，也是对文物保护成果进行评价的专业标准。我国其他行业的部门在处理涉及文物保护工作的时候，也可以《准则》作为专业依据。

4. 《准则》由中国文物行政主管部门国家文物局推荐，具有一定权威性。

三、文物古迹的定义

1. 《准则》所说文物古迹

就是指文物法所界定的"不可移动文物"。这个词拗口，在标题上不好用。文物古迹一词则好懂，可以涵盖不可移动文物的概念，甚至还宽泛一些，同时也考虑了与境外的衔接，如我国台湾地区"内政部"公布的保护对象即为"古迹"，我们今天所讲文物都是指不可移动文物。

2.《准则》所包括的文物类型

即《准则》的适用对象为：第 1 条，"（文物古迹）是指人类在历史上创造或人类活动遗留的具有价值的不可移动的实物遗存，包括地面与地下的古文化遗址、古墓葬、古建筑、石窟寺、石刻、近现代史迹及纪念建筑、由国家公布予以保护的历史文化街区（村镇），以及其中原有的附属文物。"第 24 条，"与文物古迹价值关联的自然和人文景观构成文物古迹的环境，应当与文物古迹统一进行保护。"另外，第 36 条，"曾经发生过重大历史事件的纪念地，可参照本准则的有关条款保护其地点和环境原状。"我们要认识到，虽然保护对象有着形态上的巨大差别，但是它们既然被定性为文物，它们就具有共同的属性，对它们的保护就应该遵循共同的原则。

3. 文物的基本属性是什么，具有哪些要素才可以判定为文物

首先文物是一种物质存在，文物必须"有物可看"，那些只有历史记载或传说，没有实物的不能认定为文物。文物的诞生大部分来自人为有意识地创造，也有一些是人类活动遗留的遗迹，与人类活动无关的自然遗物不是文物。如在肯尼亚有一处 300 万年以前人类行走留下的脚印，是人类活动遗留的遗迹。文物的形态包括遗迹和遗物两大类。如在周口店猿人遗址中，人骨化石、石器都是遗物。而烧火留下的烧红的地面，考古称为红烧土，就是遗迹。被猿人作为原料或者吃剩留下的骨头是文物，而与人类无关的动物化石不是文物。只是因为一些重要的古生物化石、古地层由于记录了地球和生物进化的过程，由于具有科学价值，也应该给予保护。

其次文物必须具有价值要素，包括年代，地点；还有历史的诸要素，如记录了重要历史事件或历史人物的活动，反映了科学、艺术、生产、生活的活动和方式、成果等，就是"有事可说"。我这里借用世界文化遗产的判定标准来说明文物的价值要素："一是人类创造才能的代表作；二是体现一段时间内或世界一个文化区域内，有关建筑或技术发展、文物艺术、城市景观设计领域发展状态的人类价值的重要交替；三是包含对一种文化传统或依然存在或已经消失的文明的独一无二或至少是与众不同的证明；四是表现人类历史重要阶段的一类建筑物或建筑或技术整体或景观的

杰出典范；五是代表一种文化（或几种文化）的传统人类住区或土地使用的杰出典范，当它在不可逆转的变迁影响下变得易受破坏时尤其如此；六是与重大事件或生活传统、与思想或信仰、与具有突出的普遍重要性的艺术和文学作品直接或明显相关（此项标准只在特殊情况下且与其他文化或自然标准共同使用时，才成为列入目录的正当理由）。"正因为文物古迹具有如此重要的价值，是经过很长历史考验而硕果仅存的人类宝贵财富，所以我们才要对它们进行小心的保护。

第三文物必须具有历史真实性。《阐述》择要列举了四种情况：一是实物必须是历史遗留下来的。它可以是完好的，也可以是残破的，甚至是历经历史上多次改变的，但绝不可以是借用历史上曾存在的文物古迹和名胜的名称，近年来新建的仿古景观。二是建筑组群或历史街区（村镇），应该在整体上保存着历史风貌，属于历史遗存的部分要占有相对大的比例。三是历史文化名城中标志性、代表性遗迹和历史景观应该是名城中价值重大的真实文物古迹，如北京的天安门、前门楼等等。四是发生过重大历史事件的纪念地，原来的场地也应当视作文物古迹，如北京的五四广场。

四、文物古迹保护工作的程序

1. 《准则》第2条，"保护是指为保存文物古迹实物遗存及其环境进行的全部活动。"第5条规定："保护必须按程序进行。所有程序都应符合相关的法律规定和专业规则，并且广泛征求社会有关方面的意见。"《准则》阐明了文物保护工作是一个系统的过程，绝不仅仅是安排文物保护工程；而文物保护工程也不是一般意义上的建筑建设工程，更不仅仅是通常所讲的旧建筑甚至古建筑的维修工程，它有着本行业的规律。因此《准则》用第二章全部9条的篇幅讲述了程序的每一个步骤。相应在《阐述》第5章全部3个小节详细列举了具体的程序内容，把它们与管理工作挂钩，并列表进一步解释程序。把文物保护技术性工作的有关步骤归纳为逻辑程序是《准则》具有特点的重要内容之一，同时表现了行政管理程序规定的科学性。

2. 《准则》第9条，"文物古迹的保护工作总体上分六步，依次是文物调查、评估、确定各级保护单位、制订保护规划、实施保护

规划、定期检查规划。原则上所有文物古迹保护工作都应当按照此
程序进行。"1935 年梁思成先生制订了《曲阜孔庙之建筑及其修葺
计划》，在序言中梁先生说，设计人与古代匠师不同，"我们须对各
个时代之古建筑，负保存或恢复原状的责任。在设计以前须知道这
座建筑物的年代，须知这年代间建筑物的特征；对于这建筑物，如
见其有损毁处，须知其原因及其补救方法"（梁思成《曲阜孔庙之
建筑及其修葺计划》）。梁先生的实践开始建立了正确的工作程序，
倡导了理论联系实际的学风，把对保护对象的调查、多方面的研究、
制订保护计划作为工程的前期工作。70 多年来这个程序日渐充实严
密，一直沿用下来。他说明文物保护首先是一种文化活动，同时也
是一种科学研究活动。程序的六个步骤，《阐述》详细讲解了它们，
并列出程序表。六个步骤之间是一种逻辑关系，而且研究工作要贯
彻始终。"文物古迹的不可再生性，决定了对它干预的任何一个错
误，都是不可挽回的。前一步工作失误，必然给后一步造成损害，
直至危害全部保护工作，因此必须分步骤按程序进行工作，使前一
步正确的工作结果成为后一步工作的基础。"（《阐述》第 5 章 5－1
节）这就是为什么《准则》要对程序做出规定的原因。是否每一轮
保护工作都要履行完整的程序呢？我认为应该如此。因为每一次保
护侧重有所不同，调查所要了解的问题不同，评估也是在新的认识
下进行的，所以每一轮工作都不是上一轮简单的重复，都要根据工
作重点，制订程序计划。

五、对文物古迹的评估

1. 评估的主要内容

《准则》第 11 条，"评估的主要内容是文物古迹的价值，保存
的状态和管理的条件，包括对历史记载的分析和对现状的勘察。
对新发现的古遗址评估需要进行小规模的试掘，应依法报请批准
后才能进行。"《阐述》第 8 章更具体说明了"评估必须以研究
为基础"，"评估对象是实物遗存和相关环境"，"评估要有明确
的结论"。

2. 文物古迹的价值评估

《准则》第 3 条规定："文物古迹的价值包括历史价值、艺术价
值和科学价值。"《阐述》的第 2 章对文物古迹的价值用 3 个小节来

说明它，这是基于中国文物法的表述方式。国外学者还有另外的表述方式，如英国学者费尔顿把文物建筑的价值归纳为三个方面，"即情感价值，包括：奇观，认同性，延续性，精神的和象征的作用。文化价值，包括：文献价值，历史价值，考古价值，美学和象征性的价值，建筑学的价值，市容、风景和生态学方面的价值，科学价值、使用价值，包括：功能价值，经济价值，社会价值，政治价值。"费尔顿先生的表述方法既包含了文物固有的历史、艺术、科学价值，也包含了文物对当代人民和社会所可能发挥的重大作用的价值。这样的认识和归纳对实践，特别是对妥善解决保护与利用的关系问题，会起到非常重要的指导作用。所以《阐述》中实际补充了文物古迹"对社会产生积极作用的价值"，"通过合理利用可能产生的社会效益和经济效益"，还特别指出文物古迹在历史文化名城和地区中的地位与特殊功能。

　　我这里再强调一下，历史真实性是文物古迹的灵魂，它是评估和确定世界文化遗产、各级文物保护单位的核心标准，"文物建筑保护专家当然不排斥审美，也不排斥可能的功能，但他们把文物建筑主要看作历史信息（社会的、经济的、文化的、政治的、科技的等等）的载体，它们的价值决定于所携带的历史信息的量和质，是否丰富，是否重要，是否独特。当他们审视文物建筑优美的形式的时候，也必须考虑到它的历史意义。"（陈志华《文物建筑保护中的价值观问题》）是否保存了文物的历史真实性也同样是评估文物保护工程成败的首要标准。关于文物的历史真实性，1994 年联合国教科文组织世界遗产委员会备案了《奈良真实性问题文件》，文件强调"真实性构成价值观必不可少的限定因素。对真实性的理解在文化遗产的所有科学研究、保护和复原规划设计以及世界遗产大会和其他文化遗产目录的认证过程中扮演了基础的角色。"文件还指出真实性要充分尊重遗产的文化背景的差异和多样性（《奈良真实性问题文件》）。

　　如何进行评估，我举故宫的保护工作为例加以说明。2001 年 11月 19 日国务院在故宫召开会议，研究故宫古建筑维修和文物保护有关问题，确定了对故宫进行整体维修的任务。于是我们邀请中国建筑设计研究院与故宫博物院共同制定故宫保护总体规划，规划程序与内容符合《准则》的要求。

　　这一次对故宫的价值评估分了三部分：文物价值、社会价值、世界文化遗产标准。

对文物建筑的价值判定决定着规划原则是否正确。故宫有一座奉先殿，是皇帝的家族祭祀场所，是紫禁城重要的组成部分，具有重要的历史、民族、风俗、建筑、文化、艺术等多方面的价值。同时在故宫古建筑中它又是唯一的一座，更表现其价值的珍贵。但在"文革"期间，为举办收租院泥塑展览，把奉先殿内的皇家祖先的木雕龛座拆除出大殿，原来具有唯一性的文物价值只余下古建筑的环境价值和可利用空间的价值，这实际上是把奉先殿当作一处普通的房屋来使用，造成对奉先殿价值直至故宫价值的严重破坏。那么应该怎样利用奉先殿呢？我们认为，应该寻找奉先殿原有的构件，查找档案资料和照片，重新添配安装大殿内装修，尽可能恢复正殿原状，进行原状陈列。还可以用科学的照明等手段突出其应有的气氛效果，布置相应的展览，向观众解释明清时代的宗法制度和"家天下"的封建社会本质。这样首先保护好文物，用文物本身的价值对观众进行历史知识和历史唯物主义教育，这可能接近了保护为主、合理利用的目标。奉先殿例子说明，对文物价值的认识决定着当代对文物的基本态度和可能采取的措施：是否需要保护、保护什么和如何保护。

3、文物古迹的保存状态评估

《阐述》规定保存状态是目前文物古迹的客观状态。评估内容包括：自然和社会环境及其对文物古迹的影响，文物古迹结构的稳定和材料退化状态，文物原状的研究确认，实施保护工程的必要性和可能性分析，对文物古迹利用的可能性分析。

4、文物古迹的管理条件评估

《阐述》规定评估的主要内容包括：管理机构的状况，任务，人员与能力；利用是否合理，社会干扰因素是否可以控制；日常保养与监测状况；展示、开放、服务设施；防灾减灾布置与能力；财务保障能力。

故宫的现状评估分了六类进行。一是总体现状，评估故宫历史格局和空间分区。二是不可移动文物现状评估，又按建造物、露天陈设、宫廷园林、古树名木四小类进行评估。三是环境现状评估。四是管理现状评估，也包括保护区划、管理规制、安防、资料档案、科技保护、学术研究等五小类。五是利用现状评估，包括现在的功能分区和开放状况。六是基础设施评估。每一类都首先列举评估对象的内容，分析它们的现状，做出评估结论，最后归纳为故宫现存的主要问题，作为故宫保护规划的根本前提和依据。

六、文物古迹的保护规划

1. 一个文物保护单位重大的、阶段性的保护工作往往是复杂的、综合性很强、需要延续较长时间的任务

应该如何入手来开始这个工程？就要制订保护规划，也就是对完成这项任务制定综合布置方案，作为安排具体任务、制订工作计划时依据的纲领性文件。在中国，城市总体规划为大家所熟悉，因为 20 世纪 80 年代，城市建设的高速发展，促成了中国城市总体规划学问的日趋成熟，而为文物保护单位制订专项规划则是最近十几年才逐渐提上日程。《准则》规定"编制保护规划是所有文物保护单位都必须完成的程序"（《阐述》第 9 章），是第一次从专业角度提出这个要求。2003 年 3 月文化部发布的《文物保护工程管理办法》第四条规定"文物保护单位应当制定专项的总体保护规划，文物保护工程应当依据批准的规划进行"，把专业要求转化为法规规定。就是说，我们需要首先制订总体保护规划，得到批准后才能依法实施保护工程，因此规划是保护工程的前提条件。规划对于实践的指导作用也是不言而喻的，大家都非常清楚的北京历史文化名城的保护遇到诸多问题，最根本的问题是规划方面的问题，北京市解决这个问题也是从修订和补充规划开始的。

2. 一个文物保护规划必须具备哪些内容呢

2004 年 9 月国家文物局颁布了《全国重点文物保护单位保护规划编制要求》，规定了规划的适用范围、指导思想、编制原则、编制要求和管理程序，规定了保护规划应该具有的基本内容。《准则》第 13 条 "制订保护规划必须依据评估的结论，首先要确定主要的保护目标和恰当的保护措施。一般规划应包括保护措施、利用功能、展陈方案和管理手段四方面内容，特殊的对象可制订分区、分类等专项规划。各类保护规划特别是历史文化街区（村镇）的规划都要与当地的总体规划密切结合，并应当依法审批，纳入当地的城乡建设规划"。《阐述》第 9 章还更具体地论述了保护总体规划应该具备的6 部分内容。

3．文物保护单位的保护规划只有与所在地的城乡建设发展规划结合起来才有可能实现

文物古迹在产生和发展的过程中，与一定范围的自然环境有机地结合在一起，形成文物古迹的独特的人文历史环境和景观环境。文物保护单位的保护始终需要与保护一定的环境相结合。按照文物保护法的规定，在文物保护单位的外围，要划定一定的保护范围和建设控制地带。这一规定已经实行了半个世纪，1972年我国参加世界遗产公约以来，已经有31项文化、自然及双重遗产列入了世界遗产名录。这些遗产地点之外，都需要划定相应的"缓冲区"。在我国，随着新的经济模式的推进和经济的飞速发展，城市和城镇建设规模以前所未有的速度扩大，城市面貌日新月异。高速发展严重地冲击了文物古迹环境甚至文物古迹本身，促成了千城一面的现象，所反映的是城市文化的迷失。这种现象具有一定的普遍性，在发展中国家尤其严重，引起中外学者的忧虑。在这种背景下，第15届ICOMOS西安大会的科学研讨会主题就是"文化遗产的背景环境"。而说到底，要解决这个问题，我们的行政与技术方面结合的有效手段就是规划。文物保护法第十六条规定："各级人民政府制定城乡建设规划，应当根据文物保护的需要，事先由城乡建设规划部门会同文物行政部门商定对本行政区域内各级文物保护单位的保护措施，并纳入规划。"

七、文物古迹保护的原则和措施

1．《准则》第2条"保护的目的是真实、全面地保存并延续其历史信息及全部价值"

保护的任务是通过技术的和管理的措施，修缮自然力和人为造成的损伤，制止新的破坏，所有保护措施都必须遵守不改变文物原状的原则"。

文物是一种特殊的实物，是一个地区、一个民族或一个国家的人民所创造的文化的载体，是物化的文化。文物古迹的价值在于"饱含着过去岁月的信息"，"构成人类的记忆"，可以"见证一种独特的文明，一种有意义的发展或一个历史事件"，古代建筑、古代园林同时也是艺术品。历史古迹不仅包括单个建筑物，也包括具有上述价值的城市或乡村环境。历史古迹的历史信息包括它产生以来所

经历的各个时代的信息的叠加的总和，所有信息都应该得到尊重。文物保护的核心目的，就是通过对实物的保护，真实、完整地保存其文化信息，尽可能久远地传递下去。文物保护的任务，是通过管理手段和技术手段的干预，制止和修缮人为因素对文物造成的破坏，避免、减轻和延缓自然力对文物的损伤。

不改变文物原状的原则是文物法的规定，如何理解和执行这个原则文物界曾经有过长时期的讨论甚至争论。讨论核心是如何确定文物保护的预期目标：应该保存文物的现存状态（现状）还是恢复文物曾经存在的历史状态（原状）。我认为文物现状与原状是一个属于历史范畴的概念。文物从被创造产生时开始，就面临着人为和自然两种力量在改变着它的存在状态。两种力量的交互作用使文物状况总在发生改变，变是绝对的，不变是相对的，有条件的，这是历史的实际。而我们对文物进行保护时，无论是采取保存现状还是恢复原状的方案，总是希望把文物的状态，相对凝固在某一个特定的时空条件下。这就必须进行与历史实际相逆向的探索：从文物被建造出来之后到我们实施干预之前，文物产生过哪些改变。我们需要解决的最突出问题是，文物的哪些改变是由自然力形成的，它是否对文物的安全稳定造成威胁，是否必须修复；历史各个时期的人们对文物做了哪些工作，哪些是有文化以及结构意义的，必须加以保存；哪些是对文物价值的歪曲、干扰甚至破坏，必须去除，这才能决定我们的工程允许在文物上添加些什么，去掉些什么。我们决策的根据只在于拟采取的管理手段和技术保护措施，是否有利于实现完整、真实地保存文物固有的价值。

社会上很流行的一个说法是文物保护应该"整旧如旧"，这是梁思成先生多年前提出的一个通俗说法，我认为与"不改变文物原状的原则"是一致的。它包括对文物保护的核心要求与外观要求这样两个部分。应该如何实现不改变文物原状的核心要求，前辈学者在20世纪80年代初就做了精辟总结："应该保持古建筑在以下四个方面的原状，即：建筑物原来的造型，原来的结构法式，原来的构件质地和原来的制作工艺。如果是保持一座建筑群的原状，还应该增加一条，就是必须保持原来建筑时期或历史形成的健康的内部环境与周围环境的面貌。"（祁英涛《正定隆兴寺慈氏阁复原工程第一二方案及说明》）1990年罗哲文先生在联合国教科文组织召开的亚太地区文物保护会议上所做发言，进一步归纳为保存文物价值的四个方面，即保存原来的建筑形制，保存原来的建筑结构，保存原来的建筑材料和保存原来的建筑技术（罗哲文《古建筑的维修原则及新材料、新技术的应用问题》）。外观上的"整旧如旧"情况更复杂，不希望古建筑维修后"焕然一新"的样子损害到对建筑物"高龄"的认识与感觉，这一点大家认识是一致的。只是中国古建筑是用多种建筑材料营造的，这些材料的外表面又用不同的材料和工艺来保护和装饰，表层的材料做法不同，它们在自然条件下从新到旧，再到损伤、最后毁坏，经历的周期有巨大的差距，因此建筑各部分的外观，新旧经常是不一致的。《准则》把这方面的要求，归纳为"正确把握审美标准。文物古迹的审美价值主要表现为它的历史真实性，不允许为了追求完整、华丽而改变文物原状"。事情还有另一方面，就是也不要因为怕外观上的"变新"，而影响对文物古迹实施保护。

2. 在总原则的框架下，为使总则可执行，《准则》具体地规定了10项文物保护原则

（1）必须原址保护。说明只有为了重大国家利益文物或者不可抗拒的自然灾害原因，文物才可以迁移。（2）尽可能减少干预。（3）定期实行日常保养，及时排除不安全因素。（4）保存历史遗迹和历史信息。（5）独特的传统技艺应该保护，新材料和技术的使用要经过试验。（6）正确把握审美标准。（7）必须保护文物环境。（8）已经不存在的文物古迹一般不应重建。（9）考古发掘应注意实物保护（10）预防灾害侵袭。

3. 保护工程。

保护工程是文物保护的重要措施。《准则》第四章用8条的篇幅论述文物保护工程的分类及各类工程要点，《阐述》也用4个章节分类论述工程要点。具体分类是：日常保养、防护加固、现状修整、重点修复。由于不可移动文物类别的丰富和中国传统木结构建筑的特点，决定了工程的多样性和复杂性。如何有针对性地防止和修复文物面临的破坏，并把正确的原则贯彻到所有工程，对工程进行分类进而提出各类工程的要点是行之有效的途径。

以上仅根据我个人的学习和理解，对《准则》的主要内容进行了介绍。最后还要说明，随着新挑战的出现和新经验的产生，《准则》也是要发展的。对于以群众组织名义编撰的"规则"，它正在越来越得到大家的重视。

这是写于 2005 年的一篇讲稿，目的是对《中国文物古迹保护准则》进行推广。现在《准则》的发布已经过去了 14 年，有关机构也在进行《准则》的修改。但在新版没有推出以前，旧版的基本原则和程序对于我国不可移动文物的保护还是有着积极意义，即使将来新版推出，旧版也将具有学术史的意义。

晋宏逵（故宫博物院，研究员）

博物馆学研究

北京的门礅

◎ 于润琦

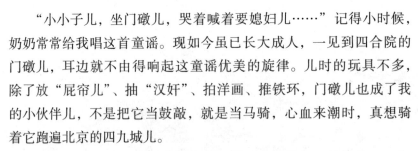

"小小子儿，坐门礅儿，哭着喊着要媳妇儿……"记得小时候，奶奶常常给我唱这首童谣。现如今虽已长大成人，一见到四合院的门礅儿，耳边就不由得响起这童谣优美的旋律。儿时的玩具不多，除了放"屁帘儿"、抽"汉奸"、拍洋画、推铁环，门礅儿也成了我的小伙伴儿，不是把它当鼓敲，就是当马骑，心血来潮时，真想骑着它跑遍北京的四九城儿。

或许是对胡同的几多留恋，或许是对门礅儿的一份情缘，不知从何时起，我对门礅儿产生了浓厚的兴趣，它那雄浑淳朴的造型，丰富多彩的图案，精湛绝美的雕刻，常常使我流连驻足，以致惊叹痴迷！

老北京有句俗语："有名的胡同三千九，无名的小巷赛牛毛。"北京的胡同多，大的胡同有上百户人家，小的胡同也有十几家，几乎家家都有门礅儿，北京门礅的总量目前尚无精确的统计。北京历史上，最繁盛的时期，门礅总量约在几十万对以上，现存的门礅仍不下几万。

门礅的起源，众说不一。从建筑功能上看，门礅当初只起支撑固定院门的作用，为的是使门闩基础稳固，防止大门前后晃动，这非常符合建筑力学的原理。由此可见，门礅的起源应与宅院的建置同步，在有宅院的时候，就有了门礅。

从秦汉早期的庭院大门看，已有了门礅的雏形。现今见到较早的门礅记载，是南朝梁代（502—557）的一座古墓。据发掘报告讲："这座墓的石柱下放有一个高 18 厘米的门礅是与柱子分开的。"这是北京地区有关早期门礅的实物证据。北京门礅的起源应与蓟州郡（县）的建置有关，最早的门礅如今当然很难见到，而隋唐时期的门礅，仍可见端倪。北京现存最早的门礅，是中山公园社稷坛（五色土）门前的一对石狮。

有人说它是隋唐时期的遗物，其后还有唐代的翼兽（现存五塔

北京古代建筑博物馆文丛

第一辑 2014年

寺石刻艺术博物馆）、辽金时期的石狮（存五塔寺）、元代的石狮（存妙应白塔寺、贤良祠）。北京门礅的发展与金中都，元大都的兴建密不可分，北京的门墩，随着元大都的建设而兴盛起来，明清两代则是北京门礅的繁盛期。到了后来，门礅的功能多样化了，除了建筑功能，还增加了装饰和观赏性，渐渐成为一件精美的石刻艺术品。

北京的门礅儿不但历史悠久，而且数量很大，文化内涵丰富。从多年对现存门礅的考察，目前尚存的门礅看（尽管近年在急剧消失），总量仍在万件以上。门礅保存较好的胡同有：东城区安定门地区的交道口北头条、二条、三条、方家胡同、国子监、土儿胡同、香饵胡同，东四地区的东四头条至十四条，南锣鼓巷街区；西城区福绥境地区西四北头条至八条；二龙路地区的手帕胡同、察院胡同、文华胡同、西铁匠胡同；东城区前门地区的草厂头条至十条。这些胡同里还保存着不少造型相当精美的门礅，而这是十年前的统计，如今又有不知多少胡同消亡。

从形式上看，门礅分为两大类：一类是单一个体兽型的，如麒麟、狮、虎、鹤、鹿、象等瑞兽。它们多置放在皇宫、殿宇、王府、官邸、庙宇的门前，它们可以说是门礅的一种"特殊"变体，是最高等级的门礅。其实天安门前华表上的犼也是门礅，不过是皇上家的门礅而已；至于十三陵神路上的石人石兽，则是皇家陵寝前的"门礅"。这类兽型礅不与大门门柱直接相连，它们单独置放在大门的前面，更凸显一种威严。这类门礅可称为独体礅。

另一类门礅则与大门门柱紧密相连，与大门构成一个有机的整体，这种门礅可称之为连体礅。门礅最初是长方体，像古时候的长方枕头一样，难怪又有人将其称为"门枕石"。大门槛儿要枕（骑）在它上面。门礅的中后部位（侧视）有一圈凹槽，约有6~8厘米宽，门槛的两边有倒凹槽，倒凹槽正好与门礅的凹槽紧密契合，连成一体。而门槛的两端上面又有凹隼，再与门柱下端的凸槽契合，门柱上端凸槽再与门楣凹隼契合，形成一个牢固平衡的立体大门框，门礅就起着稳固整个门框的关键作用。门礅后部上端中央有一半圆弧凹槽，它是为大门的门轴而设置，大门下端门轴在此凹槽中自如旋转，门礅是大门的十分重要的部件，它可不是个摆设。只是后来，随着门礅前部（门外部分）的装饰功能极度膨胀，翻出许多花样来，它的外形变得丰富多彩，但门礅的本质功能却没有改变。

连体礅又可分为两种。一种是狮兽连体礅，可以把它看成独体狮礅的缩影。狮兽由大门前退至门柱前，与大门合为一个整体了。这类连体礅多为狮子，少有其他瑞兽。非瑞兽类的连体礅，有六方柱型的、花瓶型的、葫芦型的、此类礅少见。

胡同里门楼上常见的连体礅大体为两类：一类是鼓形礅，一类是箱体礅。先讲鼓型礅，它的主体部分的造型与真正皮鼓造型完全一样。

它的上端就是一个皮鼓，鼓的侧面有一圈鼓钉，样子极其逼真，只是在鼓面上做了文章，刻有许多精美的图案。正因为形似，门礅又有抱鼓石之称。门礅取之于鼓型，似与北中国少数民族的骁勇善战有关。尤其是元人定鼎中原之后，居住的场所，已由游牧转为定居，由帐房进入庭院。元人把庆贺胜利的皮鼓作为一种象征物，用石礅的形式永久保留下来，放在自家门前，以示耀祖光宗。这是门礅起源之一说。

另一类是长方柱型，可称之为箱体礅。有人说鼓型礅是为武官而设，箱体礅则为文臣宅院所有。过去的举子进京赶考，所带书籍和文房四宝都置放在书箱之内，既便于背负或担挑，又不易磕碰，所以书箱做得比较高。待举子及第后，书箱便作为永久性饰物，置放在门外，光耀门楣，这便有了箱体礅。

由于有了金中都、元大都的建置，才有了胡同的大发展，同时带动了门礅的急速发展，也就使元大都城市的创建者刘元及其徒子徒孙们得以施展才华，创造了精美绝伦、丰富多彩的门礅，以致形成了北京独有的胡同文化、门礅文化。

门礅上的图形大多采用高浮雕，极少数的采用透雕。浮雕图案栩栩如生，给人很强的视觉效果；透雕更剔透玲珑，令人叫绝。门礅上的"五福捧寿"、"白猿偷桃"、"狮子绣球"、"九世（狮）同居"、"三阳开泰"、"鹿鹤（六合）同春"、"岁寒三友"、"麟吐玉书"、"瓜瓞绵绵"、"刘海戏金蟾"、"八吉祥"、"暗八仙"等图案，内涵丰富，多姿多彩。门礅的文化内涵主要表现在三个方面，即传统文化、佛家文化和道家文化。

一、门礅与传统文化

门礅既是一种文化，当然有着丰富的内容、深刻的内涵。作为八百年的五朝帝都——北京文化必然带有浓重的帝王色彩。帝王具有至高无上的权力，这种特权在门礅文化中也有着明显的体现。门礅与四合院密不可分，是个有机的整体。就四合院而言，它的朱漆大门就是至尊至贵的标志。"朱户"在古代被纳入"九锡"之列，所谓"九锡，是天子对诸侯的最高礼遇。

北京四合院中的金柱大门都是朱漆大门，与金柱大门相匹配的门礅，其等级之高可以想见。且不说禁城、宫苑内置放的铜鳌、铜鹤、麒麟、鎏金狮子等珍禽瑞兽，它们是帝王皇权的象征，就是皇亲国戚、王公大臣的府邸门前也须置放石狮，这当然也是一种等级标志，只不过他们门前的石狮个头小点儿罢了。等级是一定要体现的，标志是必不可少的，王府前的狮子礅就是皇亲国戚等级特权的重要标志。现在西城府右街、西城大翔凤胡同、西城恭王府（内）、东城东板桥胡同、东城柏林寺（内）、东城帽儿胡同还依然可以见到威风凛凛的狮子礅。

抱鼓礅图案中有一种麒麟纹饰，这种麒麟礅级别很高，仅次于独体狮子礅。麒麟礅图案，内侧面上有一棵枝叶繁茂的松树，树下一只麒麟昂首回眸，站立岩石之上，凸显一种威严之气。麒麟是我国古代传说中的一种瑞兽，早在周代就与龙、凤、龟并称"四灵"，且列"四灵"之首。因此历代帝王十分珍爱麒麟，视"麟现"为国家"嘉瑞祯祥"的象征，借此歌颂太平盛世，因而麒麟纹饰在婚礼、寝室及高端建筑上多有使用。清代这种麒麟纹饰应用广泛，一些清代石碑基座的麒麟纹饰与麒麟礅的图案十分相似。门礅的设计者也把麒麟纹饰刻在门礅上，这是皇帝对封疆大吏的特殊恩赐，有如"九锡"中的朱户。现在东城西堂子胡同（原左宗棠府第）、东四十三条（原蒙古驸马府邸）、东城帽儿胡同（原文煜府第）、东城内务部街（原明瑞府第）、西城富国街（原祖大寿府第）、宣武门内新文化大街（原石亨府第）等处均有造型精美的麒麟礅。

麒麟不仅被封建帝王视为"祥瑞"，民间也把它与圣人相连。晋代王嘉的《拾遗记》中有这样一段记载："孔子出生以前，有一只麒麟出现在曲阜，并吐出一块玉版，版上刻有'木精之子，系衰周而素王，征在贤明'的字样。国人十分惊异，就在麟角上系丝带为记号。三天后，麒麟失踪，不久孔子降生。"这段"麟吐玉书"的故事被后人传扬。后世积德之家，便在钟鼎彝器上雕刻"麟吐玉书"的图案，表达主人对圣人降临的热切祈盼。

门礅文化不仅鲜明地体现帝王的思想，也与传统文化有着密切的联系。"吉祥"这两个字最早见于先秦战国时《庄子》一书，书中有"虚室生白、吉祥止止"之语，自古就是福寿喜庆的祝吉之词，也是国人孜孜以求的人生理想。依照世俗的观念，人生的最高理想是加官晋爵、子孙满堂、富贵永年，因此，"吉祥"的内容是多福、添子、增寿。门礅中的"九世同居、狮子绣球、挂印封侯、平升三级、鹿鹤同春、瓜瓞绵绵、五福捧寿、刘海戏金蟾、吉庆有余……就是人们祈盼吉祥幸福的重要内容。

门礅中的"九狮礅"是指一对门礅上有九只狮子。两个门礅上边各有一只大狮子，一雄一雌。雄狮右爪下一个绣球，在下方有三只小狮子，雌狮左爪下一只小狮，在下方也有三只小狮子，两大七小，合为九狮。《唐书·孝友传》中记载："张公艺九世同居，北齐、隋唐皆旌表其门。上幸其他，问所以能之故，公艺书忍字百余以进，上喜之赐予缣帛。"后人由此得到启示，便在钟鼎彝器、建筑家具上刻有九狮纹饰。门礅设计者在门礅上巧妙地雕刻上九只狮子，象征世代富贵，子孙平安。九狮礅也是门礅中的上品，大多为透雕，不仅两只大狮子神态逼真，七只小狮子也情态各异。现在东城东厂胡同、炒豆胡同、史家胡同、西城区六部口、西四北三条、崇文区长巷二条都有这种狮子礅。而崇文门长春堂药店存有一对抱鼓形九狮礅，为九狮礅中极品，它在一个门礅的圆鼓侧面上刻有八只小狮，加上顶部的大狮，合为九狮。此礅为镂雕，雕工精湛，玲珑剔透，精美绝伦。

西城区西松树胡同45号的门礅图形是"刘海戏金蟾"，在汉白玉石鼓型礅的鼓面上刘海挥袖撒钱，脚踏金蟾，铜钱在头上呈半圆弧状。刘海宽衣大袖，神态洒脱，动作飘逸。关于刘海，清人翟灏的《通俗篇》记载："《湖广通志》云：刘元英号海蟾子，广陵人，事燕王刘守光为相。一旦有道人谒，索鸡子十枚，金钱十枚置几上，累卵如钱，如浮屠。海蟾惊叹曰：'危哉！'道人曰：'人居荣乐之场，其危有甚如此者。'尽掷之而去。海蟾子由是大悟，易服从道人历游名山，所至有以遗迹。宋初于潭州寿宁观题诗，乃自写真于旁，此即今刘海洒金钱之所托。"刘海十六岁登科，五十岁至相位，出家后应为一位白发老人，而且相貌清癯，不修边幅。但民间版画中的刘海返老还童了，成了头梳鬓髻活泼可爱的胖小子儿。西松树胡同的门礅上刘海不是童子模样，而是一位长者，这表明门礅的设计者深谙刘海的身世，或许说明设计此礅时还没有出现刘海返老还童的传说，证明此礅出现的年代较早。

门礅中还有不少"四艺"的图案。四艺即琴（古代多弦琴）、棋（围棋）、书（线装书）、画（中国画）四物组成，它是历代文人雅士的必备之物，也是我国传统文化的组成部分。把这四种器物雕刻在门礅上，反映了宅主高雅的审美趋向。西城区黄化门五号的"四艺"方礅保存完好，据院中老人讲，此宅原是清末名宦李莲英的外宅。

对称性是中国人的一种约定俗成的传统观念，大到宫苑建筑，小到起居摆设，都十分讲究对称。门礅也不例外，一家一户的门礅，也是一对儿，一左一右置放在大门两边。门礅图案造型绝不一顺边，一个门礅上的两幅图案，内容寓意相近，图形却不雷同。如门礅正面中心位置雕一个花瓶，瓶内插两支谷穗（稻穗或稗穗），花瓶左下方雕有两只形态各异的鹌鹑。因"穗"与"岁"同音同声，"瓶"与"平"同音同声，"鹌"与"安"同音同声。两支谷穗，一个花瓶，两只鹌鹑，取其谐音，即表示"岁岁平安"。门礅内侧中心位置雕一柄如意，如意下端雕有两个带叶蒂的柿子，因"柿"与"事"同音同声，两个柿子，一柄如意，即表示"事事如意"。一个小小的门礅儿，竟有如此丰富的文化内涵，如此深刻的寓意，真令人惊叹！

门礅图形以雕刻仁禽瑞兽、珍花异草的居多，人物造型的极少，或许因为石刻比绘画工艺难很多，可在门礅中仍不乏佳作。目前见到的有几家，最精彩的是西城新昌胡同五号的门礅。这对汉白玉石的鼓型礅，乍一看来，并不出奇，顶部有只神态可掬的卧狮，石鼓内侧面雕有海马祥云；细细端详，鼓礅正面不是通常的宝相花，而像一个女子，是花神。

设计师把花神这一美好形象再现在门礅的"方寸"之上，实在难能可贵。设计师巧妙地利用鼓型礅的弧面，把花神的身体部位与石礅的弧面相互重合，让其身体隐现在圆弧石鼓中，若隐若现，寥寥数笔，却勾勒出花神的婀娜外形，极具点睛之妙。而对花神的头部则精雕细刻，花神头部微微内侧，右手扬起，托住花篮底部，左手隐在花篮之后，擎住花篮，花篮微倾，簇簇花蕾随势飘落。花神神态自若，飘逸洒脱，仿佛天降，令人神怡。花神礅构思精巧，想象丰富，神态逼真、错落有致，惟妙惟肖，堪称门礅中之上品。

关于花神，一般认为是女夷。《淮南子·天文训》中记有："女夷鼓歌，以司天和，以长百谷禽兽草木。"后来，民间便把女夷奉为百花之神。古时在花朝节和芒种节民间都要举办迎接、饯送花神的活动，人们借此祈盼花神佑护，百花长开，希冀美好生活。

现存门礅中不乏精品，令人叫绝的是东城黄米胡同五号院的门礅。这虽是一组长方柱形礅（下略称方礅），却在设计构思上大胆突破。设计师不拘泥单一的平面构图，而是打破了方礅平面间的界限，把三个平面有机地连成一个整体。它以一棵大松树为主，把枝叶分布在三个平面上，平面间的棱线都巧妙地被枝叶替代，几乎让人看不出是个长方柱体，而是一片丛林。

门礅正面是两头狮子，一上一下卧在岩石之上。内侧面外部有一只立狮，它后腿直立，前爪曲伸，做攀附状，似与正面两狮遥相呼应。狮身之后，松树之下布满奇花异草。整个画面，景物布局错落有致，整体画面，虽无一处空隙，却不繁冗，真有增一分则长、去一分则短之妙，可见雕刻大师的良苦用心，此礅堪称门礅中神品。

二、门礅与佛教文化

门礅与佛教文化也有密切的联系。首先提到的是宝相花，在鼓形礅的正面，中部多雕有一朵十分精美的宝相花。宝相本是佛教徒对佛像的庄严称呼，宝相花是一种理想化的花，它集莲花、菊花和牡丹于一身，重新组合成最圣洁、最美好、最端庄的花。它是圣洁、美好的象征，因此人们十分喜爱它，把它刻在门礅上，以求幸福吉祥。

门礅中有"卐"字，菩提流支译为"万"，意为功德圆满。武则天长寿二年（693年）定"卐"为"万"字音，成为吉祥幸福的象征。佛家以右旋表示吉祥，佛门弟子致礼时，总是右绕佛身三周，故"卐"写成"卐"，而不能写成"卍"，门礅中的"卐"字是右旋。

门礅中反映的佛教文化，不仅仅是宝相花与"卐"字图案的广

泛应用，而是普遍出现的"八吉祥"。"八吉祥"又称"八宝"，是佛教僧侣祈祷时供奉的八种法物。即（左旋）法螺、法轮、宝伞（又称胜利幢）、宝瓶、莲花、盘长、金鱼、白盖。佛法认为：法螺代表佛之妙音，法轮代表佛法圆转万劫不息，宝伞代表佛之首，宝瓶代表佛之身，莲花表示佛出五浊世而无所染，盘长表示佛法回环贯彻一切通明之意，金鱼代表佛之目。北京雍和宫法物册记有：法螺：佛说具菩萨果妙音吉祥之谓。法轮：佛说大法圆转万劫不息之谓。宝伞：佛说张弛自如曲覆众生之谓。宝盖：佛说遍覆三千净一切药之谓。莲花：佛说出五浊世无所染着之谓。宝瓶：佛说福智圆满具完无漏之谓。金鱼：佛说坚固活泼解脱坏劫之谓。盘长：佛说回环贯彻一切通明之谓。

八宝多为金属材料（或木材）制成，最初供奉于寺院，后入民间，得到广泛传播。现存的宝伞、盘长、莲花门礅图案较多，而法螺、法轮、金鱼门礅较少，在东城谢家胡同、前纱络胡同、交道口二条等处还可见到。

三、门礅与道教文化

门礅中还有不少"暗八仙"的图案，证明了道教文化对北京文化（即门礅文化）的影响。由于明代嘉靖皇帝对道教的推崇，使得道教在明末的京城流行。现在北京的胡同中仍有明代的道观，仍然可以见一些"暗八仙"图案的门礅。

道教中八仙的传说，虽汉、魏、晋、唐都有，但最终把他们八人凑在一起的，则是在元代，直至明代吴元泰的《八仙出处东游记》才最终确定了铁拐李、汉钟离、张果老、何仙姑、蓝采和、吕洞宾、韩湘子、曹国舅八位仙人。由于八仙既不受万神之王——玉皇大帝的辖治，也不听命于道家之祖——老子的调遣，他们扬善惩恶、劫富济贫，深受百姓的喜爱，他们几乎成了中国百姓家喻户晓的人物。百姓崇信道教，离不开他们，以致把他们随身携带的器物都当成崇拜的偶像，这就出现了所谓的"暗八仙"，即葫芦（铁拐李）、宝扇（汉钟离）、渔鼓（张果老）、莲花（何仙姑）、（玉）横笛（韩湘子）、宝剑（吕洞宾）、花篮（蓝采和）、阴阳板（曹国舅）。

在东城东四头条至十四条、礼士胡同、千面胡同、本司胡同、内务部街、东堂子胡同、西什库大街、西四北头条至八条等处都可以见到"暗八仙"的门礅。

门礅虽小，内涵却十分丰富，小小门礅中可见北京乃至中华的大文化。你能不为这小小的门礅骄傲吗?! 要对得起我们的老祖宗，保护好北京城里这些历史悠久、内涵丰富的门礅吧！

于润琦（中国现代文学馆，研究员）

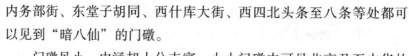

四合院的根与魂

◎ 高 巍

引 言

四合院越来越引起人们的关注。

对于熟悉四合院的人来说，那里包含着太多的回忆，引起人们无边的联想和感慨，成为人们心中最温暖的所在；对于不熟悉的四合院的人来说，则因对四合院产生的向往，吸引倍加强烈。四合院是充满神奇和想象的地方，它从一个侧面生动反映了中国文化的传承和发展，也体现了中国人的理念、情感和精神。

如今，四合院所产生的历史文化和自然环境已经发生了根本变化，它已从人们的生活中迅速消失。但是，它作为人类一种重要的建筑形式，特别是他所承载的历史变迁，又成为后人不可忽视的宝贵传统，它正逐渐地走入人们的内心，成为重要的文化象征。

一、四合院之根

几十年前，如果你站在景山顶上的万春亭里放眼四周，一定会望到一片片由大大小小、高高矮矮、横横竖竖，或双脊，或一个大脊带一个小脊……的房顶所组成的灰色、宁静的建筑海洋。《北京的城墙和城门》的作者，瑞典人喜仁龙，在一个清晨到城墙上俯瞰时，连绵的屋宇恰恰也被想象成大海的波浪，"当晨雾笼罩着全市，全城就像一片寒冬季节的灰蒙蒙的大海洋；那波涛起伏的节奏依然可辨，然而运动已经止息——大海中了魔法。莫非这海也被那窒息中国古代文明生命力的寒魔所震慑？这大海能否在古树吐绿绽艳的新的春天里再次融化？生命还会不会带着它的美和欢乐苏醒过来？"

元人诗云："云开间阖三千丈，雾暗楼台百万家。"这"百万家"该有多少四合院呢？灰色波浪无声地证明着北京四合院的广泛存在，其数量可说是令人惊叹。尽管近年来在拆迁改造中四合院越来越少，但如果从东、西城的高楼上往下望，仍然可以看到一片片的四合院群落。这在二环路以内的城区中，尤其明显。据20世纪50年代的统计，北京共有四合院1700多万平米，占全市建筑总平米数的90%以上。这样大规模的四合院建筑面积，除了北京以外恐怕是不多的。

与这种单调、宁静的屋脊所组成的灰色海洋相适，一座座四合院建筑的院墙，同样给人一种极度单调乏味的印象。从这些院子的面前走过，人们通常只能看到高矮大小不一的屋顶及掩映其间的树梢，至于房屋的其他部分，则因为有院墙遮挡，几乎看不到了。只有在进入四合院大门，绕过影壁之后，才可以发现这种住宅特有的美。尽管如此，如果进一步细看，仍然可以从鳞次栉比的户门和院内露出的房顶，猜测出这一座院落中的人群生活的政治、财产等级。那阻断行人视线的高墙，强调了家庭与家庭之间的界限，防止他人靠近或观看。高墙是中国人的血缘意识、宗法制度在居室空间结构上的具体表现，自明清以来，这种一门一户的独立院落，一直是北京人居家生活的空间格式。四合院就像一座方城，构筑了一大家人的天地。一系列大大小小、变化无穷的封闭空间，与屋室等级化、四合院的封闭性一起，体现了礼法社会的礼制秩序。也正是这灰色调和低矮，更烘托了宫殿的恢弘气势、金碧辉煌。

大片的四合院，构成了北京城的独特风貌。

当然，这并不等于说四合院为北京城所独有，实际上它也是中国北方城市民宅的普遍形式，由四合院布局体现的伦理秩序，更是典型乡土中国的代表。

不同的自然环境、不同的民族、不同的时代，人们的居住形式各有不同。尤其是在幅员广阔、民族众多的中国，住宅的形式更是多种多样的。但从历史上来看，作为一个统一的国家，各地各民族习俗上尽管各具特色，但都存在着共同的文化传统。从远古时代的"巢居"、"穴居"，逐渐演化到在地面上建造木架泥墙的住房，而后形成组合完整的四合院。其中布局完备的四合院，早在三千一百多年前的西周时期就已经产生了。这种木构架体系、院落式组合的建筑是中国建筑的最突出、更根本的特点。它遍及全国各地，为所有的中国建筑类型之总根源，宫殿、衙署、寺观、宗祠、住宅无不如此。

陕西岐山凤雏村西周四合院遗址，被称"中国第一四合院"。可

以说这种四面建房，中间庭院的建筑格局，从古至今一脉相承，未曾间断（图1）。

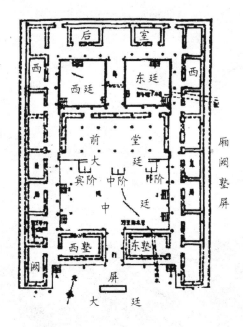

图1　陕西岐山凤雏村西周四合院遗址平面图

作为一种院落布局方式，四合院在已发现的古代建筑遗址中广泛存在，但古代盛行的是廊院式四合院院落。河北安平汉墓中的一幅绘制有汉代大住宅的壁画，内蒙古和林格尔汉墓壁画所描绘的地方官衙，以及敦煌壁画中所表现的北朝到隋唐佛教寺院图像等，都是这种形式。一般来说廊院式的四合院，都是将主体建筑置于院落中央，周围主要为廊或左右有屋，总之不是四面建房。以后，为了增加院落中的使用面积，廊院形式才逐步被四合院所代替。北京故宫前院的三大殿组群，实际上就是廊院式四合院，但它的围廊不是空廊，而变成联檐通脊的廊庑及门阁。由于在太和殿、保和殿左右增设了隔墙，分隔开了统一的廊院空间，使人感觉不出三大殿是位于廊院的中央。

在北京的北二环路，曾发掘出两处元代的庭院式建筑遗址。前者在北二环路的西段后英房胡同迤北，20世纪70年代初在拆除北城墙时发现。这是一座非常讲究的大型邸宅，由主院及东、西跨院组成，总面积约2000平方米。主院正中偏北，是由三间正房和东、西两耳房组成的五间北房。正屋前出廊、后出厦，建于一座平面略呈凸字形的砖石台基上，基高约8厘米。正房两侧有东、西厢房，院

博物馆学研究

落之间铺以砖甬道以相互贯通。西院南部已大部分破坏，仅北部尚存一小月台。月台南面正中及东侧各砌一踏道，月台的东南、西南角各放一狮子角石，月台北面尚存台基的东部及房屋东南的柱础。东院是一座以"工"字形平面建筑为主体的院落，北房、南房皆面阔三间，东、西厢房各面阔三间。北房台基的东南、西南，各有一砖砌台阶，台阶下的砖砌露道向南，穿过院落，通向角门。发掘时，出土了彩画额枋、格子门、滴水、瓦当等瓦木构件。元时规定，大都城营建住宅"以地八亩为一分"，而此宅面积显然超过八亩，可见其非一般的贵族、功臣或大官之居所，这一遗址可视为明、清代京城邸宅制度的渊源和四合院的由来（图2）。

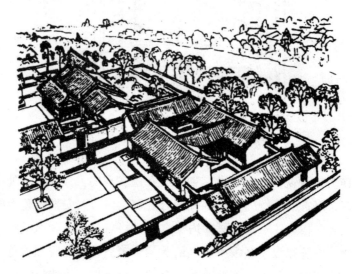

图2　北京西城后英房胡同元代庭院遗址复原图（此为北京四合院的雏形）

　　明清时期定型的四合院格局是经过多年演进而最后形成的。其中，除北房居主要地位外，周围房屋和其他建筑形式，都经过了精炼、强化和调整的过程，以致有了布局合理、错落有致、内外有别、主次分明、有开有阖……趋于完善的四合院院落。进大门后并非传统四合院那样左拐进二道门，然后入里院，而是进大门即甬道，然后二门、大厅、三层院子门、北房。也就是说，坐在第三进院大北屋里就能直接看见院门外，这种设计在四合院中极少见，体现了富察氏祖先位虽显贵，但依旧与族人、下人同甘苦的传统。

　　在中国南北方的广大地区，适应不同气候环境、土地多少、经济条件、建筑水平等诸多因素的四合院式建筑，呈现出丰富多彩的风貌，如北方四合院的庭院比较开阔，而南方庭院则很小，称为

"天井"，江南住宅称"四水归堂"，西南称"一颗印"。它们的共同特点，是均由若干座单体建筑和回廊、围墙等辅助建筑共同组成庭院。一条南北中轴线贯穿其中，重要建筑居于此线上，而次要的建筑则位于重要的建筑的两侧（图3）。

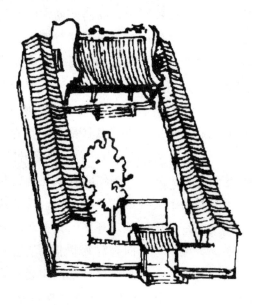

图3　珠江三角洲地区的三合院（由于远离中原文化，因此独具特色。院门开在正中间，门内也有影壁）

虽然在一些边远的少数民族聚居区，存在着干栏、碉房、毡包等建筑形式，但这些地区的重要建筑或上层人士的住宅也往往建成庭院式的。

四合院民居是西南民居，尤其是四川平原民居的重要形式之一。云南大理白族民居的"三坊一明壁"样式，也是由正房、厢房和三坊房屋及明壁围成的四合院。

在地狭人多的安徽徽州，尽管有些地方的建筑布局为不规则形，但民居的基本单位仍然是三合院或四合院，尤以三合院为多。与北京四合院不同，这里的院子一般为横长纵短，使房屋受光时间更长。每组四合院是一个以上的三合院或四合院相套而成，住宅规模越大，庭院越多，则沿着纵的方向伸展。另外，以窑洞为主要居住形式的黄土高原，其挖出的下沉式"地坑窑"也是庭院式的，可见庭院式住宅是中华民族自古以来最常见的居住方式，这就是广义的四合院。当然，这种四合院在平原和汉文化区的表现形式比较单一，但在偏远和少数民族地区则结构形式多样，装饰手法也各有特色。在"三代京华，两朝重镇"的大同，其建筑集辽、宋、元、明、清历代风格、技法之大成，反映在民居上，乍看也是四合院，但从门楼造型、大门开设、建筑布局、建筑形制、构造做法、细部装饰等方面察看，又迥异于北京的四合院，具有塞北民居的特征。

当然在实际生活中，那些属于标准的格局常因其使用功能的不同而发生不同的变化，如宫殿的庭院显得格外宽大，以体现君临天下的威严，并且适合进行各种礼仪活动，庙宇的庭院同周围的殿堂一样，作为礼佛的场所，当然要显得端庄肃穆，宁静清馨，因此种植松柏和菩提树是免不了的，同时为了显示人间佛教的无边法力，同时增加与人的亲切感，种植花卉，尤其是名贵花卉，就成为许多庙宇的共同滩摞一至千民居四合院，几乎就是半敞开的多功能居室。

北京的四合院住宅，承接了三千年庭院式住宅的传统，成为这一传统的最高、也是最后的表现形式。北京四合院的这一独特形式和重大成就，当然与北京地区的地理环境、人文环境和建筑技术本身的发展密切相关。如前所述，四合院并非北京所独有，在中国的广大地区，尤其是北方，四合院是民居住宅的主要形式。那么四合院又怎样成为北京文化的代表了呢？当代学者赵园曾经指出："北京文化的形成，与其说赖有天造地设的自然地理环境，不如说更是社会演变的直接产物。在'成因'中，政治历史因素显然大于其他因素。"在四合院的形成过程当中，这一影响显得尤其重要。

北京至少从辽代开始就已成为全国的政治和文化中心之一，尤其是元代，"营国之最"的大汗之城，开始确立了北京城的规划格局，经过明、清两朝的巩固而不断完善。北京的四合院就是受元大都规划的制约，在明清两朝和民国以后大量修建的。

四合院兴衰与政治的密切关系，在民国以后表现得尤为突出。袁世凯成为总统，国会参、众两院每年开会，外省官僚仕绅云集北京，他们带来的侍从人员的大量需求，他们丰厚的收入，一下子把北京四合院的价钱抬得很高，盖新宅一时成风，促进了四合院在质量、形武和规模上的发展。

与这种政治中心区域的地位一样，北京作为文化中心，同样对四合院的发展产生直接影响，其主要表现，就是北京的四合院种类因功能、质量、年代、位置的不同，所表现出的丰富多彩。种类繁多、规格不同的四合院建筑，大到皇宫紫禁城那样的多进、多套、大面积的超大型四合院，小到平民百姓的小四合房、小三合房，中

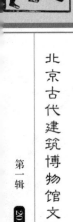

间包括缩小了的皇宫——各类王府和许多官邸，以及四合院形式的延伸——寺观和衙署等。

在施工质量方面的差异，更是一两句话难以说清的。皇宫建筑质量之精，就连地上铺的方砖都被称为"金砖"，至今还熠熠生辉。在四合院内部格局和装饰上，更因主人的身份、品位和经济条件不同，而存在着各种各样的面貌。

再以地理环境来看，北京的冬天刮西北风，气候寒冷干燥。夏季风来自东南，热而多雨。春季极短，只有秋季天高气爽，气候宜人。北京的风沙较大，降雨多集中在夏季七八月份，降水量约占全年的70%以上。

受自然条件的影响，北京的四合院必然要与之相适。首先四合院形式有利于躲避风沙尤其是在多风的春季。自成格局的房屋一，门都朝院中心开，防风的好处明显。另外作为院中主要建筑的北房，地基垫得稍微高一些，不仅突出了它的地位，而且有利于享受冬日里的阳光。而朝北面不开窗，筑后墙，又减少了冬季来自西北方向的冷风。到了夏季其较高的地势，又有利于承接凉爽的东南风。从而使北屋冬暖夏凉的局面特别令人羡慕。同时为了方便雨天人们在院中的活动，自二门进来直到正房，两侧还建有游廊，避免了淋雨之虑，令人感到一种亲切、舒适和家的温馨。

当然这些自然条件与社会演变比起来，显得那么不重要。这当中政治历史因素的影响无处不在，有时几乎是毁灭性的。

二、四合院之魂

有消息说，目前北京虽然还有四合院面积300多万平方米，但绝大多数已年久失修，损毁严重。独特的木质构件、隔扇门窗、影壁等早已不复存在，小胡同拥挤狭窄，环境质量差，而且被私搭乱建的各式小棚、煤屋，以及住户的生活用品所包围。

由于年久失修，有相当一部分房屋已失去传统四合院的格局与韵味，曾经体现先人传统哲学理念和对自然的认识而建造的生活空间，已渐渐成为历史的往事。

以国子监地区为例，该街两侧50~70米的范围之内，共有200多座四合院，其中，严重损坏的占20%，维持使用的多达70%，只有极少一部分因地处重点文物保护区，得以较为完整的保护。

中国传统文化对四合院的影响是多方面的，从结果上说，既影响到四合院中的建筑，又影响到在四合院中生活的人；从来源上说，既包括中国的传统哲学理念，又包括政治制度、家庭伦理、审美标准，以及生活方式。因此，四合院不仅成了北京文化的代称，而且，几乎浓缩了中国传统文化的方方面面。数百年来，中国传统文化对四合院的影响，在"人建造四合院，四合院塑造人"的互动关系中，充分地表现出来，影响着一代又一代的北京人，甚至波及海外。

四合院形式也就不仅限于北京的民居，大到紫禁城皇宫，小到边远山区小县的县衙，旁及宫观寺庙、官府，几乎无一例外的，都是这种结构形式。而且，像皇宫一样前面院子办公，后面院子住人的建筑格局，不仅各级衙属一律如此，就是1949年以后，在北京所建的许多政府机关、科研单位、大专院校，差不多也都有它的影子。这当中的影响，的确是够深远的。

四合院的位置，讲究坐北朝南，这与《周易》思想密切相关，"圣人南面而听天下，向明而治。"（《周易·说卦》）所谓"向明而治"，就是"向阳而治"，由此形成了中国古代所特有的"面南文化"，就连地图上的方位也是上南下北、左东右西，因为它是以面南而立，用俯视地理的方法绘制而成的。至于建筑，也多是坐北朝南而建。

其实这与中国所处的特定地理环境有关。中国处在北半球中、低纬度，阳光大多数时间从南面照射过来，这就决定了人们采光的朝向，进而形成"面南"的意识。而风水中的"面南而居"理论，就是这种受地理环境影响所形成的文化模式。

此外由于中国境内大部分地区冬季盛行偏北风，夏季盛行东南风，从一个侧面影响了"坐北朝南"模式的形成。在风水理论的影响下，四合院建筑也自然而然地以坐北朝南作为它的最佳方位选择。

在对宇宙结构的认识方面，中国古代最早出现的就是"天圆地方"说，这是与当的人们的肉眼所能观看到的范围和水平相联系的。不仅在建筑方面，而且在政治、伦理、日常生活等很多方面"方圆意识"都在发挥着作用。

北京的四合院建筑是以民居的形式来体现"四方"观念的典型。既然四方在一个院子中，当然要在四面都建成房，这样中间自然形成一个院子。按照五行理论，土居中，所以四合院中为土地。所谓"地方"是说方形的地有四个边、四个角，正与地（东、南、西、北）、四隅（东南、西北、东北、西南）相吻合。在四合院的四个边、四个角都有所布置，这就形成了整体的和谐。

坐北朝南，处于正位的四合院，其大门都开在院子的东南角上。八卦中的巽位为通风之处，它就像房屋的窗户，可以通天地之元气。另外，中国的传统建筑还格外重视排水的通畅与否。四合院由四面房屋包围而成，中间为院子，那么下雨时的雨水如何排泄？由于四合院的地势在总体安排上往往是西北高，东南低，水自西北向东南流。这样一来，东南角的排水作用就凸显出来。

中国特有的环境风水学中心思想，就是讲究坐势、朝案、向道，以符合"气"的活动规律。尽管气的活动看不见摸不着，但它对人的影响却很大，"凡属以天井为财禄，则以面前屋为案山。天井润狭得中，聚财。前屋不高不矮，宾主相称，获福。"（《阳宅撮要》卷一）这一思想，就要求从整体上安排，要后屋比前屋高，成主从之势，既利于采光，又使后面房屋视线不致受阻。同时，以左右两侧的厢房为护卫，中设天井，错落有序。

风水理论同样涉及室内的布置。以床为例，风水书中对安放床的具体要求是"凡安床当在生方，如巽门坎宅"。就是说，在整个一栋房子当中，应把卧室安排在生气方位，如坐北向南的"坎宅"，东南方（巽位）是生气方。《阳宅撮要》也说："安床之法以房门为主。坐煞向生，自然发财生子。""床怕房门相冲，以一屏风抵之乃佳。"意思是，要把床安排在生气方位的房间里，床本身的摆放应"坐煞向生"。另外，要避免梳妆镜或衣柜镜正对着床，因为镜子的作用是反射，这必然造成人体中气的分散，影响身体健康，尤其夜间阳气弱，最怕镜子对着床。

三、四合院之殇

每个城市的居住建筑形态，是人们了解该城市的主要途径。法国的芒蒂屋顶、德国带斜线的方格墙面、意大利的半圆拱券窗和廊，乃至澳大利亚人喜用的铁皮屋顶等，都蕴涵着许多文化信息，能够引发观者的无限联想。四合院作为北京地区主要的居住建筑形式，早已成为北京文化的一种生动具体的表现。尽管单元房代替四合院是一种历史的必然趋势，但这并不意味着建筑就一定要失去自己的民族、地区特色。工艺技术的发展，不可能排除地区的文化传统——这一主张已成为世界建筑界的共识。

2002年，政府有关部门及时提出了历史文化保护区的保护规划。规划指出：大面积的胡同和四合院是北京城市肌理的基质，是城市布局的重要组成部分，是城市不可替代的重要文脉，是北京文化特色的载体，是发掘历史信息的重要源泉。为此，规划提出了对胡同、四合院进行保护的"三大原则"：一是整体保护的原则，这就要求除了要保护好历史建筑和历史环境，同样也包括建筑的复兴、基础设施的改善、土地利用调整、经济问题的解决和居民生活标准的定位等各个方面。二是风貌——型制的保护原则，风貌就是指某一地区的整体特色。这一特色主要是指一座建筑物或者地段的外观及气势，因为正是这一特色，才使人们对这座建筑物或者地段产生美好的印象和意境。三是分区保护的原则，这是要求根据各个地区所处的位置及其房屋风貌、质量分布的情况，根据院落划分的不同类型的区域，不同情况，以院落为单位进行保护。

在现代化建设中，应如何与原有的传统相协调？这不仅对北京，在西方一些历史悠久的城市，像巴黎、伦敦等也是个问题。美国康奈尔大学的柯林·罗厄教授，为此提出了"拼贴城市"的理论。他认为，城市是一个历史的沉淀物，每个历史时期都在这个城市留下了自己的印迹。他反对以"现代化"的名义对原有城市的大拆大建，而是主张新旧共存。巴黎的改造，就是吸取理论来进行建设的。巴黎城市建设的经验，对于沉醉于"现代化"梦境的北京的大拆大建来说，其借鉴作用是十分明显的。

德国城市规划工作者曾在德国《总汇报》上撰文，提醒中国应从德国的错误中吸取教训。他们说："现在破落的四合院房子里的人根本不懂得，实际上他们住在什么样的宝贵的房子里。"在1984年中法住宅讨论会上，其主题之一，就是"四合院在现代生活模式下的继续和发展"。中国建筑设计大师吴良镛等在北京菊儿胡同设计的新式四合院住宅群，曾受到国际建筑界的称誉。这一设计在保留四合院风格的前提下，将原来一层的院子扩建为两层，不仅大大增加了居住面积，而且保留了原来的院落，并在二层加增了走廊，以便邻居间交流往来。它既功能合理，又极富东方情趣。国外的建筑师也设计了类似北京四合院式的建筑，如菲律宾为一般城市居民设计的低层高密度的"四户一院"建筑群，丹麦哥本哈根建有"仿四合院"的住宅群。由国际建筑大师约翰·丹顿主持，聘请澳大利亚、

意大利、日本和中国著名设计师设计的北京"阳光100"国际公寓，借用四合院中轴对称的空间格局，建筑高低错落、空间开放流畅，中庭花园、灰色过渡空间结合得完美和谐，是凝结西方现代建筑与四合院文化的经典之作。

无数事实反复证明，成功地将民族、地区特色与现代风格相结合，大量地保留值得骄傲的"母体"群，新与旧保持有机平衡方式，不仅可最大限度地保护传统，而且还将有利于形成新的景观。

高巍（北京民俗学会，秘书长）

把握好几种关系，
促进和谐博物馆建设

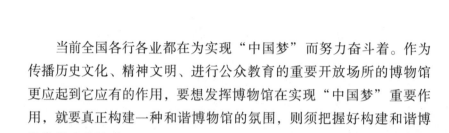

◎ 高景春

当前全国各行各业都在为实现"中国梦"而努力奋斗着。作为传播历史文化、精神文明、进行公众教育的重要开放场所的博物馆更应起到它应有的作用，要想发挥博物馆在实现"中国梦"重要作用，就要真正构建一种和谐博物馆的氛围，则须把握好构建和谐博物馆的几种关系。

随着时代的发展、科技的进步，世界各国、各地区之间文化交流、影响日益增多，观众对展览的形式和内容都有了更多的需求。作为拥有五千年文明历史的悠久古国，我们拥有许多国家不可比拟的文化遗产优势，我国出土和传世的文物，无论数量还是质量，都绝对是世界一流的。要想建设现代化新型博物馆，更新展陈、服务理念，使博物馆做到可持续发展，真正将这些文化瑰宝传播出去，就要做到"以人为本"，解决、理顺各方面关系，促进博物馆自身和谐与和谐社会建设。在这一方面，如何建立和谐博物馆，笔者有如下几点浅见。

首先要解决好博物馆与观众的关系。观众作为文化消费者是博物馆的顾客，是博物馆唯一的服务对象，因此博物馆必须视观众为上帝，秉承以人为本的精神，为每一名来到博物馆或需要了解博物馆的观众提供无微不至的服务，博物馆与观众的关系就是服务与被服务的关系。虽然服务观众已经成为博物馆共识，但是如何更好得服务观众，还需要进一步不断地更新服务理念、完善服务环境、创新服务手段、增强服务能力，真正让观众享受到宾至如归、无微不至的服务，如不断更新展览内容和展示手段，使博物馆跟上时代发展的步伐，以满足不同层次的观众需求；为观众提供博物馆建立前后的历史背景说明和馆内所举办并已开放的各类展览的说明，以及有关博物馆的介绍与研究等各种出版物；为观众设置休息的设施、设备及饮料和食物，等等；使观众从中获取博物馆的知识信息，同时，离开时也得到一种收获和纪念。

另外还要创造更多机会提高观众与博物馆的参与、互动项目。从近几年趋势来看，观众越来越注重与博物馆沟通的途径。很明显，传统的展览方式，即以展柜陈列展品、辅以解说文字的单向式沟通已无法吸引观众，因为静态或流于说教式的演绎手法实在难以引起观众的共鸣及参与。相反，观众对亲身接触展品的需求与日俱增。为激发观众的学习兴趣，博物馆亦逐渐增加双向交流的活动，鼓励他们更多参与。举例来说，通过讲座、科普活动、博物馆之友、临展、巡展等，便可增加与观众沟通接触的机会，从中听取他们对博物馆服务及活动的意见，了解他们对博物馆的期望及需求。让博物馆真正成为观众的精神家园，这无疑是构建博物馆与观众和谐关系的一座桥梁。

其次要解决好博物馆与博物馆、其他文化单位和相关单位之间的关系，这种关系主要是基于共同目标、共同利益进行的资源共享、互利共赢的协作关系。在我国博物馆间一般都互称为兄弟博物馆，足见博物馆间关系之密切。任何一个博物馆都有其特点、优势和长处，不论是管理运行、业务经验、专业人才、技术水平，还是社会影响；又任何一个博物馆的馆藏相对而言都是有限的，任何一个博物馆都难以把一个国家、一个地区、一个民族的文化完整地收藏起来展示出来，从文化建设的规律来讲，文化是不同文化元素碰撞融合发展创新的结果，要建设社会文化必须齐心协力各尽所能；文化建设要重视效益也要讲求效率，文化资源只有充分整合利用，才能发挥最大的价值。中华文化是一个不可分割的整体，只有博物馆加强横向联系与合作，才能系统全面地展现和传承中华文化。中国特色社会主义新文化是一个有机整体，只有系统完整地传承中华文化才能更好得推动文化创新。博物馆协作能够做的事情不胜枚举，博物馆协作能够给公众带来更全面的文化产品和精神享受，能够更好地满足人民群众精神文化需求。目前博物馆协作虽然范围在不断扩充、内容在不断丰富、成果也不少，但就整体而言还缺乏系统配套的制度与机制，从广度和深度上都还有待于进一步推进，尤其是与国外博物馆之间的合作更需要加强。只有通过建立合作机制使国际合作常态化，才更有利于吸收借鉴世界各地优秀文明成果。建立博物馆之间和谐协作关系是众望所归，对新文化建设与全社会和谐也是一件大好事。

此外，由于受体制或机制所限，我国博物馆内部机构或部门的专业化设置尚不够健全。就笔者所了解到的大多数博物馆人员均是从事于历史、中文、考古和管理等社科类研究的，那么针对文物的科学保护、文物修复、展览设计和制作、宣传品的策划与开发，以及博物馆的相关经营等方面工作的开展则必须与社会上的一些专业单位合作方能实现。虽然在我国一些较大规模的博物馆，如各省级博物馆通过多年探索和改革，其内部的专业化设置不断健全，但尽管如此，馆内所需的一些专业化项目还需与一些社会单位或机构合作。通过合作博物馆扩大了与社会的交往，更为重要的是需求得以兑现、满足，学到了更加宽泛的知识，为博物馆又培养了新型人才。与博物馆合作的社会单位从中亦得到了极大的经济效益，同时也为社会做出了贡献。这种与社会单位的合作关系，极大地拓宽了博物馆的视野，增强了与社会的文化交流，使为博物馆的发展不仅仅局限于博物馆行业之间的协作。因此，国际和社会协作是构建博物馆大和谐、大发展的必然趋势。

要解决好博物馆内部管理运行涉及的各种关系。处理好博物馆内部关系，建立起整体、高效、充满活力的博物馆管理运行模式，做强博物馆自身综合实力，做大博物馆社会影响力，是博物馆解决好其他几方面关系的基础，因为这些关系之间相辅相成互为保证。处理好博物馆内部关系，重点是构建博物馆内部的和谐。博物馆内部和谐就是人与物的和谐、人与人的和谐，具体包括：实现对博物馆藏品的科学保护与合理利用，形成顺畅有序高效的业务工作流程；建立健全规章制度体系，实现依法治馆，建立统一高效和谐的管理运行体制，建立充分调动员工积极性创造性充满生机活力的激励机制，营造民主公平、人尽其才、心情舒畅的工作氛围；提高员工素质，注重人才培养，积极实现好广大员工的民主权利和根本利益，实现社会效益和经济效益的和谐统一。员工是促使博物馆发展的关键，没有员工也就是没有人去干事，或者人不"给力"，所做之事、工作不到位，都会使博物馆的事业受到损失和阻碍。打造一支有思想、有干劲、有朝气、有活力、守纪律的博物馆队伍，需要关爱和谐与创造发挥两方面的努力。博物馆只有不断通过深化改革、开拓创新，促使员工激发危机感、树立责任感、拥有归属感，发挥主动性和创造性，建设博物馆良好的文化氛围和共同的价值追求，自觉做到敬业奉献、协作创新、精益求精，才能最终实现博物馆内部的

和谐。家和万事兴，建设博物馆内部和谐，无疑是博物馆生存与发展并更好地实现博物馆社会职能的基础性工程。

此外，还要解决好博物馆与管理部门之间的关系。不管是行业管理、行政管理还是业务管理，在我国博物馆都有其管理部门，这包括博物馆主管部门和决定博物馆部分事务的管理部门。博物馆与管理部门之间的关系对博物馆生存与发展至关重要，对国有博物馆而言，主管部门掌握着事关博物馆生存发展的人、财、物体制机制等主要构成要素的决定权，主管部门的任何政策偏好或决策者意愿都可能影响一个博物馆的兴衰成败，其他管理部门也会对博物馆工作产生重要影响。从更好地推动文化博物馆事业发展、促进社会文明进步的角度讲，博物馆与管理部门之间应当建立起积极融洽和谐的管理关系。从建设新型政府的角度讲，要建立和谐的服务关系。不可否认，博物馆与上级管理部门在一些问题的认识上、在对待一些工作的做法上的确存在着一定的分歧，甚至是矛盾。这是由于各自所占位置和看待问题角度不同而产生的，这是客观现实、客观存在的。以北京古代建筑博物馆为例，2014年要完成几项外展、文物修缮、电力增容后续工程。实现这一目标，无上级管理部门的指导、支持和帮助是难以完成的。但在实际的落实当中，确实发生这样和那样的一些矛盾。服从是一方面，实际情况又是一方面，解决的办法，不是消极对待，而是积极、反复的沟通，认真地去化解分歧和矛盾。通过这些办法，克服一个个难点、难关，使工作、项目、工程得以推进，上级领导和我们之间得以互为理解，这里最为关键是工作目标得到了一个个实现，这就是和谐推动发展。孙子兵法说"上下同欲者胜"，在建设中国特色社会主义新文化这一共同目标下，博物馆与其管理部门建立和谐的管理服务关系，无疑也是建立和谐博物馆的一项重要环节。

最后不断创新，增强活力，永远保持可持续发展的局面，解决好守业与发展的关系。笔者在从事文博工作的那天起，思想理念一直在秉承着"看摊守家"、保管好老祖宗留下的基业，以传承给后世子孙。工作多年，逐渐明白，文博工作不能仅仅是守住、保住、留住，还要发挥其应有的作用，将其历史、科学、艺术三大价值体现出来，进而通过研究，向社和公众进行展示。但在这二者关系的比重上，往往产生重前者、轻后者的现象。这种现象产生的原因，一方面是受博物馆的一些体制、机制和博物馆馆址、场所等方面的限制，另一方面在思想意识当中，"保"和"用"的关系在某些工作方面还有一定的矛盾。当然有些可以兼顾，而有些则二者必选其一，不可调和。多年来这一问题（即守业与发展、"保"和"用"的关系）专家学者、广大文物工作者都曾探讨过，尽管说得也很明白，但在实际情况当中，由于上面几种客观因素的存在，在不同程度上或多或少限制了博物馆的发展。加上在实际工作当中，在博物馆成立之后，在人、财、物等方面的一些困难，使这种现象更为加剧，从而形成博物馆在现阶段存在活力不足、"看摊守家"局面。随着时代的发展，国家经济的增长，2000年以来发展至今，文博形势有了很大的好转，给博物馆的发展带来了难得的机遇。虽然从理论上来讲，文博界的领导、专家和广大文物工作者，均明白这种关系，也明白在实践中要摆正和处理好的确有一定的难度和难点，但事物和社会总要向前发展，这是社会发展的客观规律。博物馆作为为公众服务的机构，也必然要随着时代的发展同推进、同进步。这也就要求我们每一位文物工作者，在立足做好本职工作的同时，要研究、要考虑每座博物馆的自身价值和不同内涵，以便不断地去开掘。在这一过程当中，就要求大家不断地求新、求变，去认识博物馆的自身优势和特点，因势利导，在实践中充分利用，扬长避短，努力破解这一难题，不断地营造，不断地推陈出新，产生出适合广大观众口味的博物馆产品。所以说，不发展则必然落后，则必然出现与时代不和谐的局面。守业、保护是基础，发展是硬道理，前者是根基，后者是目标，二者必须兼顾，不可偏废。那种脱离保护的基础谈发展，或者不管现状和基础盲从地去发展都是不可取的。克服一切阻碍和困难，以创新发展理念，推进博物馆事业的科学发展，构建和谐博物馆，营造和谐社会环境，是我们必须要牢牢把握的。

和谐和发展是博物馆做大、做强的两个基本条件，两者缺一不可。和谐可以促进发展，发展可以带动和谐。要解除束缚博物馆发展的困难，就要在和谐和发展中突破。和谐不仅要体现在激发馆内干部职工干事创业的热情上，更要体现在展馆设施改造、展览推陈出新，利用各种手段吸引观众、推行人性化服务等诸多方面。尽管在和谐发展的前期，投入要多一些，但我们要尝试打破常规，拓宽思路，可合理利用各方面资源，进而借力发展。

实际上要解除束缚博物馆发展的困难、理顺推进博物馆发展的各种关系还有许多，如博物馆与捐赠者的关系、博物馆与利益相关

企业的关系等，这些关系基本上可以归纳到以上几种关系之中。总之，这些关系的理顺，对于构建和谐博物馆至关紧要，对于造就一座博物馆的整体和谐局面至关紧要。因此，把握好、处理好这些关系，对于推进博物馆全面地和谐发展，具有重要的现实意义和长远意义。当前我国与发达国家博物馆相比，还是存在较大的差距。我们必须积极行动起来，抓住并用好当今实现"中国梦"这一战略机遇，开创博物馆事业发展的新局面。

高景春（北京古代建筑博物馆，书记）

老北京东南西北四大古石桥考

◎ 刘卫东

古代的北京作为帝都，天子脚下、太阳底下，亦称"日下"，实为五方汇聚之地，水路交通枢纽。旧时的京城，以及京畿一带，水陆交通亦很发达，遍布京城街巷的明水暗流，有许多水利设施，如水关沟洫、桥闸堤坝、水窦驳岸等，不必多言。在河流水道之上，架设桥梁颇多，既有为交通而建者，又有求美观而设者。据保守统计北京地区历史上曾经存在或现仍存在的各式桥梁，其名称即达700之众，其中不乏构造精致、极富特点的著名石桥。本文仅择其所处位置、战略地理均为重要的，且今天仍然存在的四座古石桥做个介绍。它们是：西——卢沟桥，南——琉璃河桥，北——朝宗桥，东——永通桥。

一、卢沟桥

位于丰台区的西南部，它是一座中国乃至世界的著名石桥，研究首都历史、中国古建筑、中国交通史、世界桥梁史、抗日战争无不谈及此桥，足以说明此桥的重要。它是北京现存并且仍在使用的最古老的石桥，是华北地区同期古桥中规模最大的联拱石拱桥，因其横跨"卢沟"得名，卢沟又名桑乾河，系古㵫水的一支。"卢"有黑意，其水相当浑浊，深褐近于黑色。卢沟河属季节性河流，弯道较多，每遇汛期，常常泛滥成灾，河道改徙，因此，古时又有"小黄河"、"浑河"和"无定河"等称呼。亦因如此，卢沟自古以来难以通航。清康熙三十七年（1698年），官方出资疏浚河水，加筑长堤，无定河得到了控制，遂改称"永定河"。自唐代以来的"卢沟"、"卢沟河"之名废，但"卢沟桥"之名则沿用至今。

卢沟河，在金代（1115—1234）之前，河面上并没有永久固定性桥梁建筑。两岸人们的过河，只有凭借摆渡。由于其在"北京湾"所处特定的重要地理位置，使得卢沟古渡自古就成为华北地区南来北往的重要枢纽。早在春秋战国时期，作为北方的燕国，位于永定河冲积扇的区域，与中原各国交往增多，则必须取道于此。

汉魏以后，随着北方地区经济、文化的日益发展，以及北方少数民族的逐渐强大，北方、中原、南方三地的交往频繁，作为其通津的卢沟古渡也越来越成为我国南北交通的重要枢纽。隋大业七年（611年），隋炀帝二次东征高丽，屯兵蓟、燕，卢沟渡是其必由之路。

但渡口终归是渡口，其功能时效无法与桥梁相比。就当时而言，隋唐及宋代，我国石构桥梁工程的发展已届盛期，南方及中原地区出现了不少大规模大体量的石桥。而经济、文化稍落后的北方，却还不具备这个能力，特别是在较大的河流之上，建造简单、便于拆搭的木架桥或浮桥是可能办到的。《大金国志》记："离良乡三十里，过卢沟河，水极湍激。燕人每候水深浅，置小桥以渡，岁以为常。近年都水监辄于此河两岸造浮桥。"《契丹国志》还记载了这样一件事情："过卢沟河，伴使云：'恐乘轿危，莫若车渡极安，且可速济。'南人不晓其法。"分析有两种可能：第一，南方人很少见北方的冰冻，履冰抬轿的当然不如换乘车辆安全些的；第二，卢沟浮桥比较简易，人行其上，免不了左摇右晃的，轿中人难免有不安全之感。由于气候水文地理的特点，南人很少见有如此对付季节洪水的拆搭简便的木架浮桥。然而此时卢沟河上的这座浮桥或简易木架桥，却是卢沟石桥的前身。

桑乾河上建造的第一座大型的永久性的桥梁，就是今天依然健在的卢沟石桥。金定都北京后，命名为"中都"，形成了中国北方政治、经济、文化的中心，南、中、北交往较前更加频繁顺畅了，逐步发展为当时全国最大、最繁华的都市之一。而西面进出中都的唯一门户——卢沟渡口，在依靠摆渡、浮桥、木桥等简单的渡河工具，已远远不能适应新兴都市在政治、经济、文化、艺术、军事、交通上的需要，起建大规模坚固持久性的桥梁势在必行了。而且金王朝同南宋政权在中原南北对峙，为了军事的需要也亟应建造一座大型桥梁。《金史·河渠志》："大定二十八年（1188年）五月诏：卢沟河，使旅往来之津要，令建石桥。未行而世宗（完颜雍，1161—1189年在位）崩。章宗（完颜璟，1190—1208年在位）大定二十九年（1189年）六月，复以涉者病河流湍急，诏命造舟，既而更命建石桥。明昌三年（1192年）三月成，① 敕命名曰'广利'。"以后多少年来，人们习惯地称它"卢沟桥"，而其本名则渐渐被人遗忘了。

卢沟桥的建成，无疑是金代桥梁建设史上的一大成就。它工程浩大，结构宏放，技艺高超，11孔联拱式，完全可以同当时国内的任何一座桥梁媲美，而其建筑造型和石作雕刻技术更是闻名中外的。元世祖（忽必烈，1260—1294年在位）时在中国做了二十多年官员的意大利人马可·波罗，在他的游记中，以艺术家的眼光翔实地做了一番描绘："自从汗八里（元大都）发足以后，骑行十里，抵一极大河流，名称普里桑乾，此河流入海洋，商人利用河流运输商货者甚夥。河上有一美丽石桥，各处桥梁之美鲜有及之者。桥长300步，宽逾八步，纯用极美之大理石为之。桥两旁皆有大理石栏，又有柱，狮腰承之，柱顶别有一狮，此种石狮甚巨丽，雕刻甚精。每隔一步有一石柱，其状皆同。两柱之间建灰色大理石栏，俾行人不致落水。桥两面皆如此，颇壮观也。"彼记桥长300步、宽逾八步，与今天实测的长266.5米、宽7.5米，其比例关系是对等的。刺木学本《马可·波罗行记》增订文中记："桥两旁各有一美丽栏杆，用大理石板及石柱结合，布置奇佳，登桥时桥路较桥顶为宽。两栏整齐，与用墨线规划者无异。桥口初有一柱甚高大，石龟承之，柱上下皆有一石狮。上桥又别见一美柱，亦有石狮，与前柱距离一步有半。此两柱间以大理石板为栏，雕种种形状。石板两头嵌以石柱，全桥如此。此种石柱相距一步有半，柱上亦有石狮。既有此种石栏，行人颇难落水。此诚壮观，自入桥至出桥皆然。"此文中说"登桥时桥路较桥顶为宽"，实际是对桥头雁翅的宽度要超过正式桥面的宽度的描绘，都是以他异域之眼客观来看卢沟桥的。由于马可·波罗氏距明昌间不足百年，可以说它是较为真实地描绘了卢沟桥最初的形状。至于桥的实际孔数与所记数目不符，大概是后来追记或其他原因所致，而类似的误差在古籍中是在所难免的。总之，卢沟桥是我国桥梁建造史上的一大卓越成就，是12世纪我国生产力与科技发展水平的体现。

————————————

① 关于卢沟建桥的时间，一般文献记载是金大定二十九年（1189年）建，明昌三年（1192年）成。而缪荃孙辑《永乐大典》本《顺天府志》则记"卢沟石桥，金大定十七年（1177年）所建"。此录以备考。

卢沟桥的石作雕刻，是整座桥梁艺术、技术精华之所在，栏板、望柱及抱鼓石上的圆雕造型、浮雕纹饰，和桥头华表、狮子、石象、拱券息水兽等雕刻作品，素来为人们所称道。石栏共有 279 间，南侧 139 间，比北面少一间。栏板共有 279 块，望柱 281 根。板高均 85 厘米，上薄下厚，收分明显。内侧刻为立枋、栲杖、瘿项、裙板等，下置地栿。栲杖为切去四角的倒角八边形，瘿项部分做高浮雕宝瓶形，瓶口的花饰以云头图案组成。望柱均高 141 厘米，柱头刻有仰覆莲座，座下荷叶墩，柱顶别置石坐狮。

　　卢沟桥的狮子是此桥梁艺术精华之精华，明代刘侗《帝京景物略》："俗曰鲁公输班神勒也。"不错，石狮雕刻的确是鬼斧神工，之所以"神"，就在于"活"；之所以"活"，则在于它与旁观者的沟通，可以使人产生美感。它们神态各异，生动活波，坐卧起伏，富于变化：有的狮子是昂首挺胸、极目远望，有的侧身转首、似有所想，有的蹲踞虎视、严阵以待，有的聚精会神、侧耳聆听。有一些较小的狮子以高浮雕的形式分布于柱头大狮身上的各个部位，如胸前、怀里、头顶、后背、两胁、骶尾等处。大的十几个厘米，小的仅数厘米长短。它们嬉戏玩耍，千姿百态。以前人们总说"卢沟桥的狮子——数也数不清"，大概就是容易忽略了这些小狮子的缘故吧！所以明代蒋一葵《长安客话》记载："左右石栏刻为狮形，凡一百状，数之辄隐其一。"《帝京景物略》也说"数之辄不尽"。20 世纪 70 年代，北京市文物部门组织人力对桥进行了一次比较细致的实地考察，对桥栏望柱等处大大小小的狮子采取了编号清数的方法，得出结果：共计大小石狮 498 只，按其所处位置可分为四种：

　　1. 在栏杆望柱头上的大狮共 281 个；

　　2. 柱头大狮身上的小狮子共 211 个；

　　3. 桥东端顶倚栏板作抱鼓石用的大狮子 2 个；

　　4. 桥两头华表顶上的狮子 4 个。

　　另外，这次勘查，从雕刻风格、石质颜色及石料风化等方面将栏杆石狮分作四类：

　　1. 年代最早的可以肯定的只有两三个，其余有无尚待研究。

　　2. 共有 99 个，约占望柱大狮的 34%，此类石狮时代亦早，最晚应是明代遗物。

　　3. 共计 56 个，占望柱大狮的 20%，年代较晚，应是清康熙、乾隆和以后所增补。

4. 共 126 个，占大狮的 40% 以上，时代大约是清末至 1949 年所修补的（参见《文物》1975，10）。①

那么卢沟桥的狮子到底有多少个呢？有个疑问：金明昌三年（1192 年）建成卢沟桥之初，桥上的狮子是否即有如此之多呢？清查慎行《人海记》，载石狮数目为 368 只，缘何相差如此悬殊？如果说石栏望柱每柱一狮，是其基本形制的话，假定现存望柱 281 根，一根上有一狮，再加上华表上四狮、桥头顶桥的二狮（桥拱券脸上的息水兽除外）共 287 狮，则金代卢沟桥初建桥时的石狮子至少在 287 只以上。问题就出在大狮身上的小狮子上面，根据上次的实地勘察，得出了这样一个结论：

卢沟桥的栏杆自其建桥时起，即为石栏杆，形制是两柱夹一间，不论栏板多少，望柱总是多出两根。每柱上雕石狮，形制至今仍然未改。石栏板和石狮已经历代修理更换，金代石栏板石狮尚存一部分，明代石狮较多，而且已有狮母负抱小狮。清代以后陆续添配了不少石栏板，根据栏杆石狮不会改动的原则，石狮的雕刻风格虽然各个时期不同，但其传统仍是一脉相承的。

元代《析津志》上记载"上架石梁，有狮子栏楯"，但没有提到母狮负抱小狮的细节。《马可·波罗游记》也只是说："桥两旁皆有大理石栏，又有柱，狮腰承之。柱顶别有一狮（此应指东桥头

① 关于卢沟桥现存石狮年代的问题，笔者近年数次到实地考察，也有一些看法，认为应分为七个时期来理解现存石狮。

一、金代原创石狮，东桥头两只抱鼓狮、桥两头华表上的四狮，以及桥栏望柱上的极少数的石狮，其特点一定是单狮、风化严重、刻工质朴，几乎看不出原来的刀口。

二、元代石狮，望柱上的单狮类型，风化比较严重，但犹能看出原来的刻画痕迹，数量也不多见。

三、明代石狮，已经出现了大狮负抱小狮的情况，但刀工还不够细腻，强调气势，重在造型，而且有的已经选用了绿青石作为石材。

四、清代中前期，体现的是最美、最精致、最细腻的综合特点，几乎没有单狮，大小狮形态鲜活，刀法纯熟洗练。

五、清中后期，纹饰繁缛，小狮数量加多，位置多变，花样迭出，但刀工刻法上并不利索，反而有堆砌之感。此类石狮的数量应该是做多的，大约可占全部狮数的 70%。

六、民国时期，气势不如明代，变化不如清朝，纹饰显俗，刀工不畅。

七、1949 年后，桥狮仅仅是补修补刻者，本身也不多，一眼便认是新活儿，无法与以上各期相比。

狮），此种石狮甚巨丽。每隔一步有一石柱，其状皆同。"《金史》只是说"令建石桥"，更不详细。这只是距金代一百多年的元代的记载，只是到了明代《长安客话》"左右石栏刻为石狮，凡一百状"，《帝京景物略》"石栏列柱头，狮母乳，顾抱负赘"，才稍稍看出一些大狮身上负抱小狮的痕迹来。所以，这些小狮是否为金元以后的产物呢？太有这个可能了！历史上的发展，遵循着这样一个规律：简单——复杂——繁琐。在艺术或技术上，由简单到复杂是个进步，由复杂再到繁琐，则是表面的进步，实际上的退步了。石作雕刻艺术也是如此，本来在北方，金元时期用于建筑上的雕刻简单质朴，较少文饰，所谓"质胜于文"；明代及清早期则既保留了其质朴淳厚的古风，又在表现手法及雕刻水平上有所发挥发展，所谓"文质相当"；而到了清中晚及民国时期，开始走下坡路，水平泛泛，斤斤计较于外形与装饰，此期的石刻显得失神、繁缛、没有生气，徒有其表，所谓"文胜于质"，应该说卢沟桥石狮的雕刻正反映了这一点。所以笔者认为，康熙时期成书的《人海记》所记狮数"368只"，很可能是接近当时准确的数字。虽然有时"辄隐其一"，但在当时不会出入很大的，今天所数498只当然又是"文胜于质"时繁琐的结果。正因历朝历代狮子数目的不同，故"数得清"与"数不清"都应是相对的。

在卢沟桥两端入口处的两侧，共有四根石质华表柱与四通碑。四表柱形制相同，均高465厘米，与天安门外金水桥前华表相似，只是在柱身比例、雕刻与装饰上有所不同。下部石质须弥座，上立八角石柱，上端横贯云板，顶部饰以仰覆莲座式圆盘，盘上居中蹲坐石狮一只。石狮方向，桥东者向东，桥西者向西，南北者同向。石碑雄伟，用材精良，雕工细腻，东西二侧遥相呼应。"康熙重修卢沟桥碑"，位于桥东路北，原有碑亭已毁，尚有柱础、台基残迹。碑螭首龟趺，通高578厘米、宽117厘米、厚57厘米，碑文记载了清康熙八年（1669年）重修古桥的经过。"乾隆重葺卢沟桥碑"，在桥西北侧雁翅上，碑亭亦毁，基础尚存，四角柱础榫眼仍在。螭首龟趺，通高550厘米、宽118厘米、厚58厘米。海墁上的海水江崖、鱼鳖虾蟹雕刻保存完好，碑文记载了乾隆五十年（1785年）修桥的情况。四碑中最享盛名的是位于桥东北侧与"康熙碑"并列的"卢沟晓月碑"了，碑阳为乾隆皇帝御笔榜书大字"卢沟晓月"，碑阴刻乾隆所作卢沟桥诗。碑侧、边框雕刻华丽精美，满雕满饰的方趺，碑首系四注式圆形宝顶，通高452厘米、宽127厘米、厚84厘米。外罩碑亭，平面呈正方形，面阔、进深均为364厘米。台基以条石砌就，四角立汉白玉雕龙石柱各一，高383厘米、径46厘米，面刻盘龙祥云、海水江崖，刻工精细。亭之下四面各立石栏板一间，近龙柱立望柱，柱头仅余莲座，原柱头石狮已佚。还有一碑，在桥西头雁翅西北侧，碑身刻书乾隆御制"察永定河诗"，方首雕二龙戏珠，方趺亦雕龙戏珠，圭角云纹，通高379厘米、宽96厘米、厚33厘米。

　　卢沟桥自建成以来，已经历了八百年寒暑，至今结构完好无损。其原因除桥体坚固、设计合理、选材优良外，那就是后代定期或不定期地对桥梁的保护与修缮。就石桥本身来讲，经过长时间的风雨侵袭、人为损坏等因素，最容易受损的部位就是桥面、栏板、栏杆、望柱石狮了。一般情况，类似的石桥桥面数十年即需大修一次，栏板望柱等更需经常更换，而对桥梁本体进行大规模的修缮，其周期应在百年以上。以卢沟桥现存情况推断，从金代初建到明代初期，近两百年间，对桥体本身不会有太大规模的修缮。明代开始，已有对桥进行修缮记录。据文献载，第一次是永乐十年（1412年），《明会要》载："永乐十年七月，卢沟河水涨，坏桥及堤，下令工部修筑。"再《明一统志》、《明实录》等书类似的记录尚有六次，实在无法分析出它修缮的规模和具体修缮的内容。可以肯定的是，绝非大规模的修缮和翻修。清代的文献所记稍微详细一点，《顺天府志》、《东华续录》记"乾隆十七年（1752年），重修券面、狮柱、石栏"等，也都远远谈不上什么大修。事实上，像卢沟桥这样一座在北京历史上独一无二的历史名桥、大型的珍贵文物、京西交通的枢纽、帝都中战略意义重大的桥梁，史家、志书等是不会缺载的。所以从这些记录上看，是忠实地反映了此桥的坚固和耐久。

　　由于卢沟桥所处的战略地位十分重要，历来为兵家必争之地。距卢沟建桥，即距金明昌三年（1192年）仅22年（金贞祐二年，1214年），蒙古大军便兵临中都城下，逼金南迁汴京，次年，中都城就被蒙古军完全占领了。桥自建成以来，曾屡次成为古战场，成为敌对双方必争之地。金废帝（完颜永济）大安三年（1211年），金与蒙古成吉思汗在卢沟桥发生了争夺战，战争持续了四年。《元史》载，"天历（1328—1330）初，上都兵入紫荆关，游兵遍都城

南，大都兵战于卢沟桥，败之。至正二十八年（1368 年），明军北上进至卢沟桥，与守卫在桥的元军展开激战，血战之后，终于冲过卢沟桥，进而逼近大都城，致元朝灭亡。时隔三十年，燕王朱棣举兵靖难，建文帝派兵征讨，遣大将军李景隆带兵五十万，向北平直压过来。面对强敌，燕王诱敌深入，特意撤掉卢沟桥守兵，李不知是计，反以为"弃此桥不守，我知其无能也"，结果惨遭大败。崇祯二年（1629 年）十一月，京师紧张，清兵临城，申甫带领七千人战于柳林、大井、卢沟桥败北，都人震惊。崇祯十一年（1638 年）十月，与后金对峙，高起潜的部将刘伯禄又兵败卢沟桥。1937 年七七事变，驻守在宛平城的宋哲元部，英勇的二十九军部分官兵，也是在此桥同日本侵略军展开激战，沉重挫伤了日军的嚣张气焰，揭开了神圣的民族解放战争的序幕。

二、琉璃河桥

桥位于房山区琉璃河镇以北的京深公路上，它是房山境内最大的一座古代联拱石拱桥，其规模就其同期来讲，仅次于卢沟桥。

琉璃河古名刘李河，也写作"琉璃河"，[①] 属"古圣水"，"圣水"亦名"六里河"。它是一条古老的河流，源出于房山西北部山区的大石河，古称"圣水"。自高山深壑中奔腾而下，途中有不少河流注入，水势浩大，经琉璃河镇东行，汇入拒马河，东流泄海。琉璃河是条河宽水深的大河，每到汛期，洪水泛滥，冲毁桥梁，淹没田地，给两岸人民带来相当大的灾难。位于河道中部的琉璃河镇，是一处历史悠久的古城。远在三千多年前，这里就已经是西周燕国的封地，燕国的城池就建在琉璃河畔。此地水草丰茂，国富民强，是北京通往南方多地和北上的必经之路，地理位置十分重要。古代曾多次设置官吏，管理河道与桥梁，如元延祐四年（1317 年），在此设置巡检司。但由于这里地势低洼，常常为积流淤沙所潴，致使该地成为这条交通要道上的天堑。河上原有木桥一座，因水势凶猛，经常被冲垮，阻滞交通。[②]《日下旧闻考》记："琉璃河即古圣水，时逢淫涝，散漫奔溃百余里。凡陆辁跣驰者，动辄阻滞不能涉。"如

---

① 参见《金史》及大典本《顺天府志》。
② 《明太宗实录》："永乐十六年（1418 年）七月，修顺天府琉璃河桥。"此桥址原有木桥。

彻底改变现状，必须修建一座坚固永久性的石桥。元代定都北京，重心北移，南下北上者日趋频繁，仅只卢沟一桥已不能满足要求。明嘉靖十八年（1539年），世宗皇帝下诏，令工部尚书甘为霖督修此桥。甘以病去职，不终期。嘉靖二十四年（1545年），再次拨款修桥。《明会典》，嘉靖二十四年题准：良乡琉璃河建桥一座，取用各处帑银30余万两，钦助银93800余两。复命侍郎杨麟，内官监太监陈准、袁亨建石桥。石桥在旧有基础上兴建，工程艰巨，规模宏大，次年建成，前后凡历时七年。① 桥南北向，横跨琉璃河上，长约170米、宽约11米、高约8米。桥下共有9个拱券，中孔最大，次孔次之，依次排列，稍孔最小，中部三孔圈脸正中拱顶部分雕刻以精美的息水兽。桥体全部用巨大的花岗岩块石砌筑，结构严谨，气势磅礴。桥面两侧建有实心栏板、望柱。望柱均高138厘米，栏板均高80厘米，其上均雕刻以海棠线等简单纹饰，柱头蹲狮，古朴简洁，敦实大方，典型的明代风格。自桥建成至今数百年间，石狮护栏雕饰、柱头狮，大部分完整，保留了原有的建筑艺术风格。

据《明世宗实录》载，此桥的两端原有"玄恩"、"咸济"两座牌坊，敕名原题南为"利民济世"，北曰"天命仙传"，继又分别改为"永明"、"仙积"。并于桥的北面建立神祠，供奉河神，既保佑石桥，又禳除水患。祠前尚有井一口，以供过往行人饮用。② 桥之右有铁竿倚立，倚护栏直插河底，高约五丈，俗传那是后梁名将王彦章所用兵器铁篙遗物，来历不明。按朱偰《元大都宫殿图考》，广寒露台石阑旁有铁竿数丈，上置金葫芦三个，引铁链以系之，今验竿首有孔，疑是宫中之物，似乎是有水畔栏板之旁置竿的传统。是否因琉璃河时常泛滥，特请此物以为镇河法宝，也未可知，③ 可惜今天在此两处均已找不到任何痕迹了！

石桥的建成，对南北的交通起了很重要的作用。然而，由于石

---

① 关于建桥年月，各书也有异同。据《涌幢小品》记"琉璃河建桥，乃嘉靖二十年（1541年）事"。《国榷》记"嘉靖二十六年（1547年）闰九月乙酉，玄殿、良乡桥俱成"。按：此处"良乡桥"即指"琉璃河桥"，此地旧属良乡。

② 牌坊是明嘉靖二十五年（1546年）建桥时物，唯神祠与井是明万历二十七年（1599年）至三十年（1602年）重修后所建。参见《明世宗实录》与沈一贯奉旨撰《敕修琉璃河桥记》。

③ 参见明蒋一葵《长安客话》、清于敏中《日下旧闻考》、佚名《燕京杂记》等书相关章节篇目所载。

桥所处的地势较为低洼，桥两端及沿岸又无堤坝防御，每逢汛期，水势暴涨，环桥南北，尽为巨河，交通仍然受阻。为彻底解决水患，嘉靖四十年（1561年），朝廷又拨帑银八万两，命木匠出身的工部尚书徐杲，于桥之两端，向南北方向加修路堤。工程全部采用巨型石条，不仅平整，而且坚固耐用，宽19.8米，高出地面4米，总长2000米，此即所谓"五里长街"。这次修缮，还添置小桥一座，以缓解大桥的交通。桥与堤的建成，才使这里的天堑真正变成了通途，自然，沿河两岸人民的生活也有了保障。以后，历朝历代仍不断加以维修。到了清末，据《良乡县志》载，"光绪庚寅（1890年）夏，连日大雨倾盆，山水爆发，异常汹涌，将桥冲断二十余丈。"这座历时300余年、经大水者数十次而无大损的古桥，竟为洪涛冲断，"咸诧为异事也。"事闻于上，朝廷拨下巨款，命直隶总督李鸿章监修，一年后告竣。这次大修以后的石桥，基本上就是今天的样子了。

另外，卢沟桥所处的正是军事要冲之地，元时在此设置巡检司，辽、金使臣常常经过的刘李河即此地。据《国榷》载，"崇祯九年（1636年）七月庚子，京军五万驻琉璃河，辽东总兵王威并三屯营兵会涿州。"又记"十六年（1643年）四月丙子，闻建房（系"建州女真"的蔑称，即指"清军"）至琉璃河，命各督抚扼剿毋逸"。明军退守是在琉璃河桥附近，清兵进攻亦先至此地，其地理位置的重要是自不待言的。

琉璃河桥是房山区著名的古迹之一，"良乡八景"之首即"燕古长桥"，其"长桥"即琉璃河上的这座古老而美丽的历史名桥。①

三、朝宗桥

位于京城北部京昌公路上，京藏高速旁边。顾炎武《昌平山水记》，"又十八里为沙河店，②店南有水，出昌平州西南五十里龙泉寺，合西诸泉东流为南沙河，有桥曰安济。店北有水，出昌平州西南四家庄，径双塔村，东流为北沙河，有桥曰朝宗。"朝宗桥又名沙河北大桥，位于昌平城南10公里沙河镇以北，横跨北沙河上，与南

---

① 据清周家楣《光绪顺天府志》"良乡县琉璃河桥，在城西南四十里燕古店北"，故有"燕古长桥"之称。

② 清顾炎武著《昌平山水记》所说的"沙河店"，基本上就是今天的沙河镇位置。

沙河上的安济桥（又名沙河南大桥）遥遥相对，相距约2.5公里。巩华城建于沙河镇上，沙河的南北两条水脉正好将它环绕其中，形成自然的屏障。

朝宗桥是京城通往北部边关的必经之路，是北京沟通西北少数民族地区的孔道。① 特别是在明代，燕王朱棣迁都北京后，卜地于昌平北部的天寿山及其左右营建陵寝，因之此桥又是营建皇陵和谒陵的重要通道。南沙河再南是清河，明永乐（1403—1424）建石桥一，名广济，又名清河桥。这样一来，无论是营陵、谒陵，还是出入北部边关，京昌路上的这三座桥——广济、安济、朝宗，都是同等重要的。而朝宗桥既是进京的第一座，又是出京的最后一座，与其说是桥，不如说是门户、关卡，一桥而有多重意义。"朝宗"之名，恐难与谒陵分得开。"朝"有朝见、拜谒之意，"宗"即祖宗、列祖列宗之意。

在辽金时期，这里也只是有木桥，每逢汛期，常常将桥冲塌损毁，交通阻断，行人不便。永乐迁都后，此桥既不安全，又不能适应交通日益发展的需要，终于在明正统十二年（1447年），命工部右侍郎王永寿，于沙河店南、北沙河上同时营建石桥二座，南曰"安济"，北曰"朝宗"。石桥的建成，彻底解决了水患造成的困难。由于此桥所处的特殊的历史地位，加以贸易往来带来的交通频繁，桥梁的使用率极高，其后朝廷曾多次出资修缮。嘉靖十七年（1538年），诏修朝宗桥，直至万历四年（1576年）五月方竣，历时近40年。《明神宗实录》载："万历三年二月己丑，中宫传谕，奉慈圣皇太后发宫中银一万二百五十五两，付工部修理朝宗桥。"一座石桥，皇帝下诏，太后出资，足见其重要，恐怕这也离不开它的一项特殊功能——谒陵之路。当然了，广济桥与安济桥同样也是谒陵之桥，但毕竟从桥的名称上看，它们具有便民之意，所以，古代非常重视名分。②

桥南北向，长130米，宽13.3米，高7.5米，七孔联拱，以巨型花岗岩砌筑而成，高大雄伟，坚固异常。中孔东西券脸上高浮雕

---

① 朝宗桥是通向南口、居庸关、八达岭的必经之地，八达岭以北就是"关外"。

② 关于桥名的说解，也有民间的版本。诸如说"朝宗"是为纪念一位忠臣而取的名称。据说，当时在南沙河与北沙河同建两座桥，忠臣（朝宗）建北大桥，奸臣建南大桥。奸臣为了赶任务报功，偷工减料地提前建完了安济桥，结果忠臣引来了杀身之祸。但时间是检验忠奸的标准，安济桥"短命"，朝宗桥永存。

息水兽各一只，桥面两侧建有 53 对实心栏板，栏板、望柱上刻有简单的海棠线纹饰，古朴大方，简单实用。桥两端的两侧以条石砌筑护堤，呈八字形斜向延伸（雁翅），将上游奔腾而来的洪水，约束于石堤之内，以致流过桥孔，再使水势逐渐分散，引往下流。既可避免河水泛滥，又可维护桥基，保证桥体稳固。

桥北端东侧有一座汉白玉石碑，南北向。螭首方趺，通高 480 厘米、宽 110 厘米、厚 39 厘米。额篆"大明"，碑身线刻榜书大字"朝宗桥"，苍劲有力，丰厚圆满。阴阳面相同。落款为明万历四年（1576 年）吉日立，实际是上述万历大修时所刻立。

由于朝宗桥是明代帝后、诸王大臣谒陵与北巡之路，又是通往塞北的咽喉，明朝统治者在此设置官吏，派兵驻守。离它不远处又是皇帝的行宫、京城"四辅"之一的——巩华城，因此这里也是屯集重兵、扼守京师的北路要地。

京昌沿线自古以来战略位置相当重要。元至正二十四年（1364 年）四月，命扩廓帖木儿讨伐孛罗帖木儿。孛罗遂令秃坚帖木儿举兵向阙，战于居庸关，败之。秃坚又兵至清河列营，彼时都城之中毫无戒备，乱作一团。后执右丞相搠思监与资政院使宦官朴不花二人以献，才算解了围。两个月后，再讨孛罗帖木儿，孛罗军前锋入居庸关，皇太子亲率大军御敌于清河，知枢密院事也速军于昌平，惜军中无斗志，致使不动一兵一卒，孛罗等进得城来。[①] 由居庸到清河，再至京城。此行必经沙河，定过朝宗桥之处。明末天启二年（1622 年），由于辽东失守，南京太常寺司马申用懋建议"建四辅，以巩神京"。所谓"四辅"，是指拱卫京师、位于京城之外不远处的四座小城，守卫京城的军队屯扎地："东南建城于通州、高米店之间，为左辅；西南建城于良乡、卢沟之间，为右辅；西北建城于巩华城、功德寺之间，为右辅；东北建城于密云、顺义之间，为左辅。敌由东北入，左辅出兵以扼其冲，而右辅从左，左辅从右，各出兵夹击。如假道三卫（明代后期置建州、海西、野人三卫，在今河北、辽宁一带），右辅出兵以扼其后，而左辅从左，右辅从右，分兵追袭。如直薄都下，则京营坚壁各守，无轻出击。四辅各设长围，以坐困之。"[②] 申用懋的建议，

---

① 参见［明］宋濂主编《元史·顺帝纪》。
② 参见［清］查慎行著《人海记》。

犹如古代兵法之"一字长蛇阵"：击首则尾应，击尾则首应，击腹则首尾呼应。事虽不果行，但京昌一线乃至朝宗桥，其战略意义非常明显。另外，明末李自成起义，推翻了明政府，当时也是必须要经过朝宗桥而进北京的。

五百多年来，朝宗桥饱经了风吹日晒、人踩车轧，也经历了洪水与地震的侵袭，至今依然完好。1949 年后，朝宗桥得到了妥善的保护和修缮，并列为北京市级的文物保护单位。

四、永通桥

位于古老的通惠河上，因距通州城西八里，故俗称"八里桥"，也叫"八里庄桥"。

通惠河是元至元二十九年（1292 年）春，由都水监郭守敬主持开凿的一条重要的人工漕运河道。上引自昌平白浮村的神山泉，西折南转，过双塔、榆河、一亩、马眼、玉泉诸水，至西水门入都城，南汇为积水潭，东南出文明门，东至通州高丽庄入白河。总长 164 里 104 步。①

本来元建大都于燕地，离江南太远，但是皇宫、官府、军队、士庶、百姓，口粮却大多仰给于南方。漕运、陆运兼行，难度堪比花石纲。自从有了海运，岁运之数逐年有加。通惠河开河前最多的一次在元至元二十七年（1290 年），当时运到的粮食就有 151 万多石。这么多的粮食，先囤积到通州张家湾仓，然后再通过陆运到大都，60 里路程，运粮兵民苦不堪言。至元三十年（1293 年），通惠河工竣，"自是免都民陆輓之劳，公、私便之。帝（元世祖忽必烈）自上都（即元上都，又名开平，位于今内蒙古锡林郭勒盟正蓝旗境内）还，过积水潭，见舳舻蔽水，大悦，赐名曰'通惠'。"② 因为当时在今积水潭、后海、地安门一带，正是元大都中心的位置，也是大运河的终点。那样多的船只，以至于把水面都遮盖住了，可见当时的热闹辉煌。到了明代，此河仍为漕运干道，东南之粟，年漕已到数百万石；东南贡赋，岁亿万计；市民所需，则不可悉数，概由此河运京。倘若水阻舟断，"必致物价翻腾"，可见此河的重要。

---

① 参见［明］宋濂主编《元史·河渠志》。当然还有诸多中记载，大同小异，通惠河的总长度亦有 161 里者。

② 参见［明］陈邦瞻《元史纪事本末》。

每值漕运季节，通惠河中，万舟竞渡，帆樯林立，撑篙拉纤，景色壮观，好不热闹！

永通桥正是在这样一条十分重要的漕河上修建的一座大型石拱桥，它是"陆运京储之通道"，[①] 是京通石板路面与通惠河唯一相交的桥梁，地理位置极为重要。通州地势低下，运河之水自西北奔泻而至，水势迅猛，常将原有的木桥、浮桥冲毁。明李时勉所撰《永通桥记》：通州在京城之东，潞河之上，凡四方万国贡赋由水道以达京师者，必萃于此，实国家之要冲也。通州城西八里有河，名通惠河，京师诸水汇流而东。每夏秋之交，雨水泛滥，尝架木为桥，或比舟为梁，[②] 以通往来，数易而速坏。时内官监太监李德奏请于此地改建石桥，英宗准其奏。并敕令司礼监太监王振实地勘察，工部尚书王卺会计经费，工部右侍郎王永和督工，内官监太监阮安总理其事，国子监祭酒李时勉作记。阮安对大家说："朝廷迁都北京，建万世不拔之基，其要在于漕运，实军国所资。而此桥乃陆运之通衢，非细故也。宜各尽乃心，以成盛美。"[③] 阮太监似乎在作战前动员，大家赞同了他的看法，齐心协力，各尽其责，于正统十一年（1446年）八月开工，十二月竣工，得御赐"永通桥"名。仅仅四个月，完成了一座大石桥的浩大工程，可以说是个奇迹了。这与朝廷的重视，六位官员和太监的努力，事先准备充分，分工明确，不无关系。它的建成，不仅解决了交通，控制了洪水，还为古老的通惠河增加了一个美丽壮观的景点，所谓"长桥映月"，正是"通州八景"之一。

永通桥是大型石砌拱桥，南北向，三孔，中拱特高，8.5米，宽6.7米；两次拱大大低于中拱，高仅3.5米，宽5.5米。桥面以下为花岗岩砌筑，桥墩呈船形，迎水一侧的分水尖上，也安置了三角铁桩，以其锐角分流洪水，迎击坚冰，减缓了浮冰对桥身的冲击破坏。像卢沟桥桥面一样，在桥的主要结构部位，石与石之间，使用了腰铁（银锭榫）。[④] 桥全长50米，宽16米。桥之两侧为洁白的大理石护栏（今天我们所见的土黄色，实际是由于数百年的风吹日晒雨淋

① 参见［清］李鸿章修、黄彭年纂《畿辅通志》。

② "架木为桥"即指季节性的临时搭建桥梁，"比舟为梁"即临时建浮桥，左右多船并列，以绳维系，上搭木板。

③ 参见［明］李时勉著《永通桥记》。

④ 参见［明］李时勉著《永通桥记》"券与平底石，皆交互贯通，固以铁"。

所致的沁色而已），施以雕刻纹饰，各有望柱 33 根，夹以栏板，柱头蹲踞石狮，雕凿精致。东西桥栏的尽头，各有一只长发飘逸的桥头兽①，起到抱鼓的作用。东西两侧石筑驳岸上，对称趴伏着四只镇水兽②。

永通桥的造型比较特殊，桥的结构异乎寻常，三拱的高度悬殊较大。中拱为金刚墙高高承托在上，其券脚几乎与两次孔券顶平。这样的构造，并不单纯出于防洪的需要，原来这是古代桥梁专家专为漕运的要求设计的。中孔高耸远离水面，漕运船只直出直入，了无妨碍，所谓"八里长桥不免（落）桅"正是指此。

永通桥是一座高拱兼陡拱的石拱桥，从结构上讲，势必会造成桥面中部隆起，坡度很陡，通行困难。为解决这个问题，古人还想出了一个办法：在石桥的南北各建约 50 米长的引桥，以巨大条石铺砌，边缘整齐。引桥的使用，不仅减缓了桥面的坡度，更使这座古桥显得雄伟壮观。即便是在飞速发展的今天，长江大桥、城市高架桥等这些距地较高的桥梁，在局促的环境里，哪个不使用引桥呢？我们应该得益于古人。

据通州志书记载，桥两头原有华表四根，石坊二座，坊间额书"永通桥"三大字，河神庙一区，至今早已踪迹全无。

桥迄今亦经历了 500 春秋。明万历间（1573—1620），曾经大规模重修，清代屡经修葺。③

永通桥既然是南北东西的交通要冲，必然也是兵家必争之地。这里，在清代历史上曾经有过两次较大规模的中外战争，给中华民族留下了刻骨铭心的记忆。第一次是清咸丰十年（1860 年），英法侵略军攻陷大沽炮台后，天津、张家湾、通州也相继失守。僧格林沁节节败退，最后在此桥把守。清政府调集 5 万精骑兵，命胜保扼守。取得了暂时的胜利，战役虽然失败，但却重创了外国侵略者。第二次是清光绪二十六年（1900 年），八国联军入侵北京，义和团勇士再次与侵略军展开激战。"义和团"仅凭拳脚、刀矛武艺，在洋人射来的枪林弹雨中前仆后继，近搏远追，战斗到最后的一兵一卒，

———————

① 关于桥头兽，于古亦归入"龙生九子"，但由于"九子"有多种说法，有的称作"趴蝮"，有的称作"狴犴"。

② 关于镇水兽，故事亦有称其为"趴蝮"者。在北京有"定制"，其实物有地安门后门桥、通州张家湾土桥、朝阳门外二闸遗址等。

③ 参见 ［清］高建勋修，王维珍纂《光绪通州志》。

永通桥之名远播中外。

　　永通桥虽经风雨沧桑，历代修缮，但仍保留下了当年的建筑风貌。它是一座具有十分珍贵历史、科学和艺术价值以及近代史上的重要纪念建筑，今亦被列入北京市级文物保护单位。

　　　　刘卫东（北京石刻艺术博物馆，副研究员）

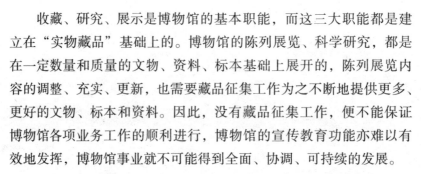

关于新时期博物馆文物
征集工作的实践与探讨

◎ 李学军

收藏、研究、展示是博物馆的基本职能，而这三大职能都是建立在"实物藏品"基础上的。博物馆的陈列展览、科学研究，都是在一定数量和质量的文物、资料、标本基础上展开的，陈列展览内容的调整、充实、更新，也需要藏品征集工作为之不断地提供更多、更好的文物、标本和资料。因此，没有藏品征集工作，便不能保证博物馆各项业务工作的顺利进行，博物馆的宣传教育功能亦难以有效地发挥，博物馆事业就不可能得到全面、协调、可持续的发展。

文物藏品是博物馆生存与发展的基础。目前我市的市属博物馆普遍存在文物基础薄弱、文物藏品质量较低、珍贵精品文物匮乏的问题。在提倡文化大发展大繁荣的新形势下，难于为社会公众提供精品荟萃、内容丰富、吸引力强的展览陈列，难以满足社会观众参观文物精品的需求。在博物馆评级工作中，文物藏品的数量和等级也是重要的评审因素。因此，文物精品的征集工作在丰富博物馆馆藏、提高展陈质量，以及使博物馆获得长期可持续发展的动力等方面都发挥着重要作用。另一方面，由于长期以来对于近现代文物、民族民俗文物的重要性认识不足，博物馆在举办近现代题材的展览时往往面临实物资源匮乏的问题，因此为确保博物馆记录历史的完整性，近现代文物及民族民俗文物的征集也是今后文物征集工作的重要组成部分。

以下笔者将从对征集工作的回顾、探讨与思考、目前的征集审批程序，以及存在的问题等几个方面对我市的文物征集工作予以综述。

一、我市博物馆文物征集工作的回顾

随着经济的发展，馆藏文物靠传统的调拨、无偿接收等方式已成为历史，博物馆的藏品来源日益面临危机，而博物馆的文物征集经费在"九五"时期（1996—2000）每年仅几万元，同时随着博物馆事业的发展，博物馆馆藏品在种类、展品体系上的空白与缺陷日益明显，加之社会文物收藏热带来文物拍卖业的迅猛发展态势，珍贵文物价格直线攀升，更使国有博物馆望洋兴叹。国有博物馆文物来源的锐减，使得博物馆在馆藏文物精品方面的不足和缺环已开始显现，特别是缺乏国宝级的文物重器，直接影响到了博物馆事业的发展及博物馆档次的提升，这与北京作为首都，是国家的政治中心、文化中心的性质与国际化大都市的地位显然是不相适应的。

为解决这一紧迫问题，2001 年 3 月北京市文物局报请市政府设建北京市文物征集专项经费。在市委市政府及市财政部门的大力支持下，2002 年北京市财政局、北京市文物局联合印发了《北京市文物征集专项经费使用管理办法（试行）》，办法规定："文物征集费是财政性资金。市文物局作为文物征集费使用管理的责任主体单位，对确定文物征集单位、征集计划、征集对象具有决定权；同时按照本办法规定的用途，专款专用，并接受财政、审计等部门的检查、监督和审计。"同时，办法对资金的适用范围、征集标准、征集方式、预算支出项目管理、财务制度与工作程序做出了规定，建立了博物馆征集需求、专家鉴定评估、政府部门集体研究、重大征集事项报请市政府决策的管理程序，并在此基础上编制了《北京市文物局申请文物征集专项经费审批表》。据此《办法》，市财政每年给我局安排 1500 万元的文物征集经费额度。

截至 2008 年，市财政共投入专项资金 10350 万元用于市局系统博物馆的文物征集工作，其中首都博物馆共征集文物 2049 件套，北京艺术博物馆、石刻艺术博物馆、徐悲鸿纪念馆等单位共征集文物 356 件套，征集文物品类涉及瓷器、玉器、青铜器、石刻、书法、绘画、丝织品、文房四宝、民俗等，其中不乏多件一级珍贵文物，如"阎立本绢本设色孔子弟子像卷"、"清乾隆御制松石绿地粉彩花卉龙把多穆壶"、"元代景德镇青白釉塑戏曲人物瓷枕"、"明永乐青花抱月瓶"、"乾隆粉彩镂空花果纹六方套瓶"、"清乾隆木雕金漆菩萨立像"、"清乾隆铜胎鎏金掐丝三足香炉"、"清乾隆铜胎鎏金掐丝珐琅镂空四足暖炉"等，具有很高的收藏研究价值，对于补充完善馆藏品体系、提高博物馆档次发挥了重要的作用。

2008 年 4 月，为进一步解决首都博物馆等我市属大中型博物馆在馆藏文物精品方面的不足和缺环，特别是缺乏国宝级的文物重器的现状，北京市文物局向市委市政府提出将我市的文物征集专项经费额度增长至一亿元的请示获得批准，进一步支持了我市博物馆精品文物的征集工作。

2011 年开始，为适应在市场经济条件下，全面提高首都博物馆的馆藏文物水平，加快落实珍贵文物的征集工作，北京市文物局决定从各文物市场、拍卖公司了解信息，选择征集，并为此特别制定了《北京市文物局专项文物征集及审批工作流程》（以下简称《工作流程》），用于解决拟征集文物来源于文物市场或拍卖公司、涉及资金数额巨大、所征集文物专项用于充实首都博物馆馆藏的征集项目。该《工作流程》在试行了一年后进行了修改，根据财政资金的使用时限要求，确定征集在每年 10 月 30 日前集中办理征集事宜，征集信息由博物馆根据本馆需求进行筛选后，从中提出拟征集对象。

在不断总结工作经验的基础上，依据《北京市文物征集专项经费使用管理办法》的相关规定，我市的文物征集工作流程与审核环节不断完善与规范，逐步形成"由文物征集单位上报文物征集工作请示，相关处室依据各自职能层层审核，组织专家进行文物鉴定及价格评估，并最终报请局办公会集体审议决定"的实际工作流程。

二、新形势下博物馆文物征集工作的再探讨

随着社会公众对博物馆等文化事业的日益关注，以及财政经费使用、绩效管理方面的新要求，2013 年以来，我市的文物征集工作思路及专项经费使用方向也随之发生变化，重点在于：改变了以往自上而下的命令式征集方式，鼓励各博物馆根据自身特点进行拟征集文物的选择；文物征集经费使用的范围进一步明确，由单一的为首都博物馆征集扩大到了各局属博物馆及市属博物馆的重点征集项目；文物征集的目标从单一的精品文物扩大到一般文物、近现代文物、革命文物及民族民俗文物。同时，鉴于我市的文物征集工作涉及资金额度巨大，因此在资金的使用管理方面也应更加规范、严谨，结合项目绩效与财政审计工作，需要对文物征集工作的原则目标、征集方向、经费管理、申报审批各个环节进行深入的研究与探讨。

（一）博物馆文物征集工作的总体原则

博物馆的文物征集工作应遵循如下原则。

1. 文物征集工作应以逐步完善博物馆藏品体系、弥补博物馆藏品缺环、提高博物馆馆藏品整体质量和档次、为陈列展览和学术研究等业务工作奠定基础为目的，促进博物馆全面、协调、可持续发展。

2. 文物征集工作遵循自下而上申报，既征集珍贵文物又兼顾馆藏缺环的一般及近现代文物、民俗文物的基本原则，优先征集具有较高文化、艺术及科研价值，能够填补馆藏体系或可作为专题展览主要展品的重要文物。

3. 市属博物馆的文物藏品征集工作，应紧密结合本馆的性质和特点，以博物馆自主选择符合本馆办馆宗旨，与北京地区历史文化或重大历史事件、重要历史人物相关的文物为主要征集对象，兼顾配合拆迁改造等基本建设项目进行的抢救性文物征集。

4. 要切实保证征集藏品的质量。单件文物藏品的征集原则上应为珍贵文物，成套组或自成系统的文物藏品征集，珍贵文物也应占一定的比例；因陈列展览及学术研究需要，或属藏品缺环以及其他有必要征集的，也应从实际出发，保证质量。

（二）文物征集工作的效益目标

1. 总体目标

弘扬传承中华民族文化传统，加强可移动文物的抢救、保护和利用，进一步丰富和充实市属博物馆的馆藏文物，以逐步完善以首都博物馆为代表的市属博物馆的藏品体系，弥补博物馆藏品缺环，提高文物藏品整体质量和档次，为陈列展览和学术研究等业务工作奠定基础为目的，促进博物馆全面、协调、可持续发展。

2. 具体指标

充分发挥博物馆为国家社会保存物质文化实物遗产、保护历史文化信息载体的社会功能；博物馆所征集的文物藏品能够达到丰富博物馆馆藏、弥补博物馆文物藏品体系中的缺环，完善博物馆藏品体系的工作目的；通过对征集品的科学研究，达到以文物实物证史补史的作用，在博物馆的科研课题及学术研究中发挥重要作用；通过对征集品的科学合理利用，能够及时在博物馆展览陈列中展出并能很好地满足陈列展览的需要，提要博物馆展览整体水平；为征集入馆的珍贵文物藏品提供科学的保护，使征集文物得到安全规范的保护与管理，存放环境达到文物保护要求，文物不受人为及自然损害；按照专项经费使用要求提供绩效考评相关文件档案。

（三）文物藏品征集具体范围

结合我市博物馆的现状，藏品征集的具体范围应包括以下几个方面：与重大历史事件、革命运动或者著名人物有关的，以及具有重要纪念意义、教育意义或者史料价值的近现代及当代重要实物；具有历史、艺术、科学价值的古文化遗址、古墓葬出土的文物；具有历史、艺术、科学价值的古建筑构件、石刻、壁画；历史上各时代珍贵的艺术品、工艺美术品；历史上各时代重要的文献资料以及具有历史、艺术、科学价值的手稿和图书资料等；反映历史上各时代社会制度、社会生产、社会生活的代表性实物；具有科学价值的古脊椎动物化石和古人类化石，动、植物标本，具有代表性的矿物标本；当代具有特殊意义的代表性物品，能反映和代表当代经济社会发展水平的重要见证物；能够弥补完善博物馆收藏体系的其他有必要征集的文物藏品。

（四）文物藏品征集方式

目前文物征集工作的方式具体可归纳为如下几个方面：有偿调拨是指在文物收藏单位之间进行藏品调拨而合法取得藏品的方式；市场购买是指通过具有文物经营资质的文物经营主体，采用价购合法取得藏品的方式；接受捐赠是指藏品所有权合法拥有者将其所拥有的藏品捐赠给文物收藏单位收藏而合法取得藏品的方式；从公民个人手中有偿征购；拍卖购买是指通过经批准经营文物拍卖的拍卖企业，在拍卖结束后一个月内，文物行政主管部门使用优先购买权以最后成交价格优先购买而合法取得藏品的方式；其他合法途径取得文物藏品的方式。

（五）文物征集专项经费支出范围的探讨

文物征集专项经费的支出范围，应包括直接费用与间接费用两部分。

1. 直接费用

指文物本体的征集费用，包括文物收购费、有偿调拨费等。其中文物收购费是指按成交价格支付购买具有合法来源文物的费用，有偿调拨费是指在文物收藏单位之间进行藏品调拨而给付的一定补

偿费用。

2. 间接费用

指因鉴定评估而产生的鉴定评估费、差旅交通费、会议资料费、保管运输费、委托中介费、交换补偿费、捐赠奖励费、拍卖佣金等。

其中鉴定评估费是指文物藏品征集过程中聘请专家进行评估论证和鉴定咨询所需费用，差旅交通费是指文物藏品征集过程中发生的人员差旅费用，会议资料费是指就文物征集项目组织专家进行论证会及相关资料的收集整理等费用，保管运输费是指文物藏品征集过程中发生的包装、运输、保管等费用，委托中介费是指博物馆通过交易市场、中介机构或委托代理等途径，针对国外回流精品文物开展征集所发生的相关费用，捐赠奖励费是指为鼓励公民、法人和其他组织积极向国家捐赠其合法所有的文物藏品，对捐赠者所给予的适当奖励费用，接待藏品捐赠者或其家属而产生的相关费用，对于重大捐赠项目而召开捐赠表彰会所需的费用，拍卖佣金是指通过行优先购买权从拍卖渠道获得文物，按拍卖规则需支付拍卖成交价格15%的佣金。其他间接费用，是指文物藏品征集过程中发生的法律咨询、文物保险等其他符合规定的费用。

此外，笔者认为因配合城市基本建设及考古发掘工作而产生的大型石雕、建筑构件等文物的抢救性征集工作，其文物征集过程中所发生的清理、搬运、保管、运输等间接费用，可根据实际发生情况在文物征集专项经费中列支。

(六) 文物藏品征集工作的管理要求

1. 各博物馆应将文物征集工作列为博物馆业务工作的重要内容，根据本馆的藏品体系和实际情况，确定本馆的文物征集方向，并在此基础上编制形成博物馆文物征集工作总体目标，明确征集的品种、类别，制定馆内的文物征集工作操作审批工作制度，成立本馆的文物征集专家组，相关征集工作方向、目标等应报北京市文物局备案。

2. 各博物馆在早报文物征集项目时所需提交的材料应包括：书面请示、《北京市文物征集专项经费审批表》、《项目申报文本》及"项目支出预算明细表"、可行性研究报告、专家论证意见、绩效考评目标、文物来源合法性证明、文物介绍及相关背景资料、文物照片图片等。书面请示内容应包括：征集文物藏品的原因、拟征集文

物藏品的介绍、文物藏品的来源、申请预算经费数额，以及拟征集文物的利用规划、绩效目标等内容，并附上级主管部门的审核意见。

3. 开展文物藏品征集的收藏单位要按照《中华人民共和国文物保护法》、《博物馆藏品管理办法》等相关法律法规，在征集程序完成后的20个工作日内，完成文物藏品的入藏、登账、编目和建档等工作，确保文物藏品安全。

三、我市现行的文物征集管理审批程序

通过近年的工作实践，我局逐步形成了如下的审批流程。

1. 项目遴选

各市属博物馆根据馆藏文物体系及业务工作需要，遵循文物征集工作的基本原则及方法，寻找并确定拟征集文物方向和目标，本馆组织专家对文物进行初步鉴定，提出拟征集意见，经馆长办公会研究，确定文物征集意向，通过议价程序与文物所有者进行价格谈判，明确文物征集经费的数额需求。根据上述工作结果报其上级行政主管部门核准后，向北京市文物局报送征集文物藏品书面申请，同时填报"北京市文物征集专项经费审批表"并附相关证明材料。

2. 项目决策

北京市文物局组织相关专家开展文物鉴定及价格评估工作，鉴定评估结果报局长办公会审议。局长办公会通过集体讨论，确定文物征集项目及经费数额，上报市政府及财政部门审批。

3. 项目实施

北京市文物局按照市政府或市财政部门意见，通知申报单位组织实施文物藏品征集工作，办理经费支取手续及征集入藏手续，并对文物征集入馆的全过程给予监督指导。

四、我市文物征集工作中存在的主要问题

1. 目前部分博物馆未能重视征集品的合法来源性问题。文物征集工作应首先注意把控文物来源的合法性，将文物的来源作为重要信息进行把关，涉及出土、盗掘文物绝对不能征集，从源头上杜绝假文物及非法来源的藏品被作为征购对象。

2. 博物馆申报文物征集项目所提交的材料不齐全、不规范。文

物的合法来源证明、文物介绍及相关背景资料、文物照片图片等方面的材料往往不能达到审批工作要求。

3. 文物征集是一项复杂的工作，涉及金额巨大，性质极其特殊且不确定因素较多。以往文物征集对象主要以古代文物为主，专家亦多以鉴定古代文物见长，而对于反映近现代及当代重大政治历史题材或革命史内容、与近现代及当代著名人物事件有关的文物，以及在博物馆展陈能起到关键作用的近现代及当代文物、民族民俗类文物、特殊门类文物，由于其自身所具有的特殊价值及其中蕴涵的重要信息及政治影响，文物鉴定及价格评估专家往往无法准确把握。因此，在实践中遇到类似问题时难以保证此类文物的顺利征购。

4. 目前文物征集工作的程序非常严谨，确保了各个环节衔接有序，但客观上形成了文物征集工作走程序时间过长，运作非常困难。从各博物馆的内部审定程序开始，经过行文报我局，我局组织开展文物鉴定、价格评估，再将前期工作结果报经局长办公会研究审议，形成意见上报市政府后再批转财政局，直至下达批复给我局，经过诸多环节、手续极为复杂且工作周期过长，给征集工作的开展带来了不利影响，有些待征集项目往往因流程过长而失去了征集机会，在一定程度上挫伤了征集单位的工作积极性。因此如何在确保程序严谨的基础上实现快速征集，尚需进一步研究解决。

5. 文物鉴定专家普遍年龄偏大，文物鉴定工作中可选择的专家余地非常小，有的门类甚至无备选人员可用，专家人才严重缺乏，后续无人的局面日益显现，有些征集项目或因专家身体原因等多种因素导致不能及时安排鉴定工作，由此造成博物馆与某些珍贵藏品失之交臂，未能实现征集。

6. 许多拟征集项目在鉴定评估程序中耗费了大量的人力物力和间接经费，尤其是赴外地的文物鉴定及评估，经费支出更加巨大，但由于种种不确定因素可能无法实现征集。此外，国有博物馆或文物收藏单位的馆藏品通过文物行政部门的审批以价拨途径实现征集的，如果也进行文物的鉴定与市场评估程序，不但耗费大量的人力财力，且在很大程度上存在无法实现征集的可能。

7. 文物征集信息的来源渠道有限，需要进一步寻找有效途径扩大文物征集信息的来源面。

目前，针对本市文物征集工作中存在的问题，北京市文物局正在制定《北京市文物征集专项经费使用管理办法》及其实施细则，并将于 2014 年内与北京市财政局共同修订《北京市文物征集经费使用管理办法》，报市政府批准实施，进一步指导与规范我市的文物征集工作，促进博物馆的健康有序发展。

李学军（北京市文物局博物馆处，副处长、副研究员）

中小博物馆在文化遗产保护和传承中作用的思考

——以北京古建馆为例

◎ 董绍鹏

　　北京地区的博物馆事业，伴随着改革开放以来首都经济大环境的不断改善、各项文化促进政策的不断完善，20 年来经过逐步发展，目前取得了全国瞩目的成就，成为我国文化事业大繁荣的一项标志，北京成为全国文博行业的领军城市已是业内不争的事实。北京地区文博事业取得的事业大发展，不仅仅体现在博物馆的数量上，更重要的是体现在不同的专业博物馆和不同行业归口的博物馆都有着相当的数量。藏品种类的极度多样化，标志着诸多社会文化遗产，或称以往人类的文明的各种成果，已经不仅是得到人们的认知，还已得到人们尽可能用科学的手段和国际通用的方法进行保护与利用。这是一个国家文明进步的典型代表之一，也标志着作为文化事业核心价值体现的文博业开始进入稳定高速的健康发展阶段。

　　不过就全市的博物馆规模来说，除了少数国家级及市级窗口示范级博物馆外，大多数博物馆的规模均可列入中小型博物馆，这就决定着这些占博物馆大多数的馆在运作资金、藏品资源规模、人力资源的支配、市场化运作能力等方面天然的要受到相当的客观局限。对这些客观局限的认知，某种程度上给这些馆的从业人员带来过较为痛苦和不快的体验，这可以看成文博业在社会主义市场经济社会发展初期的自我探索与学习的宝贵经历及收获。重视并回顾总结近20 余年来的经验与探索中的努力，在目前北京全力促进文化大繁荣与大发展的热潮中，有着理性上的认识上的必要性与合理性。客观总结过去、正确评估现在、理性放眼未来，应该是当前文博从业者的首要职责。

　　作为中小馆之一的北京古代建筑博物馆，自 1987 年正式挂牌筹建，到 1991 年正式开馆，再至 2011 年基本陈列的全面改陈，经历了一条不太漫长但又十分艰辛的发展历程。所有前述中小馆在发展上面临的局限不仅都有逐数经历，同时在个别点还有着长期的发展瓶颈与问题。虽然如此，本馆仍然依靠着自身的不断探索和努力，试图用可行的方式方法积极践行者作为古建专题馆的发展之路，以力所能及的理性心态指导者博物馆事业的各项工作。本人作为在古建馆从业20余年的一位主管藏品工作的业务人员，想用本文简单地回顾北京古代建筑博物馆20年来的藏品收集管理工作对我们在文化遗产保护方面所做的努力及对自身在全球化背景下开展工作的一些认识，以供探讨，不妥之处望大力斧正。

一、北京古代建筑博物馆建馆以来 藏品工作的回顾与特点

北京古代建筑博物馆作为国内第一家以展示中国古代建筑的发展历史、建造技艺、建筑艺术，并辅以科普手段进行宣教展示的专题博物馆，20世纪80年代在众多古建界元老专家的大力鼓励支持下在北京先农坛成立。成立以后的三年内，在博物馆组织建设、对外宣传等工作中做了不少努力，这个阶段可称之为筹建及建馆初期，时间自1987年秋至1991年末。

这一时期藏品工作的情况是：因博物馆成立过程中主观因素过于强烈，作为对博物馆存在的客观物质因素考虑极不成熟，相关政策尤其是建馆理念指导下的藏品征集、馆际调拨及前述两项的相关规划在宝贵的基础阶段没有跟进，出现了藏品来源极度困乏的局面，并在以后长期的发展过程中成为一项束缚事业的瓶颈。在当时的管理者看来，首先保证挂牌成立是当务之急。虽然应对展品问题向国内几家著名的古建研究单位订制了一批珍贵材质的经典单体古建筑模型，但对于文物藏品的问题采取暂时搁置或事实上淡化处理。博物馆至关重要的藏品规划不仅没有系统的工作理念，甚至不具备工作的应急方案，管理上无专人值守，更无藏品库房，一切仅凭工作热情和临时决定等做法应对。因此这一时期的藏品工作特点是规划上措施上管理上的缺位，藏品工作采用非理性主义的工作方法论。这个时期为以后藏品工作的建设没有打下基础，也没有保留下可利用的思想价值。由于藏品工作理念上的缺失，藏品工作的开展（取得藏品和利用藏品）成为不可能完成的任务。

1992—1995 年是古建馆事业发展的停滞期或维持期。对于前一阶段存在的诸多问题，博物馆只能面对维持局面的选择。对当时的管理者来说，重新思考并明晰博物馆的存在定位是重中之重。因此这一时期以"海选"的思路组织业务工作者外出参观、交流、观摩，以初步锻炼"内功"为目的使专业队伍取他家之长，在思想上先做铺垫。这一时期藏品工作处在万事开头难的节点，由于事业发展仍处在思路调研层面，藏品工作相关硬的和软的条件无法到位，藏品工作不能有所作为。不过在当时的条件下，初步确定了专人管理，并把部分展厅临时作为库房使用，也添置了简单的用品，可以说这一阶段指导工作的思路属于保守思想。

1995—2000 年是古建馆开始正规化建设的关键时期。从全馆大的方面来说，又分成基本陈列第一次改陈和藏品征集工作、调研工作大发展两个内容。经过几年的艰苦反思和客观的自我评估，对全馆事业发展尤其是业务工作开展有了一定程度上的认知。筹办于 1989 年的《中国古代建筑技术史展》因展陈形式刻板、展材严重落后、内容设计严重脱离普通观众，因此有必要进入更换的准备工作阶段。藏品工作经过对业内专家的意见征求，对市文物局业务部门的纵向交流，逐步理顺并明确了立足北京、面向全国的藏品工作指导思想。这一思想的确立，为藏品工作明确了求真务实脚踏实地的工作方针，以博物馆所在的北京地区为藏品工作重点，做好脚下的现实的细处，用理性心态面对博物馆自身归属中小型馆的事实，抛弃以往在自身规模定位认知上的大而全的错误，踏踏实实地做能够做的工作。在内容上，把大面积覆盖北京文物资源的北京四合院作为藏品补充的重要渠道，结合当时的城市改造，开始了为时五年的大规模抢救性征集，伴以前期近三年的文物资源调研，使工作开展得有声有色、轰轰烈烈；同时在对文物资源的再认识上取得了以往业内认识的突破，从试探性开始到得到全社会的广泛认可，搞出了特色、搞出了声威，用具体工作业绩为博物馆的生存和自我宣传等闯出血路。这个时期全馆藏品数量有了几何级增长、质的飞跃，入藏的藏品数占到全馆藏品总数的75%，上级文物占到全部上级文物的80%。从细处着眼、从平凡入手，成为这个时期藏品工作的思想灵魂，并从这时为起点，将这一思想灵魂演化为本馆藏品工作的指导思想，指导着以后的相关工作开展。这个时期是北京城建工作中最大的拆改阶段，大量的建筑文物如不加紧收集保护，将有可能永远消失于我们的文明中。而诸多建筑文物当时并没有得到应有认识，面临悄然无息的消失命运。我们的藏品收集工作在有关专家建议下，从博物馆现实的工作重点出发，以文博工作者应有的历史使命感，排除了一些错误的观念阻挠，以超常的毅力和耐心发动一切力量完成了相关工作，把城市拆改带来的遗憾转化为抢救保护文物、增加博物馆馆藏的正面效益，博得全社会的口碑。

二、结合自身特点，搞好文化遗产保护和
文化内涵的传承是中小博物馆的历史使命

有一种观点认为中小博物馆受客观条件所迫，力所能及还要宁缺勿滥。不可否认，藏品工作中的精品意识是一种核心价值观，具有普遍性指导意义。中小博物馆的确不可能面面俱到地开展藏品工作，要结合专业所需，针对性的进行藏品收集与利用。这里我们要指出的是，具有普遍性指导意义的方针并不排除对具体事物的深入认识，更不排除探索性认识。在藏品工作中，尤其是藏品收集工作，不仅要以普遍价值工作观念作为指导，更要具备相当的认知超前性，要敢于在工作中打破教条主义，一切以事实上的存在为进一步价值判断的物质依据。因为作为文化遗产的文物，它们多产生自远离当代的历史时期，我们脱离了它们存在的历史文化环境，而要想全面考察它们的形而上层面的价值，在通常情况下具有相当难度。你不可能让时光倒流重演它们的存在经历，只能依据文献的或口头的语言描述来试图还原它们的原有面目，这同时还要面临当代认识对客观考察的干扰。所以任何人都不可能理直气壮地断言某一种文物的一切形而上价值已透彻了解，也就是说我们在文物面前永远要有谦恭心态。没有了这种心态，藏品工作就会走上作茧自缚的境地，北京古建馆在这方面有很深的工作体会。

在前述古建馆开始正规化建设的关键时期，古建馆的藏品工作正是在对自身的价值有了客观认识前提下，逐步开展了相关工作。

首先是观念转变。建馆初期的高大全思想指导一切，规模做大、内容做全，建成全国级古建专题馆。这种看似宏伟的理想是建立后述令人心惊的基础之上：馆舍严重不足，多数还停留在规划收回且还要为修缮资金奔波的层面；归口管理级别仅为市属二类馆，建设物力上天生矮人一截；博物馆建成目的更多是为其所在古建筑的保

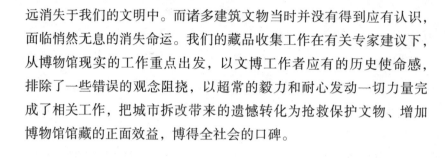

护工作当作业务陪衬，只有古建修缮费用而缺少博物馆自身建设费用；馆内从业人员三教九流大杂烩，文博专业人员奇缺。可想，在这种基础之上的任何方案只能是纸上谈兵，藏品工作在这样的乌托邦氛围下只能呐喊不能战斗。以后历经了几年反思，从专业层面上对业内兄弟馆的建设过程进行必要考察，并作为借鉴，认识到专业认知上的假大空是造成博物馆自身定位观念错误的关键；从观众层面通过对基本观众的调查、意见反馈，认识到作为地处首都的古建专题馆，如果连所处地的古建文物都不能有个系统地向观众展示，达到使首都的人们认识北京的历史文化遗产，进而拥有爱护保护历史文化遗产的自觉性的目的，那么这样的博物馆事实上是形同虚设。

观念转变的主要内容，就是从过去对藏品收集工作的在室内"等与要"，改变为走出去的"取与拿"。被动与主动的角色转换，从本质上改变了藏品工作的面貌。

改变观念的信心确定后，再做的就是具体实施。

对于走出去的"取与拿"，我们的工作分为以下几个步骤。

第一，在工作的指导思想上达成专业共识。我们为什么要这样开展工作？开展这个工作的意义和价值？要有什么样的思想准备？这些问题通过集中学习《中华人民共和国文物保护法》，学习北京城的历史，学习中国古建知识的通俗读本，使大家明确认识到，作为一名古建专题博物馆的专业工作人员，不仅仅是按照程序管理文物的工作者，更主要的是要知道自己肩上的责任，即：我们是专业工作者，文物的发现与保护是我们的自觉行为，作为文化遗产的载体——文物，我们有不能推卸的传承责任，且这种责任是一种历史责任、庄严的责任。由于具有这种传承保护专业职责的我们只是社会群体中的极少部分，因此大量的专业工作要去做，吃苦不仅必须，而且还要忍耐寂寞。共识的达成，不仅提高了工作人员的思想水平，也为后续工作开展确定了前提。

第二，在专家的指导下，确定工作范畴及涉及对象的标准。首先与市局职能部门取得联系，在市局支持下取得了城市改造分批分区的保护内容清单。以这个清单为蓝本，确定原则上的工作范畴。然后造访市局老专家，通过听取他们的工作意见，我们又结合汲取他们多年的工作经验，取得了这样一个信息，即要充分认识到建筑文物的多样性和功能上的不确定性。宗旨是要把历史文物的属性明确，一切以保护第一位为目的，严禁以价值影响文物属性的定性。

这个原则以后成为北京古建馆藏品工作实施的核心原则之一。

第三，对城市规划部门已划定的历史文化保护区和非保护区，开展了大规模摸底调研。重点针对前述城市改造分批分区保护内容清单所涉及的区域，从 2005 年夏秋至 2007 年夏进行了两年的大调研。调研中，工作人员走遍了老城区的每一条小巷，以清单中的地点为点，带动成片走访。两年的调查，基本摸清了适于本馆收藏的藏品征集对象，拍摄了大量照片作为资料和依据，这为下一步的工作起到了按图索骥的便捷作用，为以后的征集工作打下了效率提前。

第四，大规模抢救性征集。北京的城市改造，以 1997、1998 最为集中。前一步骤中，我们把拟征集地的居民委员会作为联系对象，随时与这些区域的居民取得联系，保持畅通的信息渠道。通过紧张有序的抢救性征集，为北京古建馆添进大量藏品，其中不乏富有北京地方特色的建筑文物孤品，而抢救征集的成果占到今日馆藏的三分之二。

第五，结合新闻媒体扩大自我宣传，发动市民都来提供文物线索、捐赠文物，进一步掀起爱护文物、保护文物的群众热潮。由于新闻媒体的介入，以往的低调征集也搭上了高调的媒体翅膀，使藏品征集的触角进一步伸向了社会的各个角落。一时间，博物馆与热心文化遗产保护的市民借媒体这座桥梁实现了富有成效的良性互动，既使爱护文化遗产的良好民风得以张扬，同时也大大拓宽了博物馆藏品来源的渠道，使博物馆丰富藏品的工作开展得生机盎然。

通过以上的几个步骤北京古建馆在业内打了一个很成功彻底的翻身仗，业内外知名度比以前大为提高，使过去的一个默默无闻的中型馆，在经过科学理性的自我反省后，找到适宜的生存定位，并且不失时宜地走出了自我盘活的新路，打破了停滞维持的僵局，开启了博物馆的发展新时期。

"皮之不存，毛将附焉？"文化遗产包括有形的和无形的遗产，是不可再生和复制的文化资源。对于北京古建馆来说，一切质地的传统建筑文化的产物，包括它的直接和间接产物、附属品，都是博物馆纳入到保护范畴的藏品对象。只有征集保护了足够的种类丰富、品种多样的文物并将其作为藏品，北京古建馆这个专题馆才具有立馆之本，才能落地有根。遵循这一理解，加大藏品征集力度，看似顺理成章的举动，确曾面临过文物保护教条思想的阻挠。曾经就有这样一个规定，征集中凡是木质构件及建筑砖瓦件都可划归北京古建馆，而石质的一律划归北京石刻博物馆。稍有常识的人都知道，中国古建的材质不外乎木石瓦砖土，中国进入传统意义上的封建专制社会之后，石质构件及附属品在建筑中不乏大量使用。作为中国古建筑文化的专题博物馆，却要按构件的质地来征集自己想纳入藏品范畴的文物，这是一个笑话。教条思想的阻挠，不仅没有阻止博物馆征集保护工作的步伐，还给工作人员上演了一处生动的专业活报剧，使大家深深感到，文化遗产的保护工作必须与全国的改革大潮相合拍，一定要具有与时俱进的观念，对陈旧的理念要及时自我更新，否则自缚手脚、画地为牢，成为内在的和不合时宜的事业发展羁绊。

保护工作有了成效，接下来文化遗产的传承工作又摆在面前。对于博物馆来说，将文化遗产进行展示是一种传承，更主要的是在文化内涵的研究上要有所收获，这应是最重要的文化传承手段。结合博物馆的具体情况，我们通过整理当年积累的大量第一手调研资料，经过与业内专家的磋商，适时向市局申报了研究课题"北京城四区旧城范围内四合院建筑类文物的调查与研究初步"，通过对大量田野资料采取类型学和比较文化学研究的方法，对现存以北京四合院建筑文物（门墩、木雕、楹联门、砖雕、石敢当等）为代表的北京地方建筑历史文化遗产进行了文化内涵上的初步探讨，对它们的产生、分布、形态上的历史承递关系，以及与周边地区同类遗产的渊源关系有了一个较为明晰的认识。感到鼓舞的是，我们的研究填补了业内的一项空白，虽然有待今后进一步深入，但为相关的研究跟进起到领军人的作用，受到了上级主管机关的重视。

北京古建馆通过富有自身特点的符合专业范畴的文物征集和内涵研究，初步践行了文化遗产的保护及文化遗产的传承。这种保护和传承是看得见、摸得着的活的实践，它不同于把调研的文化遗产资料固定在书本上的文化形式主义的保护，而是着眼在通过对有形遗产的大力保护，引导出对附着在有形遗产之上的无形遗产文化内涵的可靠保护，使形而上的无形遗产与形而下的有形遗产永远成为不可分割的有机统一体。

三、有限的范畴与无限的责任：中小博物馆
在全球化背景下的社会责任

当今的全球化主要体现在技术层面上各种先进的技术手段不断

缩小人们之间的心理距离，在文化层面上体现出强烈的文化趋同性。但自然历史的发展和已知的人类文明史却告诉我们，多样性才是保证自然及人类社会生活充满不间断活力的重要因素之一。作为共识，文化工作重要内容之一的文博工作，它的主要职责中体现保护人类文化多样性的有形无形证据的工作成就，就是通过各类博物馆的藏品来体现。古往今来的多种文明因种种原因消失、灭亡，它们只能依靠自己当年所创造的的物质遗存证明它们在历史中的存在，而这些物质遗存作为历史的证据，具有着不可再生的唯一性。这就是我们所说的文化遗产，核心代表也就是文物。收集、展示、研究并采取多种手段加以传承它们，就是博物馆的历史使命、历史职责，这是业内的共识。我们无法再造文明，但可以保留文明曾经存在的物证。可以说，保护文明多样性的物证，是在全球化背景下博物馆无法逃避的义务，中小型博物馆在这个"无法逃避的义务"中又有着特殊的工作价值体现。

从规模上说，中小型馆有限的规模不可能承载社会生活中产生的全部文化遗产，但这恰好给了它们尽可能保护某一类文化遗产面貌的机会。因为缩小的藏品品种范围，刚好就是中小型馆的生存层位具有的职能。如业内的各类专题馆，陶器类专题馆、古钱币专题馆、玉器类专题馆、瓷器类专题馆、祭祀文化类专题馆、音乐类专题馆、军事类专题馆等，它们不但不因规模限制其发展，有的反因专题做得细致而成为精品馆。对某一方面的文化遗产收藏展示尽可能的细致到位，就是中小型馆的特长，而诸多中小型馆的收集展示就像燎原的星火，连成一片构成一个文明、一个文化内涵展示的全貌。

各类专题馆在各自专题领域进行的文化遗产保护就显得异常重要，其责任跟随着保护工作的无限深入而变的责任无限。这种责任不只针对保护的行动，更针对保护的认知、保护的理念深入、保护的宣传。如北京古建馆就在多年的工作中，把自身对中国古建文化的理解，特别从中国古建筑的技术特点入手，对中国古建筑在营造理念与自身文化发展上可能存在的内在关联，做出自己的较有说服力的剖析和客观描述。通常面对作为研究对象的中国古建筑在文物藏品层面上只见全貌展示，难以见到局部（建筑构件，尤其是作为中国古建筑代表性的木质构件作为文物能够纳入藏品）展示的特性，在制作大量适宜用作展示体量的木质构件模型的同时，在探索应用各种技术方式过程中，十分积极地把计算机虚拟技术作为一条技术途径应用于中国古建筑营造技术的诠释当中，取得了在业内较为令人瞩目的成就。

确立唯物的文化观是开展文化遗产传承工作的宗旨。作为一种在当今时代已不具备普适性的中国古建筑营造技术及理念，从理性上说它的消亡与其他文化遗产一样只是时间问题，它的辉煌只存在于过去。因此，在其当下仍具有相当物质体现的情况下，以文化学、比较文化学的角度深刻剖析中国古建筑营造理念就是北京古建馆这个专题馆对中国古建筑营造技术及理念这个文化遗产发挥专业职责意义上的保护与传承的核心工作。可喜的是，作为中型博物馆的北京古建馆不断地进行着探索，在有限的场馆、资金等方面的约束下，仍然以前述工作践行着有形文化遗产——文物藏品的保护、无形文化遗产——中国古建筑营造理念的研究传承，在文物收集保护、早期的营造设计、中国古建筑营造技术及理念的社会宣教诸方面，较好地体现出中小型博物馆在全球化背景中所应当具有的现实价值和存在意义，使"行动"成为所有博物馆在内唯一的专业行为选项。

董绍鹏（北京古代建筑博物馆保管部，主任、副研究员）

博物馆陈列施工组织运作初探

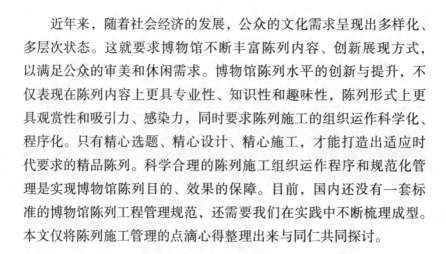

◎ 李永泉

北京古代建筑博物馆文丛

第一辑

2014年

112

近年来，随着社会经济的发展，公众的文化需求呈现出多样化、多层次状态。这就要求博物馆不断丰富陈列内容、创新展现方式，以满足公众的审美和休闲需求。博物馆陈列水平的创新与提升，不仅表现在陈列内容上更具专业性、知识性和趣味性，陈列形式上更具观赏性和吸引力、感染力，同时要求陈列施工的组织运作科学化、程序化。只有精心选题、精心设计、精心施工，才能打造出适应时代要求的精品陈列。科学合理的陈列施工组织运作程序和规范化管理是实现博物馆陈列目的、效果的保障。目前，国内还没有一套标准的博物馆陈列工程管理规范，还需要我们在实践中不断梳理成型。本文仅将陈列施工管理的点滴心得整理出来与同仁共同探讨。

一、博物馆陈列施工是一项复杂的系统工程

博物馆陈列是在一定空间内，以文物标本和学术研究为基础，配合适当辅助展品，按一定的主题、序列和艺术形式组合成的，进行直观教育、传播文化科学信息和提供审美欣赏的展品群体，可以说博物馆陈列工程是一项专业性很强的艺术创作活动。陈列的内容设计、形式设计、施工布展是一个不断创作和完善的过程，陈列的施工是一项复杂的系统工程，程序多、专业性强、涉及面广。

陈列施工工程一般要经过概念设计、深化设计和施工设计、场外制作和现场布展几个阶段，包括展厅环境的整体改造、材料选择、展墙制作、展柜与多媒体设计制作、电气设备安装、消防、安防设施的安装、文字雕刻、照片制作、大件文物的复原等工序。这些工种与技术相互联系，但又因为各有特点和要求而相互独立，因而，各工序之间、工程之间需要相互衔接和配合。在施工制作过程中，哪一项工作做不好都会影响陈列的进度与质量。

现在有些博物馆的陈列，没有达到预期的陈列效果，陈列工期

一拖再拖，陈列造价不合理，甚至工程质量低劣，主要原因是馆方不了解陈列工程特点和规律，不清楚陈列设计与布展工程程序，缺乏陈列工程管理经验以及对陈列设计和制作的有效控制。整个施工、布展过程处于无序状态，陈列设计反复修改，各个工作环节衔接和配合不能统筹安排。杂乱无序的施工现场，不但影响陈列制作质量和效果，还会带来安全隐患。

陈列施工的特殊性和复杂性，要求博物馆建立和完善科学、合理的陈列施工组织运行程序及管理规范。博物馆陈列项目管理者只有切实按照陈列大纲和设计要求，精心筹划，分清各个环节的轻重缓急和施工时间的长短，对所涉及的各技术门类科学有序地安排，并严格监督管理，才能在预定时间内完成陈列制作、保障陈列效果和质量。

二、陈列施工前形式设计与施工设计的审核

陈列形式设计与施工设计是陈列制作施工顺利进行的前提。陈列进入施工之前，馆方应与设计方进行充分沟通，协助制作方完成陈列形式设计与施工设计。内容设计者应及时为设计单位提供陈列背景资料、解读陈列大纲、对形式设计提出建议。

陈列设计包括概念设计和深化设计。概念设计是在设计依据不充分的前提下做的初步创意方案，一般只是投标方根据馆方提供的部分展品资料、内容文本和建筑空间做出的陈列初步规划设计，带有较大的虚拟设计成分，概念设计不能作为陈列工程的实施方案。深化设计才是依据完整的陈列内容文本、翔实的展品资料、明确的展示空间、既定的经费预算，对陈列内容进行深入、具体和形象化的设计。施工设计主要是对整个设计方案中所涉及的展示设备、装备、装置以及多媒体单项进行设计，确定其尺寸、材料、工艺技术，按一定的比例尺绘制统一的施工图。施工设计还包括所有施工制作的展项统计，并以此编写施工图、预算书。

陈列的深化设计和施工设计是陈列制作、布展的实施方案，是陈列实现预期效果的前提，是馆方要严格控制的环节。馆方应对其中每一项进行严格、细致的审核，不能由设计师任意作为。在审核陈列深化和施工设计过程中，馆方一方面结合展馆实际和陈列内容提出意见和建议，同时，要聘请馆外具有博物馆陈列工程设计和管理经验的专家参与评审。只有经过专家评审的设计方案，才可进行

制作施工。

对于陈列的深化设计和施工设计馆方要从艺术表现与陈列主题、内容吻合度、陈列艺术表现效果和工艺、技术、质量、展项、布展造价合理性等方面进行控制。对设计和施工方案，从以下几个方面进行审核。

（一）陈列平面和参观动线的审定

主要看设计方是否规划好陈列的主题结构或故事线。

（二）重点和亮点审定

主要看重点、亮点是否紧密围绕陈列主题和内容，及其在平面上的点位规划及艺术表现形式。

（三）场景、沙盘、雕塑、创作画等形象展示的审定

审核内容包括传播目的、主题和基本内容、创意构想、工艺和技术支撑说明，先审定草图和效果图。

（四）多媒体规划的审定

审定内容包括多媒体数量、点位、形式（触摸屏还是视屏）、多媒体脚本内容等，看其是否符合陈列内容的表现需要，切记多媒体非越多越好。

（五）参与互动规划的审定

主要是审定互动项目的数量、位置、表现形式和操作模式是否合理，互动内容是否具有科学性和趣味性。

（六）版面设计的审定

主要审核一级、二级和三级标题、说明的规格及风格，每块版面的主题和内容，版面内文字、图片、图表和实物的组合关系。

（七）展柜设计的审定

主要审核展柜选用的合理性和技术可靠性。

（八）照明设计的审定

包括灯具的种类和质量，数量和布点合理性，文物保护效果，

艺术表现效果，炫光控制效果等。

三、陈列施工运作程序与管理

陈列设计、施工方案经过馆方和专家评审后，陈列便进入施工阶段，陈列的施工制作是一项复杂而艰巨的工程，管理颇为重要，也颇为复杂，组织不好，就会出现忙乱无章，各部门、各工序之间相互影响、相互制约的现象，以至影响工程质量，延误工期。只有建立健全科学合理的工作程序和管理规范，才能使施工运作有序进行，最终使陈列内容设计、形式设计意图得到完美体现，如期开幕。

陈列施工组织运作工作程序，大致包含以下几个方面。

（一）确保施工手续齐全

展馆施工前，馆方的安全保卫部门，要督促、协助施工方办理各项施工手续，确保手续齐全，再开始施工，以避免不必要的中途停工。

（二）分工明确、严格把关

陈列施工的复杂性，要求项目管理者必须对整个施工过程进行统筹安排，每个环节都要有对应的部门和工作人员监督检查，严格把关，责任到人。这样既可以及时发现施工中出现的问题，也可以避免相互推诿。一旦遇到问题可以立即查找是哪个环节出了纰漏，就地解决，以避免影响其他环节的工程进度。

（三）各部门及时沟通，默契协作

陈列施工的性质决定了各部门之间必须相互合作，共同完成。施工中往往是不同的单位、不同的工序同时施工，这时沟通就尤为重要，这就需要陈列项目管理者，随时与各施工方沟通，协调好各方，使其有序开展工作。同时，还要及时与馆里各部门沟通，使各部门之间默契配合通力协作。一旦施工中出现问题，及时与领导或专家或合作单位沟通，以使问题得到及时解决，提高效率。

（四）准确把握各工序工程进度

时间节点是陈列施工中不可忽视的一个大问题，项目管理者既要掌握总体进度，也要掌握分项进度。往往在设计和评审等前期工作时，忽略了时间的紧迫性，直到进场施工布展才意识到时间紧迫。因此，项目管理者必须了解整个陈列程序，按照工期要求，统筹规划各工序的完成时间，并督促施工方按时完成。同时在统筹时间时，还应注意对各工序的完成时间要留有余地，以便应付突发事件和局部的修改。

（五）方案设计合理、可行，不随意更改

陈列的施工制作阶段之所以有时会出现杂乱无章的现象，往往和更改设计方案有很大的关系。通常情况下，陈列方案定稿后，施工人员已经严格按照施工图纸进行加工制作或已完成了所有的前期准备工作。如果现场再更改主体设计，就会给施工现场带来混乱和困难，有时一个局部的更改会牵动全局的改变，以至于已经完成的制作必须重新修改制作。实践证明，修改往往比重新制作更浪费时间和精力，现场施工期间，修改设计方案必然会导致工期的延长和资金的浪费。要想在现场施工时不对设计方案进行大的调整，馆方就要在评审阶段，对设计施工方案进行科学、仔细、严格的反复论证。当然，这也不意味着经过专家评审的施工方案，就不能做任何修改。再优秀的设计团队，其设计方案在实际施工中都会出现一些问题，陈列施工本身就是一个不断完善的创作过程。有时局部的微调不仅不会影响施工进度，反而会使陈列设计更加完美。因此，在施工过程，项目管理者应该遵循的原则是：既要监督施工方按定稿方案和施工图纸有条不紊地进行施工和制作，同时结合展馆实际，对设计方案进行微调，以期达到完美的展出效果。

（六）布展井然有序

展厅修缮主体施工完成后，进入陈列布置阶段，展品的布置也是陈列施工中至关重要的一个步骤。这个阶段的工作，主要是由馆方来完成。业务人员要对上展文字和图片的小样进行认真、仔细校对，馆方确认内容准确无误后，施工方才可进行布展。文物及贵重展品应在施工结束后，由馆方工作人员进行摆放，布展人员要严格按照文物摆放要求进行布展，以确保文物和展品的安全。

（七）建立展品档案、做好陈列开幕准备工作

陈列施工布展的同时，馆方要着手编制展品陈列细目，整理陈

列设计、施工的各种图纸及陈列大纲等资料，建立陈列档案；撰写讲解词，落实语音导览的制作，编辑出版陈列图册、简介及宣传纪念品，为陈列开幕、推广及绩效考评做好准备。同时，在布展施工全部完成后，还应做好工程验收和开放前现场评估的准备工作。

以上七项工作是陈列施工过程中必须认真履行的工作程序，缺一不可。

综上所述，要做好博物馆的陈列工程，必须尊重陈列工程的特点和规律。对设计、施工方案的审核要依靠专家评审把关，对陈列设计、制作要进行有效控制和配合，对施工的组织管理要有序、规范，各部门要沟通协作。陈列施工的科学、有序运作，有助于博物馆整体工作水平的提升。

李永泉（北京古代建筑博物馆，副馆长）

博物馆学研究

117

隆福寺藻井的保护与展示

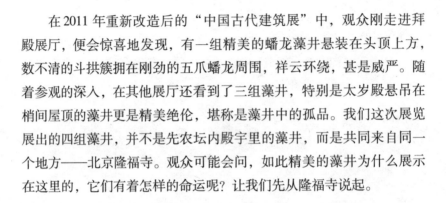

◎ 潘奇燕

在 2011 年重新改造后的"中国古代建筑展"中，观众刚走进拜殿展厅，便会惊喜地发现，有一组精美的蟠龙藻井悬装在头顶上方，数不清的斗拱簇拥在刚劲的五爪蟠龙周围，祥云环绕，甚是威严。随着参观的深入，在其他展厅还看到了三组藻井，特别是太岁殿悬吊在梢间屋顶的藻井更是精美绝伦，堪称是藻井中的孤品。我们这次展览展出的四组藻井，并不是先农坛内殿宇里的藻井，而是共同来自同一个地方——北京隆福寺。观众可能会问，如此精美的藻井为什么展示在这里的，它们有着怎样的命运呢？让我们先从隆福寺说起。

一、北京隆福寺营建历史

隆福寺始建于明景泰三年（1452 年），是明代宗朱祁钰敕建的寺院。正门在隆福寺街，后门在钱粮胡同，东边是东廊下胡同，西边是西廊下胡同。关于隆福寺的修建，明实录中有这样一段话："大隆福寺工成，费用数十万，壮丽甲于在京诸寺。"简短的十几个字勾勒出来当年隆福寺建成后的威严壮观，可以说是首屈一指。据《顺天府志》记载："隆福寺，明景泰中所建也，在崇文门北，大市街之西北，今其地称隆福寺街。明景泰三年（1452 年）兴安用事，佞佛甚于王振，请帝于大兴县东大市街之西北建大隆福寺，费数十万，以太监尚义、陈祥、陈谨、工部左侍郎赵荣董之，四年三月功成。寺之庄严与兴隆并。"隆福寺的庄严在《帝京景物略》中也得到了证实："大隆福寺，恭仁康定景皇帝立也。三世佛，三大士，处殿二层三层。左殿藏经，右殿转轮，中经毗卢殿，至第五层，乃大法堂。白石台栏，周围殿堂，上下阶陛，旋绕窗棂，践不藉地，曙不因天，盖取用南内翔风等殿石栏干也。殿中藻井，制本西来，八部天龙，一华藏界具。景泰四年，寺成，皇帝择日临幸，己凤驾除道。"寺内大法堂的汉白玉石栏由明英宗翔凤殿石栏拆移而来。

清雍正元年（1723 年）隆福寺进行为期三年的大修，大修后的隆福寺改为雍和宫下院，雍正还为重修后隆福寺御制碑文：

　　京城之内东北隅，有寺曰隆福，肇建于明景泰三年，逾岁而毕工。营构之费悉出于宫，盖以为祝厘之所，自景泰四年距今二百七十余年，风雨侵蚀，日月滋久。朕昔曾经斯寺，有感于怀，兹乃弘施资财，庀财召匠，再造山门，重起宝坊，前后五殿，东西两庑，咸葺旧为新，饰以彩绘。寺宇增辉焕之观，佛像复庄严之相。既告厥成，因勒贞石，以纪其事。夫佛之为道，寂而能仁，劝道善行，降集吉祥，故历代崇而奉之。然朕非以自求福利。洪范曰，敛时五福，用敷锡厥庶民。言王者之福以被及众生为大也。然惟我皇考圣祖仁皇帝功德隆厚，历数绵长，四海兆人胥登仁寿之域。自古帝王备福之盛，无有比伦。朕缵嗣鸿基，思继先志，使遐迩烝民，向教慕义，俱植善果，各种福田，藉大慈之佑，感召休征，锡以繁祉。井里安卓，耄期康宁，享太平之福永永无极。则朕所以受上天之景福承皇考之庆泽者，莫大乎是。此朕为苍生勤祈之至愿也夫。

雍正三年十月十二日

　　碑文介绍了隆福寺建造年代以及重修的原因、规模和为天下祈福的心愿。隆福寺于每月一、二、九、十日有庙会，热闹非常，是当时京城五个定期庙会的主要庙会（图1）。

　　光绪二十七年（1901 年）十月，隆福寺内燃起了一场大火，其原因是值夜的喇嘛瞌睡中弄倒了供桌的油灯，引燃幔帐从而引发火灾，因扑救不及时，烧毁了部分殿堂。因当时无力修复，隆福寺便慢慢地荒废了。

　　大火后隆福寺虽然失去了昨日的辉煌，停止了往日的喧嚣，然而它是否还有幸免于难的建筑，是否还有保存完好的文物，这些都像谜一样让我们无从知晓，然而一份文物普查表为我们揭开了这个谜底，昔日隆福寺又呈现在我们眼前。

　　1958 年 9 月市文物普查人员对隆福寺进行了详细的普查登记，并绘制了平面示意图，从这份普查登记表中我们可以详尽地了解到1958 年时隆福寺的状况，其中关于寺的规模和形制是这样记载的：

　　寺的规模原较宏大，建筑亦有独特之处，因被火焚烧，只又有一部分改为人民市场，现已难窥全貌，存山门、正觉殿、毗卢殿、

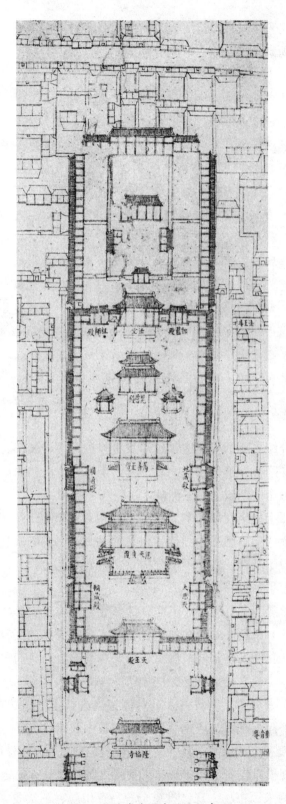

图 1　乾隆京城图中的隆福寺

法堂、天王殿、金刚殿及后楼等七层。其中天王殿与其北面的金刚殿之间东西两旁有配殿，组成一独立的四合院。将分述于下。

（一）山　门

五间，黑琉璃瓦心绿剪边，大式歇山筒瓦调大脊吻垂兽，重昂五踩蚂蚱头斗拱，平身科明间、次间各为四攒、稍间三攒。旋子彩画，前后檐明、次间均为拔圈门，稍间均为三交六椀菱花窗。顶部四角有惊雀铃四个，内部为井口天花，旋子彩画。山门两旁为绿琉璃瓦顶，筒瓦起脊吻垂兽之八字墙，再两侧为绿琉璃瓦歇山筒瓦调大脊吻垂兽。

（二）万善正觉殿

五间，黑琉璃瓦心绿剪边，大式庑殿顶调大脊吻垂兽，单翘重昂七踩蚂蚱头斗拱，平身科明间六攒、次间六攒、稍间六攒，旋子彩画。明、次间为五抹三交六椀菱花隔扇窗门，稍间为窗下带坎墙。后檐只明间为隔扇门，次、稍间为墙。内为旋子彩画，井口天花，带斗拱的藻井三个。前后单步梁，前檐明间上额悬花带板，中为"万善正觉"四字，殿四角带惊雀铃。

（三）毗卢殿

三间，黑琉璃瓦心绿剪边，重檐大式庑殿顶调大脊吻垂兽，旋子彩画。八角均带惊雀铃。上层三间单翘重昂七踩斗拱，平身科明间八攒，次间两攒，明间正中悬花带板，中为"毗卢殿"三字，下层为单翘单昂五踩斗拱，平身科明间八攒，次间五攒，前檐明间为四抹三交六椀菱花隔扇窗门，次间为窗下带坎墙，后檐带抱厦，重昂五踩斗拱，平身科六攒，大式歇山筒瓦箍头脊垂兽顶。内为井口天花，带斗拱藻井一个，金柱四根，左右有明爬樑，上下明爬梁间有大荷叶墩，金柱上丁头有雀替。

（四）碑　亭

正觉、毗卢两殿间东西各一，黑琉璃瓦绿剪边，六角形重檐六角攒尖筒瓦顶，带垂兽，每角均有惊雀铃。旋子彩画，鎏金斗拱，上层为重昂五踩蚂蚱头，每边平身科两攒，下层为单昂三踩，一面为四抹斜方格隔扇门，五面为坎墙上带斜方格隔扇窗。内为旋子彩画，井口天花，斗拱后尾搭于挂檐柱上。

（五）法　堂

三间，黑琉璃瓦心绿剪边，大式歇山筒瓦调大脊吻垂兽，单翘单昂五踩斗拱，明间平身科八攒，次间五攒，稍间两攒。旋子彩画，前檐为四抹三交六椀隔扇窗门，两旁为坎墙两山及后檐为墙，后檐明间为隔扇门，四角带惊雀铃。内为井口天花，前后单步梁，左右明爬梁。前檐明间上额正中悬花带板，中为"法堂"二字。

（六）伽兰殿、祖师殿

各三间，黑琉璃瓦心绿剪边，大式歇山筒瓦调大脊吻垂兽，单面三踩斗拱，平身科明间五攒，次间两攒，旋子彩画。明间为四抹斜方格隔扇门，次间为双交四椀菱花窗，下带坎墙。殿四角带惊雀铃，前檐明间上额正中均有抱带板，中间楷字，东为"伽兰殿"，西为"祖师殿"，内部为井口天花。

西殿与法堂有门道相连，门道为小式筒瓦顶，前檐为一斗二升麻叶头，后檐为一斗三升斗拱，下为棋盘大门，正带门簪四个。

（七）天王殿

三间，大式硬山筒瓦调大脊吻垂兽，旋子彩画，前出廊，明间为棋盘大门，次间为方格窗下带坎墙。

（八）金刚殿

五间，大式悬山筒瓦调大脊吻垂兽，带排山滴水，旋子彩画，上抹长方格隔扇门窗，明间台阶一出，石级四层，内为五架梁。

（九）东西配殿

各三间，顶部与天王殿同，带排山滴水，近代门窗，五架梁。

（十）后　楼

七间上下两层，大式硬山筒瓦调大脊吻垂兽，苏式彩画，上下层均有廊，上层廊带栏板、滚珠板，五抹斜方格隔窗，下层明次间为隔扇门，稍尽间为窗下带坎墙，明间台阶一出，石级四层，内部为五架梁。建筑较为宏大，尤其内部藻井有独特之处。

从这些描述中，我们可以看到当时隆福寺并没有完全被焚毁，还保留了大部分的主体建筑，然而1976年的地震使隆福寺彻底损毁，这不能不使我们感到深深的惋惜。

二、隆福寺藻井的命运

藻井是中国古代建筑室内天花吊顶中的空间装饰部分，源于古代穴居顶上的通风采光口。东汉时以藻草为饰，用以压"火"，亦称藻井。早期藻井形制简洁，仅在建筑室内的屋顶上用抹角梁层层叠涩，形成中心部位的最大高度。随着建筑水平的不断提高，藻井结构日趋精巧，在复杂的结构中巧妙地利用力学原理，发展由简而繁，由实用结构形状而演变为装饰的构造。明代之后，藻井的构造和形式有了很大的发展，极尽精巧和富丽堂皇的能事，除了规模增大之外，顶心用以象征天国的明镜开始增大，周围放置莲瓣，中心绘云龙，后来中心的云龙愈来愈得到强调，到了清代就成为了一团雕刻生动的蟠龙。从现存的建筑实物来看，藻井的使用是有严格的等级限制，通常用在宫殿宝座或祀奉神像上面的梁架顶棚部分，主要象征"天宇"般的崇高和伟大，带有神圣尊贵意味。

1987年7月25日北京日报周末版发表了"快救救这稀世国宝吧"的文章，文中所说的稀世国宝正是隆福寺藻井，之所以发出救救的呼声，是因为记者发现，在西黄寺露天地里堆放了成堆的构件木料，而这堆木料正是1977年从拆除的隆福寺大殿上取下的四座藻井构件。当年拆下后运往西黄寺存放，开始有人看管，后来就无人看管了，这堆约100多立方米的楠木，一部分在殿里，一部分在碑亭里，1987年西黄寺施工，这堆木料就被放在了露天地里，任凭风吹日晒雨淋不说，还被人们踢来踩去，一组组精致的小斗拱扔得遍地都是。当时的老木工无不心疼地说：这么一组斗拱一个八级木工十天也做不出来，而整座藻井有数不清的斗拱。后来这件事被古建专家马旭初先生知道了，老先生多次呼吁，能不能发动社会各界集资，把藻井组装起来，别让这稀世之宝彻底毁了。当时北京电视台《观众之声》也将藻井的遭遇拍成新闻片进行播放，于是引起了有关部门的重视，将构件归拢起来防止日晒雨淋。就在文章披露藻井的悲惨遭遇后不久，稀世珍宝的命运立刻引起了大家的关注，许多热

心的专家学者都为抢救稀世珍宝东奔西走。在文物部门和专家学者的努力下，很快就将这些构件运到了北京先农坛内正在筹备的古代建筑博物馆，马旭初先生看着堆满两开间的藻井残骸，建议将构件组装起来恢复原貌进行展示，马老说虽然有不同程度的损坏，修复应该不成问题，这件事还惊动了世界上的一些国家和友人，希望得到复制品（图2、3）。

图2　明代隆福寺万善正觉殿明间藻井

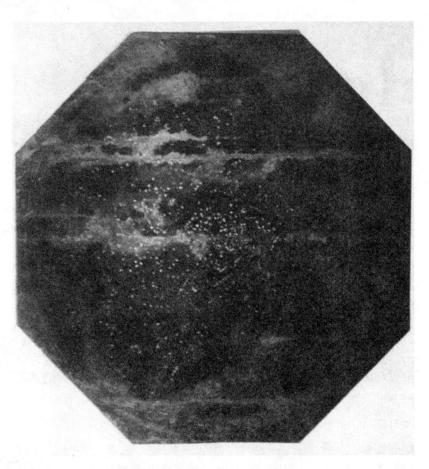

图 3　疑似隆福寺正觉殿次间藻井的老张片

经过初步整理这些构件大致为各种圈梁 104 件，随瓣枋 40 件，各种角蝉 20 多块，楼阁殿宇 50 多座，阳马背板若干块以及蟠龙明镜等，这些构建分别是隆福寺正觉殿明间藻井、次间两藻井和毗卢殿明间藻井。另外还有一副极其珍贵的正觉殿明间藻井星象图，之前由古观象台保管，后来也移交给古建馆做藻井复原。藻井星象图以唐代星象图为摹本，清代重绘，呈八角形，每边宽 182 厘米，由七个不同半径组成一个硕大天区，由 28 条赤经线连接 28 星宿，大大小小的金点标出 1420 颗星体，每个星座都用金线连接，沥粉贴金，富丽堂皇。古人以此为天体，表示与上天沟通的途径，体现了古人对天的崇拜以及"天人合一"的传统理念（图 4）。

1994 年隆福寺正觉殿明间藻井复原设计及修复工程开始启动，由于没有任何图纸资料，工程人员及老匠人根据原营造学社仅存的照片将藻井一点点地复原，经过近五年的努力，通过对原构造和现

图4　万善正觉殿明间藻井星象图

存残件的调查研究，终于使藻井完整地呈现给观众。修复后的正觉殿藻井，由于体量巨大，需要一定的空间，所以吊装在太岁殿西面。藻井外圆内方如制钱状，由六层主框架叠落而成，每层框架均细雕云纹图案，藻井上共施斗拱160朵，设置楼阁68座，阳马背板28块。第一层主框架内外各有80朵如意斗拱，框架上有32座或圆或方形楼阁，楼阁之间由廊贯通。第二层主框架平面呈高低错落及宽窄不等状，有圆方相间楼阁16座。第三层前置抱厦楼阁八座、十字歇山方亭八座，楼亭间用廊相通，背面壁板绘制彩云。第四层阳马板八块与外圈20块阳马板共绘制28星宿图。第五层为方形，每边一座楼阁由转角围廊相连。第六层为星象图盖井层。藻井在整个修复中以原形制、原构造、原工艺为基本原则，修补木材为干燥红松，以桐油钻生。外圈方井、斗拱、天花等框架为新作，圆井内圈阳马背板彩绘修复用字画揭裱方法，画面除尘使用传统方法清洗后喷刷胶矾水。从修复后的藻井我们不难看出当年的藻井是如此的富丽堂皇、精美绝伦，堪称明清建筑的一个孤例，它从一个侧面也反映出了隆福寺华丽的建筑与宏大的规模。2001年文物局文物鉴定委员会将隆福寺正觉殿明间藻井确定为国家一级文物（图5）。

图 5 修复的万善正觉殿藻井

　　2010 年"中国古代建筑展"基本陈列进行改造，隆福寺的另外三个藻井的修复展示工作开始启动。经过专家进一步论证，对藻井复原展示给予了肯定，专家一致认为：隆福寺作为明清皇家寺庙经历数百年辉煌，遗址及建筑等皆已荡然无存，其保留的藻井是研究明确历史不可多得的珍贵文物；藻井是体现中国传统文化中五行相克理论的建筑装饰，对研究中国文化具有很高的价值；藻井的木质珍贵（金丝楠木），制作工艺复杂，雕饰图案精美，结构布局、木雕彩绘、素材内容以及小木作技术等方面都体现了明代特点，是明代遗留藻井类文物的精品，使用有效的保护方法既能保护文物又能收到很好的展示。在得到专家学者的大力支持与帮助下，2011 年由北京古建公司制定隆福寺毗卢殿明间藻井、万善正觉殿次间两藻井的修复与安装方案，由北京古代建筑研究所进行修复设计方案，毗卢殿明间藻井概况如下。

　　藻井共分四层：一层方井总高 41.5 厘米，有四根井口趴梁形成方井，方井四角置四根抹角梁形成下层内侧八角井，井壁内施七踩斗拱 72 攒，斗拱上施抹角梁，总高与下层方井总高一平，承载上边的重量，四角蝉雕凤饰图案，下置五踩斗拱 84 攒。二层总高 28.5 厘米，由四根井口长趴梁和八根短趴梁榫卯搭在下层构件上形成八角井，井壁内施九踩斗拱 56 攒，上面附随瓣枋，形成外八内圆构造，八组三角形角蝉为仙鹤图案，八组菱形角蝉为龙纹图案。三角形角蝉内施五踩斗拱104攒，八组菱形角蝉内饰五踩斗拱128攒。三层圆井总高37厘米，由八根长短趴梁和八块斗拱盖板形成圆井，井壁内施十一踩斗拱48攒，形成外八内圆构造。四层为雕龙明镜，板厚9厘米，龙头凸起55厘米，由四根长短梁用燕尾榫交接形成的圆井，内施斗拱，上覆盖板，最上面覆盖蟠龙明镜。残存情况：第一层由方井变为八角井，内边长435厘米，抹角斗槽板高30厘米，除正心栱在斗槽板的内侧雕刻外，其他基本无存。槽板内施七踩斗拱72攒，现存30攒，另需补做42攒。槽板八块缺六块，四角缺三块角蝉需补做，每角下施五踩斗拱21攒共计84攒，现存18攒缺66攒需补做。第二层井壁的56攒斗拱其中48攒完整，缺八攒需补做。八块菱形角蝉缺二块需补做，没块角蝉下施五踩斗拱16攒共计128攒，其中一个完整缺112攒，八块三角形角蝉缺六块需补齐，第三四层基本完整（图6）。

图6　修复后的毗卢殿藻井

万善正觉殿次间藻井概况：

第一层为方井，由面宽方向施两根长趴梁，形成方形井口，而附在方井口的斗拱仅作半面平银锭榫挂在里口的枋木上；第二层由带有龙纹的趴梁及抹角梁构成八角井，附在长短趴梁上；第三层为随瓣枋；第四层为带有云纹的圆井；第五层为明镜（现缺失）。残损情况：第一层方井口内边长298厘米、长趴梁504厘米、宽25厘米、高44厘米，缺失一根。短趴梁长368厘米、宽20厘米、高380了厘米，齐全，附在方井口的斗拱仅作半面平银锭榫挂在里口的枋木上计112攒基本无存，需参照修补齐全。第二层由带有龙纹的趴梁及抹角梁构成八角井，附在长短趴梁上基本完整，缺两块角蝉，需做修补。第三层为随瓣枋，由八角井变圆井，其内圆直径190厘米，外圆直径248厘米、厚6厘米，其中一组完整，另一组缺失，可参照修补齐全。第四层为带有云纹的圆井，外圆185厘米，内圆直径145厘米、高20厘米，基本完整。第五层为明镜，因缺失不做修复。三组藻井在修复中共同遵循的原则是：（1）根据现存实物进行现状修复、补配，没有实物可供参考的暂不修复，如藻井明镜没有实物不做修复，缺失的角蝉有可参照进行修复。（2）按原形制修复，不改变原做法。（3）修复后新旧分明，能体现出哪些是原有，哪些是补配的。（4）大件（如梁）的缺失，使用红松补配，斗拱及槽板的缺失使用樟木修复补配。（5）原构件进行清理出尘及化学保护，刷桐油（图7）。

图7　修复后的万善正觉殿次间藻井

万善正觉殿次间两个藻井，规制相同，由于中间明镜缺失，又找不到相关资料，现在只能部分复原。

2011年12月与世隔绝了30多年的隆福寺毗卢殿明间藻井、完善正觉殿次间的两个藻井在工程人员、匠师的辛勤努力下修复完成，分别布展在拜殿、西配殿、太岁殿与观众见面。

潘奇燕（北京古代建筑博物馆保管部，副研究员）

浅谈博物馆陈列模式
——对中国古代建筑主题陈列的思考

◎ 潘奇燕

　　博物馆的展览是一种有目的的实践活动，它是将人类历史的灿烂文化通过收藏和研究在博物馆馆舍内以各种手段和形式展示给观众。传统意义的博物馆一般习惯用"陈列"来表达所要展示的器物，为了使观众对藏品产生兴趣，通常将器物经过设计进行组合排列，通过直观教育、传播文化科学信息和提供审美欣赏的展品群体。"展示"这一手段的出现，可以追溯到 18 世纪法国百货公司的橱窗陈列，当时设置的主要目的为激起民众购买欲望，这个理念后来被博物馆应用于馆内藏品的展览，这是博物馆展示设计的由来。博物馆的实物性与直观性特征，决定了社会大众对博物馆的价值选择源于感官性的认识。传统博物馆的展览是一个陈列——观看——阐释的闭合循环，多年来大多数博物馆遵循的是这样一种观念，因而没有达到与观众交流的目的。随着社会的发展，现代博物馆的展示内涵，不再是博物馆提供内容、观众提供观看的单向运动，而是在一定期间及特定的空间里组织所要传递的内容，以静态及动态表演的方式，提供给参观者的一种视觉传达方式，追求的是陈列对象（文物、艺术品、自然标本）与受众之间的一种认知、解读和情感共鸣的互动过程。现代博物馆的陈列展示除了满足观众的认知需求之外，还在于它的拓展性、启示性，形象大于思维。近年来，北京古代建筑博物馆推出的以中国传统建筑为主要题材的各种形式的展览，也经历了从简单陈列到展示互动的一种现代博物馆展览设计理念的提升。

一、主题鲜明内容丰富的陈列大纲是做好展览基础

　　陈列作为一种面向广大公众群体的传播工具，是博物馆传播领域里最重要的组成部分。陈列作为一种特殊艺术创作活动，其重要的能动作用在于将互不联系的、形态各异的展品个体，借助于视觉

和形象的手段，巧妙有机地组合起来，传播有关人类及其环境的物质见证物的信息、思想情感，使之成为鲜明准确的表达陈列主题和思想内容的，具有一定艺术风格的陈列形象系列。博物馆陈列设计包括内容编辑和形式设计两方面。形式设计取决于内容编辑，是内容编辑的形象化，它既要忠实于主题，又要给其活生生的血肉之躯。过分强调内容对形式的指导则会使陈列流于古板，反之过分突出内容对形式的依赖，又会表现出片面的华丽而冲淡了主题。传统陈列大纲编写是严格以馆藏文物为主要依托，随着现代信息技术的飞速发展，单纯依照馆藏来撰写大纲显然已落后于时代，特别是对于规模不大、馆藏不多的一些专题博物馆更是如此。就北京古代建筑博物馆来说，在众多博物馆中算的上是小字辈，面积不大，展品不多，基本陈列一般为十年一周期，主要以中国传统建筑成就为主题，包括临时展览和巡展，因此我们有更多的机会就这个主题进行展示。几年来，通过参与各种形式的科普项目活动，使我们对这一主题的把握有了更明确的定位，在内容编写上也更加贴近观众。近几年我先后编写了《体验古建筑的神奇，探求古建筑的奥秘》、《木构建筑——支撑奇迹的骨骼》、《油饰彩画——多彩的古建筑防护服》、《华夏神工》、《巧搭奇筑藏奥秘——中国古代建筑中的力》、《巧夺天工构筑奇迹》、《中国古代建筑营造技艺》等以中国传统建筑为主题的陈列大纲，也是边学习边提高自己。如何使中国传统建筑这一专业性、知识性比较强的展览从内容着手，让观众看懂看明白，而不是让观众走马观花、似懂非懂。通过实践体会到，要尽量避免教科书式的罗列与面面俱到，应遵循以传播科普知识为主导的原则，贴近观众，通俗易懂。中国古代建筑在世界建筑史中占有极其重要的地位，由于建筑与人的生活密切相关，作为一种耗资巨大的物质产品，既有实用功能，又有审美效应。在内容编写上为了让观众一目了然，印象深刻，将专业性很强又很枯燥的古建知识，形象化、通俗化地展示给大家，通过拟人手法来表达主题，使观众产生联想，能使展示内容更生动，留下更深的印象。如2004年北京古代建筑博物馆参加北京青少年科技博览会举办的"体验古建筑的神奇，探求古建筑的奥秘"展览，在陈列内容上将中国传统木构建筑这种框架结构比喻成人体的骨骼，它们是如何支撑起了一个又一个的建筑奇迹，而留给后人的是"墙倒屋不塌"的无尽遐想。油饰彩画不仅表现建筑的等级，起装饰作用，更像一件多彩的防护服，保护着古建筑不受风雨的侵蚀。飞檐上形态逼真、活灵活现的琉璃神兽它们都是谁，在干什么，展览一一告诉了观众。这次展览不仅吸引了青少年观看，也赢得了众多家长的兴趣。在澳门举办的"华夏神工"展是通过中国古代建筑独特的木构架体系、群体布局、优越的抗震性能以及奇巧的匠心等几个主要特征来进行展示的。作为巡展，由于涉及到的内容过于庞大，其中的专业知识有很多，虽然配有一定可拼装模型，但观众的接受程度有限。2008年在神厨宰牲亭举办的临时展览"巧搭奇筑藏奥秘——中国古代建筑中的力"和巡展"巧夺天工构筑奇迹"，总结以往经验，在内容和文字上的编写上更加通俗易懂，从中国最古老的建筑是如何形成的，古代是怎样盖房子的，中国传统木结构建筑"力"在建筑中的应用等内容慢慢渗透给观众。"巧夺天工构筑奇迹"从南、北方不同建筑形式起源说起，更多的向观众讲述传统建筑中的智慧。由于建筑与人的生活密切相关，作为一种耗资巨大的物质产品，既有实用功能，又有审美效应。我们意图通过展示古代建筑发展历史和相关文化内容，给人以建筑理念所体现的文化内涵，来获得科学的认识。2010年我馆基本陈列进行改造，展览定位在初中文化水平。在编写《中国古代建筑营造技艺》这部分陈列大纲中，首要考虑的重点就是让观众能够看懂我们所要传达给他们什么样的信息。中国古代建筑以木材为主要建筑材料，在几千年的发展过程中，将木材的应用发挥到了极致，在结构方面尽木材应用之能事，创造出了以木构架为主要的结构形式，在长期的建筑实践中，我国古代工匠积累了丰富的技术工艺经验，他们在材料的合理选用、结构方式的确定、构件加工操作、节点及细部处理、施工安装等方面都有其完整的方法和技艺。无论是榫卯的柔性连接，斗拱的结构机能，构架的力学组合，还是彩画的装饰效果等等都体现了中国古代建筑特征和发展轨迹。这些知识相对难懂，在前两次基本陈列中都只是泛泛地提到，穿插在通史陈列中，这次我们特地将建造技艺单独列为一部分进行展示，目的是让观众了解中国古代建筑的精髓所在，这是这部分大纲内容的确定。其次是需要将这些专业知识转化为通俗易懂的语言知识传达给观众。纵观我国博物馆陈列从最初的教科书式的展览，到90年代的大通柜里文物堆积式，后发展为声光电、多媒体，灯光聚集在展品上和文字少得不能再少的说明，都说明人们始终在改变博物馆陈列形式上的不断探索。现在回过头来思索，博物馆陈列不是光线越暗越好，文字越少越吸引人，相反国外的陈列都是以自然光为主，人工光混合使用。表现历史类的展览，说明文字很多，绘画展也是，文字介绍相当详细，包括绘画介绍、画家介绍和流派介绍。看展览不是猜谜语，特别是一些专业性较强的展览，绝大多数观众对你所展示的器物背景不了解，在没有讲解的情况下，甚至连用途也不清楚，因此说明文字要提供一定的信息。像斗拱这种建筑构件是中国古代建筑特有的建筑组合，很多人知道在建筑上有，但单独展示有的观众就看不懂是什么，我们在以前的临时展览中遇到过观众误解成犁地的农具。因此在这一单元里，我们重点展示它在各个历史时期的不同形态的演变，它的结构、种类、作用，在文字描述上反复斟酌让观众看懂，在展品上采用组合、分解，整体等多种形式全方位地提供给观众全面的展示。还有就是皇家建筑铺地金砖，同样也是采用多种手段展示。经常有观众误以为"金砖"就是黄颜色的金属砖，实际上金砖是一种用澄浆泥烧制而成的大方砖，质地坚腻，表面有光泽。因烧制工艺复杂，造价昂贵，敲之有金属声，故称之为金砖。金砖主要产于苏州，用于铺设宫殿等皇家建筑地面。在内容上我们不仅有清光绪、咸丰等年代款识的金砖实物，还有金砖碎裂后从里到外能看清质地的金砖碎块，有金砖烧制工艺流程的景观，还有观众动手敲击金砖与其他城砖发出声音区别的动手项目，以及太岁殿金砖铺地的实景。总之在这个基本陈列中内容编写上，主要考虑如何更好得诠释主题，如何使内容生动活泼而提高观众参观兴趣。通过动手操作，了解古建筑奇特的内部构造以及古代能工巧匠如何利用榫卯和斗拱技术使建筑更具稳定性。让参观者去触摸、去探索、去身体力行，得到的不只是丰富的知识和信息，更重要的是鼓励，是成功的喜悦。我国著名博物馆学家曾昭燏说过："向儿童讲解一科学之原理，一机械之构造，一地方之形势，父母师长，谆谆千言，不能望其必晓，唯率之至博物馆，使其一见实物或模型，则可立时了解。如见一历史陈列室，则可想见当时生活之情形，见一艺术家作品陈列室，则可明了其作风与其所用技术。"

史蒂芬·霍金是继爱因斯坦之后杰出的英国物理学家，他在写作时说："有人告诉我，我放在书中的每一个方程都会使本书的销量减半，为此我决定了一个方程也不用。然而，在最后我确实用了一个方程，即爱因斯坦著名的方程 $E = mc^2$，我希望这个方程不会吓跑我的潜在读者。"美国国立自然博物馆馆长也曾经指出：告诫博物馆

专业人员，博物馆的展示只是让观众对某一主题引起兴趣，而不是全面的介绍，它只是引导观众走进某一知识领域的入门，而不是学习的终点。随着博物馆教育功能的不断完善，尝试新的展示理念，把着眼点从藏品上分一部分出来，移到观众身上，就是从一个参观者的角度设计内容和形式，设计互动模式，让观众与历史文化产生共鸣，对自己的文化有更深刻的认同。

二、形式设计如何传递展品信息

博物馆在适应社会发展的漫长历程中，形成多职能的文化复合体。随着社会的发展，博物馆的职能仍在不断地发展变化之中，博物馆的新职能、新形态、新方法、新的收藏对象也不断地出现。由于博物馆是"现代"与"过去"共同的产物，是一个复杂的机构，要将过去的藏品融入现代的时空并做适当的演绎。从传统上看，博物馆被视为所有知识的权威——从科学到社会学，因此博物馆的展示，遵循的是一种中性的价值观探索和发掘藏品的价值，来展示研究者对世界的了解，前言文字程式化，展示的实物下面是名称、年代、出土地点，馆馆似曾相识。如果对这种传统陈列模式的突破，首先要求陈列内容设计的革新，不能仅仅以出土器物与文字说明、简单的场景构成。因为博物馆中的文物只是反映古代历史的一个极其重要但又非常片面的物质，而文物的背后却蕴涵着及其丰富的历史文化信息。任何一件文物都不是孤立存在的，都与当时的很多事物有着密切的关联。一件博物馆中展示的文物，游客只能在说明牌上看到它是什么东西，叫什么名字，处在哪个年代，在哪里出土等简单的信息。说明牌上并没有告诉这个文物的历史价值，它和别的文物、人物、历史事件的关系，更没有告知人们这件文物如何使用，其制造工艺所代表的当代水平和对后世的影响，等等。因此，对来博物馆参观的绝大多数人来说，他们不仅仅是为了看这些展出的文物，他们是想通过历史长河中遗存下来的这些有限文物来了解古代社会生活的方方面面。作为博物馆基本陈列，必须发掘文物内在的深层次的内涵，才能更全面地将古代社会生活的方方面面介绍给广大观众。目前国内一些博物馆陈列设计的怪现象是陈列语言与主体器物价值的背离，越是珍贵的器物越得不到充分的陈列语言阐释，对于货真价实的珍贵器物，便不太重视陈列语言的运用，似乎器物本身就能说明一切。博物馆不能将一个历史陈列，设计成一个文物的物质史陈列，一定要让陈列的文物"说话"，诉说和它有关的、反映当时历史的一切现象和文物背后的故事。理想的陈列应是对所展示的文化遗址盛衰、来龙去脉的探索性展示，其中文物、标本只是实物例证，而对该文化的探索性展示应作为陈列的核心部分，展示方式则重在对原生态复原。博物馆的宗旨是为社会和社会发展服务，形式设计服务于文化教育、审美鉴赏和信息传播的展示实体。随着科技的发展，博物馆使用现代化手段，以此来扩大信息的输出量，激发观众的参观兴趣和求知欲望。

博物馆陈列作为具有确定独立性和完整性的客观存在，在体现博物馆组织性质和实现组织目标的活动中发挥重要作用。形式设计作为语言诉说着文物中蕴涵的丰富的历史文化母题，陈列艺术设计实际上是在空间、韵律、色彩、符号等陈列语汇应用的基础上，对陈列语言编织过程。陈列景观的应用，是在实体空间向观众讲述一个有关这件实物的故事。博物馆工作者对陈列性质、特性和功能的认识，将深刻影响陈列的内容结构和表达样式，影响陈列与观众的关系。当前中国博物馆工作的社会环境发生了显著变化，观众的素质和需求也发生了明显变化，博物馆工作者需要深化对陈列性质和特点的理解，才能使陈列适应社会和观众的多样化需求，发挥更大的社会效用。博物馆工作者对陈列特性的认识，随着博物馆事业发展和社会环境的变化，经历了逐步深入和丰富的过程，其间形成了"文物组合"、"信息媒介"、"学习环境"和"文化产品"等多种认识，这些认识反映了博物馆形式设计的某些特点，也反映了博物馆工作者对陈列核心特性的认知和解读。能够将厚重的历史文化尽量由厚变薄，将其大众化、生活化，也就是要求现代博物馆在展览形式上尽量为观众提供立体的、深远的，更加丰富藏品信息的。

博物馆的陈列不仅是一个国家、一个地方历史的缩影和重现其灿烂文化风貌的窗口，而且也是衡量一个国家、一个地方博物馆科研水平的标志之一。一个高质量的陈列对提高人们文化素养和精神境界、丰富人们精神生活、陶冶人们情操、激发人们献身于振兴中华的伟大事业起着有益的作用。所以博物馆的改革，首先是提高陈列质量，而提高质量的关键在于加强主编工作，培养和提高主编人员的水平，确认其在陈列工作中的地位和作用。众所周知，戏剧和影视艺术的成败系于编导，一张报纸、刊物的兴衰在于主编，一支

球队的胜负取决于主教练。从这些角度看，博物馆也应该有主编来主持陈列展览工作。博物馆的陈列展览是一项综合性、多科性的学科，一个陈列展览从无到有，要经过选题、确定陈列主题结构、编写陈列计划、筛选文物、整理史料、编写文字、进行总体设计和形式设计、装饰版面和文物、布置展品等重要环节。它既要使文物、标本与史料相结合，又要使史学与美学相结合、逻辑思维与形象思维相结合，满足当前不同层次的人民群众欣赏趣味和文化需要。

总之，博物馆形式设计要吸收多元化设计元素，对受众心理、传播环境、条件等诸多因素加以考虑，确定与之相适应的表达方式，更好的传递展品信息。

潘奇燕（北京古代建筑博物馆保管部，副研究员）

国子监街四牌楼历史考

◎ 常会营

  牌楼是中华文化的重要组成部分，国外有华人聚集的唐人街大多立有牌楼。北京历史上重要的街巷，常以牌楼为主要标志。然而随着城市的变迁，这种标志几乎被岁月冲刷殆尽。西单牌楼、西四牌楼、东单牌楼、东四牌楼这些地名，随着标志性牌楼的拆除而改名西单、东单、西四、东四，可能已经没有多少人能了解这些名称后面的具体含义了。著名古建筑学家梁思成先生认为，北京城里的牌楼不仅是极为重要的文物古建筑，属于人类文化瑰宝，还有烘托北京城整个市容风格的不可替代的作用。现今京城唯一仍依清代规格保留下来的古老街巷，仅存于安定门内国子监街，又名成贤街。

  国子监街东起雍和宫大街，西至安定门内大街，南为方家胡同，北为五道营胡同。国子监街是京城唯一保存四座牌楼的古巷，横贯街巷四座一间式彩绘牌楼，将这条浓荫蔽日的街道，点缀得分外古朴庄肃，著名的北京国子监和孔庙就坐落在这条街巷的中端偏东。两组建筑坐北朝南，东为孔庙，西为国子监，符合古代"左庙右学"的规制。街上四座牌楼，东西街口各一座，额枋曰"成贤街"，国子监大门两侧各一座，额枋曰"国子监"（图1、2）。

图1　成贤街牌楼

图 2　国子监牌楼

据考察，北京现存街道上的明、清牌楼有六座，即国子监街上的四座牌楼、朝阳门外神路街东岳庙前的琉璃砖牌楼、颐和园东门外的牌楼。笔者所要着重考察的是：牌坊和牌楼是怎么发展演变而来的？成贤街与北京的坊有什么历史联系？国子监街四牌楼到底是建于何时？民国至现今有哪些变化？这是当前我们亟待解决的几个问题。带着种种疑问，笔者搜集了诸多历史典籍和研究论著，并参考了诸多有价值的学术论文，逐步对其有了一个相对清晰的认识和了解。

一、牌坊和牌楼的历史演变

牌坊和牌楼的起源和发展经过了长期的发展演变过程。当今学术界很多学者认为，牌楼与春秋以来的里坊制度密切相关，特别是北宋中期随着里坊制的解体，出现了脱离坊墙的独立的牌坊。这一观点可谓有史可证，但并不全面。

关于牌坊的起源，民国时乐嘉藻先生认为，现在的牌坊，来源主要有三方面：一是设于道周围或者桥头及陵墓前面的，这是由古代华表发展来的。华表的设立，本来是为了道路标志所用的，现在也是如此，或者也变成了装饰之物，就是牌坊。① 而据乔云飞、罗微的研究，华表的起源很早，汉代时候便有人认为它是由古代流传的尧时的"诽谤之木"演变而来。当初尧帝将之立于桥梁，在柱头上

---

① 　参见乐嘉藻《中国建筑史》，团结出版社 2005 年 1 月版，第 85 页。

相交而成。秦朝废弛，汉代开始恢复，"大板贯柱四出"的华表，可以在许多汉画像石刻及元画中看到，其形状为木柱上用两块十字交叉的板。它主要位于官署、驿站和路口、桥头两边，是作为一种识途的标志。晋代华表以横木相交于柱头，状如花，形如桔槔，在大路交通要道都设置，当时西京称之为"交午柱"。华表开始出现在陵墓前，作为坟冢的标志物，约始于东汉，多为石制。到南北朝时，陵墓前使用华表更为流行，在明清有的民间冢墓前面仍可看到立两座石制的标杆。①

二是设于公府坛庙大门之外的，是由古代的乌头门而来。《唐六典》上记载说，六品以上官员，仍用乌头门。乌头门类似现在的棂星门，而乌头门也有变为牌坊样式的。②据金其桢先生的研究，宋李诫的《营造法式》对如何建造"乌头门"做了详细规定和介绍，"其名有三，一曰乌头大门，二曰表揭，三曰阀阅，今呼为棂星门。"由于"乌头门"含有族表门第之意，因此"乌头门"在宋代的《营造法式》中又被称为"阀阅"。由于"乌头门"起了标榜"名门权贵、世代官宦"之家的作用，因此成了上层等级的代名词，后世所称的"门阀贵族"、"阀阅世家"也即由此而来。③

三是用以旌表忠贤贞烈，是由绰楔之制发展而来的。之所以变名为坊者，是度量绰楔的设置，或者在坊门，或者是按照它的规制，美其名曰坊。牌与榜相同，是用来揭示的，旌表之法，必然有词书写于片木制上，揭示给民众。所以牌，是用来书写字的片木，坊，是用来支持或装饰此牌的建筑物。④据乔云飞、罗微的研究，乐嘉藻所言的旌表忠贤贞烈的绰楔之制，可以上溯到西周时期，汉代亦延续下来，而唐宋时尤甚。⑤

据乐嘉藻所言，华表、乌头门、绰楔之形制，都是两柱相对而立，后世的棂星门以及现在简单的牌坊，也用两柱，除了棂星门外，无论用在何处，现在都叫坊了。其形制则由两柱进为四柱，也有用六柱的。⑥

---

① 参见乔云飞、罗微《牌坊建筑文化初探》，《四川文物》2003 年第 3 期。
② 参见乐嘉藻《中国建筑史》，团结出版社 2005 年 1 月版，第 85 页。
③ 参见金其桢《论牌坊的源流及社会功能》，《中华文化论坛》2003 年第 1 期。
④ 参见乐嘉藻《中国建筑史》，团结出版社 2005 年 1 月版，第 85—86 页。
⑤ 参见乔云飞、罗微《牌坊建筑文化初探》，《四川文物》2003 年第 3 期。
⑥ 参见乐嘉藻《中国建筑史》，团结出版社 2005 年 1 月版，第 86—87 页。

周代的揭橥与上面三类中的华表和绰楔相近，可以称得上牌坊的初始来源。而根据乐氏后面的注解，我们可以知晓，最早原始氏族部落门前各有一图腾竿状物以便区别，后来的华表有学者认为即来源于这种图腾竿子。诚如是，则原始部落门前的竿子便可称得上是华表（乃至牌坊）的最早来源。总之，乐氏认为，由周之揭橥，变为汉之华表及五代之绰楔，后来由绰楔而又变为牌坊，即今之节孝坊、乐勒坊等。而据金其桢的研究，最迟在春秋中叶，已经出现了衡门，亦可看作牌坊的原始雏形①。

由华表演变来的，现在仍有最古式之华表，即现在道口之指路牌。如有用作装饰用的，如宫门外及陵墓上之华表。有用作牌坊式者，如北京各大街、各胡同口之牌坊；玉蝀蝀桥、积翠桥等两端之牌坊及陵墓上之牌坊。② 据此可推知，国子监街两旁的"成贤街"牌坊，其主要功用还是起一种标示街道的意思，与此义相合。它的源头可以上溯到汉之华表，再往上推可以至周代的揭橥。而联系到揭橥的造型及功能，我们甚至可以上溯到尧帝时期于桥头设立的"诽谤之木"。

在唐时有乌头门之形制，似由对立的两柱之中，加以门扉，置于大门之外，此样式变为后世的棂星门，现在仍有，如各坛庙之棂星门。③ 据此可知，孔庙属于坛庙，孔庙大门一般都有棂星门，北京孔庙大门称"先师庙"，其形制虽与其他孔庙不同，但也曾称为棂星门。④ 北京的天坛圜丘坛、地坛方泽坛、日坛内坛等皆有棂星门，它是坛庙的重要标志。也有用作牌坊式的，各公署大门外之辕门牌坊，也属于此类型。据此可知，国子监街上的"国子监"牌楼，应该由此而来，因为国子监属于教育行政管理机构，其最高官员祭酒清初曾经是正三品，后改为从四品，因此"国子监"牌楼应是作为公署而设的。这一形制应该是由唐之乌头门发展而来的。由此我们也可以知晓，无论是坛庙还是衙门公署，它们应该都具有一定的品级，

---

① 参见金其桢《论牌坊的源流及社会功能》，《中华文化论坛》2003 年第 1 期。

② 参见乐嘉藻《中国建筑史》，团结出版社 2005 年 1 月版，第 88 页。

③ 参见乐嘉藻《中国建筑史》，团结出版社 2005 年 1 月版，第 88 页。

④ 参见据乐嘉藻先生对"棂星门"之注解：灵星即天田星，古时祭先祭灵星。宋仁宗天圣六年（1028 年），在郊外筑祭台，外垣置灵星门。宋景定《建康志》载，移灵星门用于孔庙，即以尊天之礼尊孔。后来以门形如窗棂，故改称灵星门为棂星门。

是君主制时代权威等级制度的一种象征。

牌楼和牌坊是有一定区别的，牌楼上面有斗拱楼檐遮盖，牌坊则无，因此成贤街和国子监牌坊应称牌楼更为合适，但这种区分主要是近现代学者如梁思成、罗哲文先生等提出的，之前则相对模糊。根据梁思成先生《敦煌壁画中所见的中国古代建筑》一文，他以敦煌北魏诸窟中的阙形壁龛为论据，提出北魏时的连阙（两阙间架有屋檐的阙）是阙演变为牌楼的过渡样式，"连阙之发展，就成为后世的牌楼"。而阙最初见于春秋时代，是显示官爵、区别尊卑、崇尚礼仪的装饰性建筑。而到了汉代，阙已非宫门专有，祠庙、陵墓、官宅都建起阙，作为铭记功绩和装饰之用。[①] 因此，我们可以将"阙"看成是牌楼形制的原始蓝本。

牌楼的出现似乎很早，据欧阳修《新五代史·杂传第二十七》所载："光化三年，梁兵攻定州。郜遣处直率兵救之。战于沙河，为梁兵所败。……初，有黄蛇见于牌楼，处直以为龙而祠之。"（《钦定四库全书·五代史卷三十九》）可知光化三年（900 年）即在唐昭宗李晔执政时期，便出现了牌楼之称，由此可知，牌楼的出现似乎可以追溯到唐末。

元代似乎亦有牌楼之称，根据《元史·百官志第三十六》："牌楼口千户所，秩正五品。"（《钦定四库全书·元史卷八十六》）另根据《明集礼卷一·吉礼第一·祀天》："执事斋舍在坛外垣之东南，牌楼二，在外门外，横甬道之东西。" 《明典汇》载，洪武二年（1369 年）八月，诏儒臣修纂礼书。洪武三年（1370 年）九月书成，名《大明集礼》。由此可知，在明初洪武年间确实已经有牌楼存在。但查看此时典籍中的牌坊、牌楼之划分似乎如前面所言不是那么明显。如明代《对山集·阌乡儒学记》："庙东西又牌坊二，盖自洪武时县令金元亮创为，至今已百有四十岁，岁远人亡，可知其陋否也。"（《钦定四库全书》）

明清时期立牌坊成为一件极为隆重、极不容易的事，是由各级官府乃至最高封建统治者来控制的一种官方行为。根据当时的规定，凡是通过科举考试获得举人以上功名的人才，或经地方学校选拔、考核，选送到国子监读书的岁贡、恩贡、拔贡、优贡、例贡、副贡

---

① 参见巴玥栗功《探究中国传统牌坊建筑的历史性与文化性》，《作家杂志》2011 年第 8 期。

等，可在经地方官府审核批准后，由地方官府按规定"牌匾银"官方出资建功名坊。洪武二十一年（1388年）廷试进士赐任亨泰等及第出身，有司建状元坊予以旌表，圣旨建坊正是自此开始的。那么，这就更加证明了上边的推论，即洪武年间已经有牌坊（牌楼）存在，但立牌坊是一件极为隆重和不易的事情，只有获得举人以上功名的人才以及入国子监读书的贡生，才能经政府审核批准后出资建功名坊。

二、国子监街四牌楼何时建

国子监街，元时已然形成，当时已称国子监孔庙为"国子监孔庙"，时国子监在东侧居贤坊有空地，监官便在此居住，但未称国子监孔庙隶属于何坊。明初洪武年间设崇教坊，国子监、文庙隶属之。有明一代直至清朝终结，国子监街一般都称为"成贤街"。截止到清康熙十年（1671年），崇教坊依然存在，而国子监、文庙应该亦属于崇教坊，四牌楼应该亦矗立于成贤街上。查《北京历史地图》清代北京城乾隆十五年（1750年）地图，此时已无崇教坊之名，包括太学（原国子监、文庙）、雍和宫、柏林寺、东四旗炮局、经史馆在内的大片地区隶属于镶黄旗。国子监、文庙而前面的街道名为"国子监"，俨然今天所称的"国子监街"。截止到道光十二年（1832年），国子监街时称成贤街，在崇仁里，而"国子监"、"成贤街"牌楼俱在。截止到1885年，国子监街已经隶属于霤中坊，其成贤街的牌楼仍在（国子监牌楼亦应在），孔庙、国子监就在这条街上。那么，国子监街上的四牌楼到底何时建立的呢？

据《钦定四库全书卷六十八·明史》载："永乐十五年（1417年），作西宫于北京。……十八年（1420年），建北京，凡宫殿、门阙、规制悉如南京，壮丽过之。中朝曰奉天殿，通为屋八千三百五十楹。殿左曰中左门；右曰中右门，丹墀东曰文楼，西曰武楼，南曰奉天门，常朝所御也。左曰东角门，右曰西角门，东庑曰左顺门，西庑曰右顺门。正南曰午门，中三门翼以两观，观各有楼，左曰左掖门，右曰右掖门，午门左稍南曰阙，左门曰神厨，门内为太庙，右稍南曰阙，右门曰社，左门内为太社稷。又正南曰端门，东曰庙街门，即太庙右门也。西曰社街门，即太社稷坛南左门也。"

又据《钦定四库全书卷四·钦定日下旧闻考》："（永乐）十八年

（1420年）九月，诏'自明年，改京师为南京，北京为京师'。十一月，以迁都北京诏天下。十二月，北京郊庙、宫殿成（《明史·成祖本纪》）。原北京营建凡庙社、郊祀、坛场、宫殿、门阙，规制悉如南京，而高敞壮丽过之。复于皇城东南建皇太孙宫，东安门外建十五邸，通为屋八千三百五十楹。自永乐十五年（1417年）六月兴工，至十八年（1420年）冬告成。"（《明成祖实录》）

由此可知，"（永乐）十八年（1420年），建北京，凡宫殿、门阙、规制悉如南京，壮丽过之"所言主要是指故宫。《钦定四库全书卷四·钦定日下旧闻考》载"原北京营建凡庙社、郊祀、坛场、宫殿、门阙，规制悉如南京，而高敞壮丽过之"。结合上述二则材料可知，庙社是指太庙和社稷坛。《春明梦余录》："太庙在国之左，永乐十八年（1420年）建庙。京师如洪武九年改建之制，前正殿九间，翼以两庑，后寝殿九间，间一室主，皆南向，几席诸品备如生仪。"郊祀应是指天坛，《春明梦余录》："天坛在正阳门外，永乐十八年建。初，遵洪武合祀天地之制，称为天地坛，后既分祀，乃始专称天坛。又京师大祀殿成，规制如南京，行礼如前仪。"又《钦定续文献通考》："成祖永乐十八年（1420年）十二月，北京郊坛成。建于正阳门南之左，缭以周垣，周九里三十步，规制礼仪悉如南京。"

那么坛场还包括哪些呢？根据《明成祖实录》："永乐十八年（1420年）十二月，北京先农坛成。"又据《明一统志》："钟楼，明永乐十八年建。盖迁都北京、营缮宫阙时也，后亟毁于火。"又"永乐十八年（1420年）十二月，山川坛成。原山川坛在正阳门南之右，永乐十八年（1420年）建，缭以垣墙，周回六里"（《明成祖实录》）。又"原法昌寺在县治东北，永乐十八年（1420年）建"（《寰宇通志》）。又"神乐观在天坛西南，明永乐十八年（1420年）建，处乐舞生之有事于郊庙者，领以提？知观太常寺"（《畿辅通志》）。又"成祖永乐十八年（1420年）十二月，北京太岁坛成"（《钦定续文献通考》）。又"永乐十八年，北京朝日坛成。建于东长安门外，春分日致祭。……永乐十八年（1420年），北京夕月坛成。建于西阜成门外，秋分日致祭"（《宣德鼎彝谱》）。

那么坛场里面是否包括孔庙、国子监呢？我们所能查到的史料只有"永乐十八年（1420年），礼部言国子监生岁益增，又会试下第举人例送监，今学舍隘不能容，请以监生南人送南京国子监，下

第举人发还原学进业，以待后科。自今岁贡生员，请如洪武三十年（1397年）例，府一年，州二年，县三年贡一人。从之"（《钦定四库全书·礼部志稿·酌处监生岁增》）。

据《明实录·大明太宗文皇帝实录》卷二百五十："永乐二十年八月辛卯，皇太子令工部脩北京国子监。"由于以上的史料中并未提及孔庙、国子监修缮，所以永乐二十年（1422年）皇太子令工部修北京国子监就显得非常关键了，成贤街四牌楼是否在此时建成，就成为一个关键点。另外，据《钦定国子监志卷十·学志二·建修》："正统九年（1444年）春三月，新建太学成。"（《明史·英宗前纪》）明正统九年（1444年）二月，新建太学成，是否在此时建成贤街国子监四牌楼，这也是一个关键点。

永乐年二十年（1422年）八月，太子朱高炽命令工部修北京国子监。这一史料照常理应该非常关键，但所能查到的史料中也止此一条而已，且根本就未提"成贤街"三字，更遑论成贤街四牌楼之树立。而且根据史料推断，相对而言，这应该是应付急用的修修补补，因为该年政事异常繁忙，根本就无暇顾及大修国子监。就在这一年的春三月永乐皇帝开始外出作战：

丁丑，以亲征告、天地、宗庙、社稷。命皇太子监国，谕之曰："军国之务，重当明勤，慎以处之，明则能照物，恕则能体物，勤则无怠事，慎则无败事，脩是以率下，庶几其可。"

戊寅，软祭于承天门，遣官告旗纛、太岁、风、云、雷、雨等神。车驾发北京，遣官祭居庸山川，晚次榆林。

辛巳，驻跸鸡山，虏之寇兴和者，闻上亲征，遂夜遁，诸将请急追之，上曰："虏非有他计能，譬诸狼贪，一得所欲即走，追之徒劳。少俟草青马肥，道开平，逾应昌，出其不意，直抵窟穴破之未晚。"敕前锋都督朱荣等令驻兵雕鹗，俟大军至乃行。仍敕将士严备御。（《明实录》大明太宗文皇帝实录卷二百四十七）

永乐二十年（1422年）夏五月甲戌日，永乐皇帝敕告皇太子："朕今已至闰安，将及开平，去京师渐远，中外庶务悉付尔处决，军机重事则令五府六部商议至当，启汝而行，不必奏来，仍敕文武群臣协辅导。"（《明实录·大明太宗文皇帝实录》卷二百四十九）皇太子朱高炽就是在这样的授意下对国子监进行修葺的。对国子监进行大修大建并修建牌楼在当时的条件下可能性较小，一是永乐皇帝不在京师，朱高炽始终惧怕其父（即便给外出征战父亲送蔬菜水果表孝心，都受到永乐帝斥责，时在该年夏五月庚辰），如此大事自然不敢擅决；二是当时恰遇大灾之年，又要进行战争，财力受到限制。

永乐二十年（1422年）夏五月，"广东广州等府飓风、暴雨、潮水泛溢，人溺死者三百六十余口，漂没庐舍千二百余间，坏仓粮二万五千三百余石。事闻，皇太子令户部遣人驰驲抚问"（《明实录》大明太宗文皇帝实录卷二百四十九）。又永乐二十年（1422年）六月，"是日（注：乙卯），直隶广平、邯郸、成安、肥乡、真定无极、藁城、大名、浚魏、河南襄城县霪雨伤稼。癸酉，皇太子免南北直隶并山东、河南郡县被水灾粮二十三万八千三百四十石有奇，马刍三十八万一千三百余束"（《明实录》大明太宗文皇帝实录卷二百五十）。

一方面永乐帝对外征战需要巨额军饷，一方面夏五月广东广州等府飓风、暴雨、潮水泛溢，夏六月直隶广平、邯郸、成安、肥乡、真定无极、藁城、大名、浚魏、河南襄城县霪雨伤稼，南北方受灾严重，人员大量伤亡，房舍成片倒塌，粮食坏烂减产。又要筹集军饷，又要抗洪救灾，又要免粮安民。刚过仅仅两个月，八月，太子朱高炽又命令工部修北京国子监。可知此时国库空虚，财力匮乏，对于北京国子监的修葺不可能是大规模的，此时新建成贤街四牌楼可能性并不大。

根据常理推论，新建成贤街四牌楼，首先必须有成贤街之实。若无成贤街存在，何谈成贤街之牌楼？根据《明实录·太祖高皇帝实录》卷之一百四十五：

（洪武十五年，1382年，五月）上谓礼部尚书刘仲质曰："国学新成，朕将释菜，令诸儒议礼。……礼毕，学官率诸生先序立成贤街，恭伺驾还。明日，祭酒率学官上表谢。上从之。

这里是《明实录》中第一次出现成贤街，结合历史，我们知道这里的成贤街是南京的成贤街。考察文献内容，可知此处是明太祖朱元璋为表达对孔子及儒学的推崇，让礼部尚书刘仲质与儒臣定释菜礼之仪式，并视学仪。制定出来后，朱元璋满意，听从了。时在洪武十五年（1382年）五月。又"洪武十四年（1381年）夏四月丙辰朔，诏改建国子学于鸡鸣山下，命国子生兼读刘向《说苑》及律令"（《明实录·大明太祖高皇帝实录》卷之一百三十七）。据上所述，所谓国学新成，应该就是指南京鸡鸣山下的国子监。由此可知南京国子监是洪武十四年（1381年）下诏改建，十五年（1382年）建成，成贤街也于此时正式出现。

另据《明实录·太宗文皇帝实录》卷五十二，永乐四年（1406年）三月辛卯朔日，明成祖朱棣效法其父朱元璋，为推崇孔子及儒学，让礼部进献视学仪注，并亲自行释奠礼（其实是释菜礼），并前往太学彝伦堂视学，听祭酒、司业、博士、助教讲经，并发表圣谕赞颂孔子之道。但是，这里所谓的成贤街依然是在南京。因为明成祖于永乐十八年（1420年）十一月宣布定都北京，并于永乐十九年（1421年）正月才正式迁都北京，在奉天殿朝贺，大宴群臣。[①]

《明实录》中首次出现北京的成贤街是在明英宗正统年间，根据《明实录·明英宗睿皇帝实录》卷之一百十四：

正统九年（1444年）三月辛亥朔，上幸国子监。……学官率诸生迎驾于成贤街左。……毕，学官诸生以次退。先从东西小门出，仍于成贤街列班伺候。

正统九年（1444年）三月辛亥朔，明英宗驾幸国子监，率文武百官于孔庙大成殿行释奠礼（其实是释菜礼），并前往太学彝伦堂视学，听祭酒、司业讲经。此条材料非常重要，其特殊性在于，上面刚刚提到，明正统九年（1444年）二月，新建太学成（《明史·英宗前纪》）。也就是说，新建太学（国子监）完成刚刚一个月，明英宗便迫不及待地来孔庙国子监行释奠礼（释菜礼），而且前往太学视学听祭酒、司业讲经了。而且此段文字"成贤街"两见，即"学官率诸生迎驾于成贤街左"以及"学官诸生以次退，先从东西小门出，仍于成贤街列班伺候"。而这里的"成贤街"，已经是指永乐迁都北京之后的北京的成贤街了。而通过这一史料，我们可以将北京成贤街的出现时间上推至明正统九年（1444年）。成贤街上是否有四牌楼存在呢？正如上面提到的，洪武十五年（1382年），鉴于大明国子学规模小，不能满足培养人才的需要，遂改址，在南京鸡鸣山下扩建大明国子监。恰恰在这一年，《明实录》中第一次出现了成贤街，朱元璋也首次临雍视学。明英宗此举与太祖朱元璋可谓如出一辙，新建太学（国子监）完成刚刚一个月，明英宗便迫不及待地来

① 参见北京市社会科学研究所《北京历史纪年》编写组编《北京历史纪年》北京出版社1984年1月版，第138页。

孔庙国子监行释奠礼（释菜礼），而且前往太学临雍视学。如果朱元璋彼时的南京成贤街已经有牌楼，那么明英宗此时的北京成贤街有牌楼也是顺理成章的了。

而通过《明实录》中的记载，我们亦知道，明宪宗（成化）、明孝宗（弘治）、明武宗（正德）、明世宗（嘉靖）、明穆宗（隆庆）、明神宗（万历）以至清世祖（顺治）等都曾驾幸国子监，率文武百官于孔庙大成殿行释奠礼（其实是释菜礼），并前往太学彝伦堂视学，听祭酒、司业讲经。应该说，这一仪式初创于明太祖洪武十五年（1382年），并由明成祖、明英宗等后代皇帝所效法。这历次视学过程中无一例外地都有成贤街出现，可知成贤街已经被后代所沿用，直至清代。

北京孔庙国子监前成贤街名称的出现时间，目前只能追溯到明英宗正统九年（1444年），而成贤街四牌楼此时很可能树立。我们可以借助相关材料进一步考证。根据《彭惠安集》："臣忝备藩司，职在牧民。……伏惟国家升平百十余年，生齿之繁、田野之辟、商旅之通，可谓盛矣！然而官府仓库少有储蓄，人民衣食艰以自给，比之国初无经营征战之事，无创作营造之大富强，反有不及，何哉？以害财之多也。……初牌坊少树，今街衢充斥矣。"（《钦定四库全书》）

明代彭韶（1430—1495），字凤仪，谥惠安，福建莆田人。明英宗天顺元年（1475年）进士，授刑部主事，历官员外郎、郎中、四川按察副使、按察使、广东布政使。明清时布政使别称藩司，主管一省民政与财务的官员。由文中可知，当时彭惠安应该是任广东布政使之职。而观其文意我们可知，在明朝开国之初，牌坊应该是非常之少的，而到了他生活的年代（1430—1495），牌坊已经是遍布坊巷街衢了。北京孔庙国子监前成贤街的出现时间，目前我们追溯到明英宗正统九年（1444年），正处于彭惠安生活的时代，这也为成贤街四牌楼的树立提供了旁证。

正统元年（1436年）十月，明英宗诏令太监阮安，都督同知、少保工部尚书吴中，率领军夫数万人，修筑京师九门城楼，至正统四年（1439年）竣工。落成之日，奉英宗谕旨，将京城九门中的五座城门更用新名，即将南城垣的丽正门、文明门、顺承门分别改为正阳门、崇文门、宣武门，东城垣的齐化门改为朝阳门，西城垣的平则门改为阜成门，其余东直门、西直门、德胜门、安定门四门仍旧。另参考阎崇年先生新著《大故宫》："正统年间，九门之外，各立牌楼；内城九门楼建成之后，崇楼峻阁，固若金汤，崔巍宏丽，焕然一新。"① 由此可知，正统年间北京九门之外才各立牌楼，也即永乐、洪熙和宣德年间，九门之外尚未立牌楼。九门作为北京内城重要门户，正统年间才在其外各立牌楼，可知其他地方牌楼是很少有树立的。这与上面一则材料是相吻合的，也说明了正统年间牌楼才得以广泛树立。

另据《钦定国子监志卷十·学志二·建修》："正统九年（1444年）春三月，新建太学成（《明史·英宗前纪》）。谨按：先是，太学因元之陋。正统元年（1436年），李贤上言：'国朝建都北京，佛寺时复修建，太学日就废弛，何以示法天下？请以佛寺之费，修举太学。'从之，至是落成。有'御制重建太学碑文'。"②

明英宗视学应在正统九年（1444年）三月，而通过《钦定国子监志》和《日下旧闻考》所载，这里有一句很关键的信息"先是，太学因元之陋（旧）"。也就是说，在明英宗新建太学之前，太学是因循着元代之陋（旧）的。所以正统元年（1436年），李贤上言说，国家建都北京，佛寺时时修建，太学日渐废弛，如何能示法于天下。所以请求以修佛寺的费用，用来修建太学。明英宗听从了。由此来看，明英宗正统九年（1444年）的新建太学，其修建规模和程度明显要超过永乐二十年（1422年）皇太子令工部脩北京国子监。不然，李贤也不会在正统元年（1436年），仅仅十四年之后，上书明英宗要求修举太学了。根据《钦定国子监志·建修》所载："正统八年（1443年），修国子监先师庙。（谨按：孙承泽《学典》：'正统元年（1436年），李贤请以佛寺之费修举太学，从之。'《明史·英宗纪》：'正统九年（1444年），新建太学成。释奠于孔子。'盖是役创议于元年，下诏于八年，工成于九年也。）"③ 可知，正统八年（1443年），明英宗正式下诏修建国子监先师庙。

还有一条新发现的重要信息资料，同样来自《钦定国子监志》。在《钦定国子监志卷六十四·金石志十二·诸刻》中，记载了明代

① 参见阎崇年《大故宫》，长江文艺出版社 2012 年 3 月版，第 30 页。

② 参见〔清〕文庆李宗昉纂修郭亚南等点校《钦定国子监志（上册）》，北京古籍出版社 2000 年 3 月版，第 165 页。

③ 参见〔清〕文庆、李宗昉纂修，郭亚南等点校《钦定国子监志（上册）》，北京古籍出版社 2000 年 3 月版，第 55 页。

的"文庙国子监图碑":

上为图，下为记。记25行，剥蚀难辨。首行题《文庙国子监创建志》。志中先记殿宇内、外，次御碑（即明英宗御制新建太学碑），次圣像，次彝伦堂（以下字缺，疑即东西讲堂）及绳愆、博士二厅，率性、修道各堂，鼓房、钟房、斋房、典簿厅（碑载典簿厅15间。《春明梦余录》云三件，盖据《明太学志》嘉靖十年改建之后而言）、典籍厅（碑载39间。《春明梦余录》云五间）、会馔堂、共廨房、厨井、仓库各房，无不备载。又记东、西牌楼四座，旧碑十通，号房22号521间。后记器用。正统十二年（1447年）十一月立石，在太学门右，南向。①

由"又记东、西牌楼四座"可知，在立"文庙国子监图碑"时，已经有东、西牌楼四座，应便是成贤街国子监四牌楼。而参考后面"正统十二年（1447年）十一月立石"，可知正统十二年（1447年）国子监街四牌楼已经树立起来。

综合种种资料和有价值信息，笔者推测成贤街四牌楼的修建于明英宗正统九年（1444年）的可能性最大。而且，这一修建很可能与明英宗正统九年（1444年）的新建太学密切相关。如果从正统元年（1436年）李贤上言开始，到正统八年（1443年）明英宗下诏修建国子监先师庙，到正统九年（1444年）的新建太学成，通过一年的大规模修缮，重修后的太学为之焕然一新。根据《明英宗睿皇帝实录》卷之一百十四"御制重建太学碑""北京故有学在宫城之艮隅，库隘弗称，乃正统八年秋，命有司撤而新之，左庙右学，高广靓深，所以奉明灵居，来学凡百，所需靡不悉备材出素具，役不及民。明年春成"可知，正统八年（1443年）秋，明英宗下诏修建国子监先师庙，到正统九年（1444年）春天，新建太学成。不过一个月，明英宗便如太祖朱元璋一样前往临雍视学，而此时史料上第一次出现成贤街。明英宗年间，九门之外，各立牌楼，北京的牌楼得以广泛树立。成贤街四牌楼很可能便是在此背景下，借英宗新建太学之时得以树立。而后，在正统十二年（1447年）十一月，明英宗又立"文庙国子监图碑"，树立在国子监太学门右（图3）。

---

① 参见［清］文庆、李宗昉纂修，郭亚南等点校《钦定国子监志（下册）》，北京古籍出版社2000年3月版，第1140页。

图3　清绘孔庙国子监全图

三、民国年间的成贤街及四牌楼

民国年间，国子监街仍称"成贤街"。经考证为民国初年（1912年左右）绘制的《北京地图》（清末民国初年，随着西学东渐之风日盛，绘制地图普遍采用西法，在城门、寺庙等多处还著有外文），上也标有国子监、孔庙及成贤街。而国子监内又标有"历史博物"，"历史博物"应即1912年于国子监内设立的历史博物馆筹备处，1918年迁往故宫端门和午门（图4、5）。

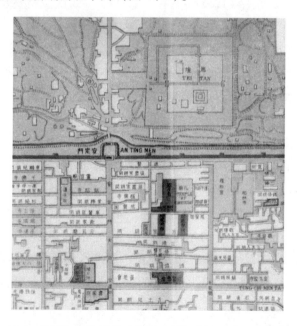

图4　民国初年绘制的《北京地图》中的孔庙、国子监

图5　清末民初的国子监牌楼

　　查民国十年（1921 年）十二月上海商务印书馆发行的《新测北京内外城全图》，此时的国子监、孔庙统称为国子监，前为成贤街。此图反映了 20 世纪 20 年代北京城的总体风貌。

　　民国二十四年（1935 年）1 月 11 日，"故都文物整理委员会"成立，并着手对北平的文物古建进行大规模修缮。初期工程分两期，孔庙、国子监为二期第三、四两项，各三万元，时间计划为二十五年（1936 年）4 月至 9 月底，前三月（1—3 月）为准备期。后因工程量大、进度慢等原因，古都文物整理委员会对文物古建修缮的数量、规模、时间等进行了调整，推迟了大约一年。更新后的文物整理第二项即为孔庙和国子监，特别提到大成殿丹陛石阶雕龙石刻的保护。关于此次大规模维修的内容和时间，先师庙门西侧墙壁以及太学门内东、西两侧墙壁皆有刻石记录。其中，太学门内东侧墙壁刻石记载："国子监辟雍、彝伦堂、琉璃牌楼、太学门东西碑亭、钟鼓亭等修缮工程及成贤街木牌楼改筑钢筋混凝土工程于中华民国二十六年（1937 年）四月三十日开工，二十八年（1939 年）二月六日完工。"经过此次修缮，成贤街的木牌楼正式改筑为钢筋混泥土结构（图6、7）。

图 6　民国年间修缮后的成贤街牌楼

图 7　太学门内东侧壁刻此次修缮记录

查考证为 1941 年左右，由苏甲荣（毕业于北京大学，工作于北京大学，日新舆地学社的创始人）绘制的《北平市全图》，国子监、孔庙及成贤街俱在，而在国子监里又有图书馆存在（应为南学，为京师图书馆）。查民国三十六年（1947 年）四月地图，北平市政府工务局绘制的《北平市城郊地图》，可知此时国子监、孔庙属于内三区。

四、新中国成立后的国子监街及四牌楼

1953 年 12 月 28 日，北京市政府召开"关于首都古文物建筑处理问题座谈会"。会议结束后，北京城的牌楼随即面临三种命运，即保、迁、拆。根据政务院制定的文物保护原则，在公园和坛庙内的牌楼得以保存，大街上的除了成贤街和国子监的四处牌楼外，其余的全部被迁移或拆除。自 1954 年 1 月—1956 年 9 月，在北京城内展开了大规模拆除牌楼等文物古建之战，至此北京城内跨街牌楼仅剩四座，即成贤街两座和国子监两座，其余都销声匿迹。[①]

1956 年，成贤街改称"国子监街"，"文革"之中一度改名"红日北路九条"，后恢复原称。鉴于其重要的历史文化价值，国子监街于 1984 年被公布为北京市级文物保护单位，1990 年被公布为北京市历史文化保护区，它是全市唯一一条以街命名的市级文物保护街道。

为迎接举世瞩目的北京奥运会以及实现"人文奥运"宏伟计划，国家和市政府斥资逾亿，大规模修缮孔庙和国子监，恢复其旧有的规制和格局。自 2005—2007 年，历时三载，终告工成。2008 年 6 月 14 日是第三个"文化遗产日"，北京孔庙和国子监，这两座国子监街上最著名的古建筑，正式定名为"孔庙和国子监博物馆"，近百年来又一次实现了综合对外开放（1928 年北京孔庙国子监曾全面对外开放）。经过全面修缮后的孔庙和国子监，已经恢复了历史上的格局与规制。

2009 年 6 月 10 日，首批"中国历史文化名街"在京揭晓，北京国子监街成功当选，入选理由是："有七百年历史的北京国子监街，延续着两千年的中国文脉。多年来，国子监街因为深厚的历史

---

① 参见窦忠如《罗哲文传》，中国建筑工业出版社 2011 年 1 月版，第 83—88 页。

北京古代建筑博物馆文丛

第一辑

2014年

底蕴和浓厚的文化气息，成为国学文化物质载体，并因此受到海内外的广泛关注，它也是北京保留下来的唯一一条牌楼街。"

通过对于国子监街及四牌楼的历史考察，我们所感受到的不仅仅是国子监街及四牌楼悠久辉煌的历史，一个个曾经鲜活的生命故事，更应关注的是这些辉煌历史和生命故事背后所凝聚和沉淀的价值及意义。历史从来不是过去时，而是正在进行时，不管我们是否清醒地意识到，历史从来未曾真正地终结过。我们需要用思维补缀历史，用视角切换历史，用情感触摸历史，用存在诠释历史。人因历史而存在，历史因人而新生！

常会营（孔庙和国子监博物馆，副研究员）

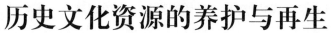

历史文化资源的养护与再生

——以国子监为例

◎ 常 硕

引 言

建筑展现城市的面貌，历史与文化则是城市的灵魂。伦敦、巴黎、雅典……细数那些我们向往一游的美丽城市，它们之所以能让我们魂牵梦萦、念念不忘，很大程度是源于其历史文化与城市建筑。西班牙的巴塞罗那可谓是童话般的城市，它的美丽很大一部分源自于著名的建筑大师高迪，但今日巴塞罗那的闪耀却是历史文化的传承与城市建筑的养护有效结合的产物。进入21世纪以来，中国城市高速发展，其形象已发生极大转变，文化街区、创意街区如雨后春笋般涌现而出。历史文化与现代生活方式在交融与碰撞中影响着人们的生活，左右着城市的面貌。在追求城市快速发展、扩大城市规模的同时，文化流失与千城一面成为城市痼疾。一批批文化街区、创意街区被盲目建设却缺少灵魂，众多古建筑被拆改损毁，从而失去原有风貌。如何在城市发展中利用城市老城区的历史文化资源，将其融入城市形象设计体系，进而推动城市创意街区的开发运营，已成为城市发展建设中面临的新课题。本文以北京孔庙和国子监及其周边胡同创意街区为例，分析历史文化资源在城市创意街区建设中的保护、开发与再生，以期有所启示。

一、北京孔庙、国子监及周边胡同创意街区

北京孔庙与国子监古建筑群位于北京东城区的老城区中，是北京历史风貌保护区的重点区域，如何利用其历史文化遗产来打造文化创意城市区域概念与功能，是本文重点探讨的话题（图1）。

图1　北京孔庙正门

北京孔庙与国子监始是依照"左庙右学"建筑规制而成。孔庙和国子监两组建筑彼此相邻，合为一体，孔庙于左，为上首，国子监居右，为下首。学校与孔庙毗邻而建，庙学合一，为中国古代学校建筑典型的"庙学规制"。

北京孔庙在全国各地的孔庙中等级最高，属于国家级的坛庙，而国子监为元、明、清三代国学教育的最高管理机构和高等教育场所。

孔庙和国子监古建筑群在北京历史遗存古建筑中占有重要地位，人们可以从中领略到皇家古建筑的非凡气派，感悟到孔子思想和儒学文化的至高地位，成为世人眼中的中国历史文化的象征。作为中国历史文化资源的物质遗存、传承中华传统文化的重要载体，孔庙和国子监古建筑群的保存与利用，对展现北京古都风貌，营造北京历史文化名城城市形象具有重要意义（图2）。

图2　清绘国子监全图

1999 年北京市政府将"雍和宫、国子监"地区划归为北京市重点历史文化保护区。"雍和宫、国子监"历史文化保护区位于北京旧城东北部,西至安定门内大街,北至北二环,东至东直门北小街,西至育树胡同、炮局头条、后永康北条、东城煤炭一厂和华侨饭店用地东边界,南至北新桥三条、方家胡同,是北京旧城内重要寺庙建筑和重要文物集中的街区,包括孔庙、国子监、国子监街、雍和宫等重要古建筑群。总占地面积约 74 公顷,总人口约 2.5 万人,总建筑面积约 34 万平方米。院落 1200 多处、16000 多间;其中国子监片总用地 36.03 公顷,主要胡同 13 条,人口约 1.3 万人,建筑面积约 16 万平方米。雍和宫片 38.31 公顷,主要胡同 14 条,人口约 1.2 万,建筑面积约 18 万平方米。作为北京老城区胡同肌理与城市记忆保存的比较完好的区域,仅仅靠守旧式的"保护"是不够的,而是要充分通过文化创意街区再生,来"养护"老城历史文化街区。变"旧城改造"为"旧房改造",保护城市胡同肌理,养护历史文化遗存。

二、历史文化街区"变保护为养护"的策略

(一) 养护文物古迹,打造景观城市

保护历史文化名城风貌,形成传统文化与现代文明交相辉映、具有高度包容性、多元化的世界文化名城是北京建设世界城市战略的重要思考。

自元代以来,北京的古都城市的范围、规模都曾有较大的变化和发展。但在北京城市功能的整体布局中,作为都城中分别象征全国政治中心的皇宫和象征全国文化中心的孔庙、国子监,其在全城所处的位置始终没有变迁,其功能始终没有变化。

北京旧城的建筑极具地方特色和文化内涵。面对城市化进程中现代"文明"对自然、古迹的破坏,历史文化街区的保护与重建成为保护一个城市,乃至一个国家文化的重要任务。从美学的角度考虑,随着城市发展的快速化、全球化、现代化,人们抛弃本土特色、盲目追求都市化的设计导致了城市—国家—世界的建筑设计趋于一致,整体理念一致,从而失去地方特色、文化特色、艺术特色。同济大学阮三仪教授就此问题曾提出:"现在各地的房子全是一个模

子！可过去的房子就不一样了，江南古镇就是江南古镇，延安窑洞就是延安窑洞，北京四合院就是北京四合院，云南丽江它叫作'三房一造壁，四合五天井'……"面对现今城市设计中此类一致性导致的"审美疲劳"现象，发挥城市文化特色，保护和利用历史文化资源营造城市形象就变得尤为重要，该理念也成为现今中国乃至世界城市形象设计与发展的重要因素。

孔庙与国子监古建筑群作为北京重要景观线，与故宫、景山、钟鼓楼、什刹海、南锣鼓巷等历史文化保护区一样为北京城市形象的重要标志性区域（图3）。还原孔庙与国子监古建筑群历史原貌，从街区看，可将雍和宫、孔庙和国子监、地坛等古建连成一线，形成历史文化景观区域，加之对周边民居、街道的规划与复原，可形成更大范围的文化区域，有助于重建"孔庙、国子监——地坛"景观区域布局，也有助于北京城市整体布局设计。当孔庙与国子监古建筑群复原完成，从营建北京古都城市形象角度审视，形成了"天坛——故宫——地坛"这一北京由南至北景观纵贯线的营造，还原了古都北京由南至北主要景观区域风貌。为此，保护、修复孔庙和国子监古建筑群及其周边的五道营胡同和方家胡同46号院等文化创意街区，共同构成北京老城区文化创意区的亮点。

图3　国子监街牌坊

从北京市目前现状分析，历史文化遗迹被列入保护的分为五个层次，即世界文化遗产名录、全国重点文物保护单位、北京市级文物保护单位、区县级文物保护单位、著名历史文化街区和风貌保护区。孔庙与国子监古建筑群作为全国重点文物保护单位，承载了中国古代国学教育发展的绵长进程，见证了中国传统文化的深厚底蕴。无论于中国历史，还是于当今社会都极具知名度，受到国内、国际的广泛关注。孔庙与国子监古建筑群既是历史文物遗迹，同时也是北京的重要历史文化资源。因而，保护文物古迹，拓展旅游资源，让孔庙和国子监古建筑群向社会开放，使更多的慕名而来的海内外游客亲历中国古代建筑，感受中国传统文化，成为营造北京城市形象的重要组成部分。

孔庙与国子监古建筑群代表了中国传统的儒家学说和皇家气派，仅从中国古代官式建筑而言，孔庙和国子监古建筑群就具有非常深厚的文化底蕴。明代孔庙的屋顶形制因袭了元代，大成殿屋顶形式为单檐庑殿顶，是明代官式建筑中仅次于重檐庑殿顶的第二等高等级的屋顶形式，仅次于明代帝王举行登基大典、朝贺之所的皇极殿（今太和殿）。清代的大成殿屋顶形制为重檐庑殿顶，即现今北京孔庙大成殿之制，这是中国古代官式建筑中等级最高的屋顶形制（图4）。

图4　重檐庑殿顶的孔庙大成殿

北京孔庙和国子监建筑群为现存极其珍贵的历史文物建筑群，代表了我国古代传统文化的核心内容和中国封建历史上设立的最高学府，蕴涵了丰厚的古代建筑文化和国学文化。作为历代皇帝亲奉孔子之所、最高教育管理机构和高等教育场所，孔庙和国子监融合皇家建筑、祭祀礼仪、儒学文化、视觉美学等多元化文化内涵于一体，凝结成独具特色的文化载体。通过发掘其文化内涵，开拓历史资源，形成了品牌效应，是北京城市文化形象的独特标志。

（三）多元文化经营，融入城市时尚生活

随着城市建设高速发展，人们的文化需求不断加大。历史文化资源的作用已不仅仅局限于历史见证和文化传承，更多的是服务于社会，服务于城市生活。创意是文化的根源，也是文化的亮点所在。自1944年由西方学者提出"文化产业"含义后，历史遗存资源的保护和利用就不断地被人们赋予新的内涵。如何做好北京历史文化保护街区文化创意产业开发，赋予其时代新活力，也成为城市设计的新内容。

孔庙和国子监古建筑群作为一个极具特色的重要历史文化遗存，承载了鲜明的北京区域特色、深厚的文化底蕴、丰富的文化资源和品牌资源。作为元、明、清三代皇家尊孔祭孔的最高坛庙、国学教育的最高管理机构和高等教育场所，孔庙和国子监名扬全球，在西方人眼中代表了中国的历史与文化，代表中国。通过这一绝佳的品牌资源，孔庙和国子监文化街区吸引了大量国内外游客，成为北京重要旅游景点之一。随着该区域知名度的上升，做好文化产业建设和公共设施建设，实现区域多元化的文化创意街区的经营发展，成为历史文化保护区区域中创意街区建设的新思路。

作为文化多元化经营的先行者，孔庙和国子监周边的五道营胡同和方家胡同已逐渐摸索出了多元化发展的新方向，形成了北京较为知名的文化创意街区，构成北京老城区文化创意区的亮点。方家胡同东西向，为元建大都时所辟，与雍和宫、孔庙和国子监等古建筑一步之遥，乾隆皇帝第三子循郡王的府邸即建在这条胡同之中。悠久的历史和毗邻而居的古建筑群为方家胡同营造出极具韵味的文化氛围，闻名海外的"北京胡同文化"使方家胡同成为海外游客的驻足之地。城市设计者和眼光独到的经营者利用这些无形的资源，以传统文化或文化传统为依托，将文化与产业融合，形成了以孔庙、国子监为代表的国学文化的文化创意街区，真正实现"以文化养创意"的发展思路。该区域的发展结合了现今时代发展的特色，将文化融入到城市生活之中，通过经营主题书吧、餐厅、酒吧、胡同艺术文化长廊，建造提供影视创作表演的小剧场、创意实验室等文化设施，将古典与时尚、传统与流行紧密地融合到一起，满足了人们的物质需求和精神需求，在传播文化的同时，实现了经济、文化、社会活动多元化城市功能的融合。

有鉴于方家胡同的经营案例，孔庙国子监和成贤街的发展就显得较为单一，仅停留于旅游参观的基础之上。因而，做好该区域的资源整合，保护历史遗存，恢复文化保护区历史风貌，开发创意街区，开拓发展多元化的文化产业成为城市规划设计工作的重点，对于通过营造北京历史文化名城风貌，打造景观北京、文化北京有着重要的意义。

（四）注重国学文化，建设创意城市

文化与城市建设从来都是息息相关、密不可分的。北京孔庙和国子监古建筑群在发掘其旅游资源，利用其古建筑等文化优势树立自身品牌效应，打造北京城市景观环境形象的同时，开展了多样化的社会教育活动，以打造文化创意社区为中心，向广大居民传播中国传统文化，挖掘服务社会的潜力，通过深入社区，融入社会，营造和谐关系，丰富公众精神文化生活，提高人们文化修养和内涵，塑造北京"文化城市"的城市形象。

孔庙与国子监在古建原貌复原基础上，筹备了孔子文化展、国学文化展和中国教育制度及科举文化展览等常设展览。"孔子文化展"概述孔子生平，展陈方面利用了孔庙建筑，将展览融入孔庙屋宇之中，与环境紧密结合，使社会公众在孔庙原址复原的基础上更深层了解孔子其人，了解儒家学说对中国的深远影响。"国学文化展"讲述了自汉代建立太学至清代学制改革千余年的历史，并利用国子监中重要建筑辟雍再现了清代帝王"临雍讲学"的历史场景，使人们在游览之余，不仅领略了国子监的建筑美学，更了解了国子监的人文历史。科举制度是中国古代选拔官吏的一种基本制度，被西方人称为"中国第五大发明"。"中国教育制度及科举文化展"广大观众讲述了科举制度的发展历史，通过对比古今教育制度，透视当今考试制度，与古代科举形成比较关系，引发观众更深层次的思

考。此外，孔庙和国子监管理处还利用文化资源，举办了"孔庙文化巡回展"、"著名国子监祭酒、司业人物巡回展"、"中国古代启蒙教育展"等众多小型巡回展（图5）。

图5　博士厅复原陈列

充分发挥孔庙和国子监的历史文化资源，服务社会为文化传播的使命。孔庙和国子监通过与中、小学校和社区的紧密联系，开设"国学教育课"；也因地制宜，利用现有场地举办"国学班"，利用古代建筑、场景复原等方式熏陶、感染中小学生，使其感受中国文化，了解中国文化，认识到延续中国文化，传承中国文化，是代代相传的历史重任。其次，举办主题活动，通过举办"孔庙和国子监建成七百周年大型庆祝纪念活动"、"文化遗产与你、我、他"等各种主题活动宣传儒学文化与传统文化，提倡儒家学说中的"和为贵"、"和实生物，同则不继"等思想，弘扬儒学中的"以仁求和"主张，使人们通过参与各种活动，调动人们的兴趣，感受和了解儒家学说与国学文化，以儒学影响公众，营造城市文化氛围，塑造城市文化形态，树立城市文化形象。

通过举办丰富多样的历史文化活动，孔庙与国子监以其自身优势，向社会展示了国学和儒家文化，使中国传统文化与观众零距离接触，让公众感知国学文化魅力。

（五）加强文化交流，建设世界城市

孔庙为祭祀中国古代教育家、儒家学派创始人孔子而专门修建的庙宇。从始建至今，历经汉、隋、唐、宋、元、明、清，全国各

地约有1500余座。国子监作为中国古代国家培养人才的场所，自汉代创立太学，也历经千年。除了古代教育体系中的最高学府国子监外，全国诸府、州、县设立府、州、县学和私学、书院等，为数众多。孔庙和国子监作为中国古代教育机构和儒家文化的传播场所，至今仍遍及于我国各省市和港澳台地区，乃至东南亚等海外诸国。

北京孔庙和国子监通过祭孔仪式、乐舞表演、古建复原、特色展览等丰富多彩的文化活动，向海内外宾客展现了中国文化的精髓和内涵，使其深切感受到中国文化的魅力，并为中国文化所倾倒（图6）。

图6　孔庙祭孔仪式

孔庙和国子监运用其独特的历史遗存资源，承接文化传统，寻求文化优势，兼顾文化创造，使北京的文化资源在全国，乃至世界的文化互动中呈现整体发展的态势，从而推动北京城市规划与建设，塑造北京独特的城市形象，使北京真正成为"文化的北京、世界的北京"。

结　语

作为中国历史文化资源遗存，北京孔庙与国子监对于开发、研究国学和儒家文化；打造城市名片，塑造城市形象，建设创意城市和文化城市起着重要作用。

　　无论是无形的非物质文化遗存，还是有形的历史文化资源，都在与现代城市发展的交融与碰撞中影响着人们的生活。只有将历史文化资源融入城市发展建设，才能多样化地展现城市风貌，形成个性化的城市形象。

　　国际上推崇的"慢城"式的休闲创意城市街区开发，是保护与利用历史文化遗存资源的重要方式之一。北京孔庙、国子监及其周边胡同等文化创意街区的开发利用，变单纯的"保护"为积极的"养护"，是老城区从"旧城改造"到"旧房改造"理念转变的一种尝试，也是城市形象规划与设计的可借鉴案例。

常硕（北京孔庙和国子监博物馆，副研究员）

国子监彝伦堂清代皇帝御书匾额淡论

◎ 王琳琳

北京古代建筑博物馆文丛 第一辑 2014年

　　北京国子监是元、明、清三代最高学府和国家管理教育的机构。辟雍大殿正北是彝伦堂，堂外屋檐上悬挂着康熙皇帝御笔亲书的"彝伦堂"匾。彝伦堂建筑形式为单檐悬山顶，面阔七间，后带抱厦三间，总面积600多平方米，是国子监里最大的厅堂式建筑。在辟雍建成之前，彝伦堂是国子监的主要建筑，皇帝在此设座讲学，彝伦堂前的露台是国子监监生上大课的地方，状元率领新科进士来此拜谢祭酒、司业，举行释褐簪花礼。辟雍建成后，彝伦堂内的暖阁是皇帝来国子监临雍讲学时休息和更换衣服的场所，彝伦堂的重要性可见一斑。

　　关于清代彝伦堂，道光版《钦定国子监志》这样记载："后为彝伦堂，堂七间，南向。中悬圣祖仁皇帝御书'彝伦堂'额。康熙四十五年（1706年）颁揭。列圣暨我皇上敕谕共六道。世宗宪皇帝御书'文行忠信'额，额首题曰：'学者文行并重，尤以忠信为本。故孔子垂为四教。成均造士之法，无逾于此。赐国子监。'雍正四年（1726年）颁揭。高宗纯皇帝御书'福畴攸叙'额，乾隆五十年（1785年）颁揭，均南向。皇上御书'振德育才'额，道光三年（1823年）颁揭，北向，堂前中壁恭勒圣祖仁皇帝御书圣经石刻。……堂中左右恭立乾隆六十年（1795年）高宗纯皇帝《御制说经文》石刻十三座。……其东西隅恭立乾隆六十年《御制石刻蒋衡书十三经于辟雍序》清、汉文石刻各一座。……西南石刻一座，恭刊《御制丁祭释奠诗》。"①

　　清道光年彝伦堂内陈列着：皇帝敕谕匾六道，皇帝御书大字匾

---

　　① 参见［清］文庆、李宗昉等纂修《钦定国子监志》，北京古籍出版社2000年第1版，第111—112页。

四方，还有石刻17块。近年整理孔庙大成殿库房，发现50余方匾，其中皇帝御书四字大匾五方：除了道光版《钦定国子监志》所载，雍正的"文行忠信"，乾隆的"福畴攸叙"，道光的"振德育才"外，还有咸丰的"敬敷五教"和光绪的"敬教劝学"。根据先例，这两方匾也应该悬挂在彝伦堂内（图1）。

图1　彝伦堂内景旧照

　　根据这张旧照，我们大致了解"彝伦堂"内原有匾、碑刻悬挂摆放方位。"彝伦堂"匾现悬挂在彝伦堂大殿外，从旧照上看，这方匾悬挂在殿内屋檐上。乾隆的"福畴攸叙"悬挂在正中康熙御书《大学》碑上，雍正的"文行忠信"悬挂在这两方匾之间的梁柱上。这三方匾都面南悬挂，这与《钦定国子监志》记载相同。在下面这张彝伦堂旧照右上角，可见匾一角，推断应为道光的"振德育才"，悬挂在彝伦堂内大门的梁柱上，与以上三方匾相对，面北，这也与《钦定国子监志》记载吻合："皇上御书'振德育才'额，道光三年（1823年）颁揭，北向。"由于照片拍摄的角度，还不清楚咸丰的"敬敷五教"和光绪的"敬教劝学"悬挂于何处（图2）。

图2 彝伦堂内景旧照

一、"彝伦堂"匾

"彝伦堂"匾为木制横匾，四边框浮雕云龙彩绘图案。匾横长256厘米，纵宽125厘米，磁青底金字楷书"彝伦堂"三个大字。匾上下边框为二龙戏珠，左右边框各一条龙。金龙张牙舞爪，龙须弯曲，穿梭在七彩祥云之中，逼真生动，栩栩如生。这方匾精美绝伦，华丽不失典雅，庄重不失大方！在"彝伦堂"三个字上钤有"康熙御笔之宝"印章。"彝伦堂"三字，结字开合有度，用笔爽利痛快，自有一番帝王气派（图3、4）。

图3 "彝伦堂"匾 　　　　图4 "康熙御笔之宝"印章

《钦定国子监志》记载此匾为"康熙四十五年（1706年）颁揭"。《清实录·圣祖仁皇帝实录·卷之二百二十三》载："（康熙四十四年，1705年，十一月甲戌）新修国子监告成，御书'彝伦堂'

匾悬之。"《清史稿·圣祖本纪三》也载："（康熙四十四年，1705年，十一月）甲戌，国子监落成，御书'彝伦堂'额。"《清实录》和《清史稿》都记载康熙四十四年（1705年）十一月，修缮一新的国子监落成，康熙皇帝御书"彝伦堂"匾。推断，此匾书写于康熙四十四年，颁揭悬挂于康熙四十五年（1706年）。"彝伦"出自《尚书·洪范》："鲧陻洪水，汩陈其五行。帝乃震怒，不畀洪范九畴，彝伦攸斁。鲧则殛死，禹乃嗣兴，天乃锡禹洪范九畴，彝伦攸叙。"

《诗·大雅·烝民》："民之秉彝，好是懿德。"毛传："彝，常。"朱熹集传："是乃民所执之常性，故其情无不好此美德者。"《国语·周语》："天道赏善而罚淫，故凡我造国，无从非彝，无即慆淫，各守尔典，以承天休。"韦昭注："彝，常也。"彝，常；伦，理。彝伦为天之常道，一成不变的法度。攸叙，次序，不乱之意；攸斁，败坏之意。意思是说：鲧用堵塞的方法治洪水，乱陈五行逆天道。帝大怒，不赐予鲧九类大法，天之常道所以败坏。鲧死后禹继承治水的事业，用疏通的方法治理洪水，天帝于是赐禹九类大法，天之常道所以得其次序。《尚书·洪范》不止一处出现"彝伦"："王乃言曰：'呜呼，箕子！惟天阴骘下民，相协厥居，我不知其彝伦攸叙。'"蔡沈集传："彝，常也；伦，理也。"清代学者顾炎武在《日知录·彝伦》中专门阐述"彝伦"："彝伦者，天地人之常道，如下所谓五行五事八政五纪皇极三德稽疑庶征微五福六极皆在其中，不止孟子之言人伦而已。能尽其性，以至能尽人之性，尽物之性，则可以赞天地之化育，而彝伦叙矣。"

顾炎武认为"彝伦"是天地人的常道，包括五行、五事、八政、五纪等等，不仅仅是孟子所言之人伦。中国传统的"天人合一"哲学思想认为：天有天之道，地有地之道，人有人之道，人类只是天地万物中的一个部分，天地人各行其道，并行不悖，和谐共生。"尽人之性，尽物之性"，万物各安其位，各尽其职，各得其所，"可以赞天地之化育，可以与天地参"。如此，秩序井然，宇宙和谐，万物生发。古代地方府州县学都有"明伦堂"，"明伦"出自《孟子·滕文公上》："夏曰校，殷曰序，周曰庠，学则三代共之，皆所以明人伦也。"朱熹在《孟子集注》中解释人伦为：

"父子有亲，君臣有义，夫妇有别，长幼有序，朋友有信，此人之大伦也。"这就是顾炎武所说孟子言之人伦，这只是"彝伦"中人道的部分。人生活于天地之间，仅仅明人伦还不够，还要知晓"天之道"、"地之道"。

为何以"彝伦"为国家最高学府主体建筑之名呢？朱熹《〈大学章句〉序》中的一段话做出最好的诠释："夫以学校之设，其广如此，教之之术，其次第节目之详又如此，而其所以为教，则又皆本之人君躬行心得之余，不待求之民生日用彝伦之外，是以当世之人无不学。其学焉者，无不有以知其性分之所固有，职分之所当为，而各俛焉以尽其力。此古昔盛时所以治隆于上，俗美于下，而非后世之所能及也！"

设立学校，教化万民，教育内容不无外乎"民生日用彝伦"，"当世之人无不学"。"彝伦"为世人学习之内容，"知其性分之所固有，职分之所当为"，"以尽其力"，这样才能秩序井然，风调雨顺，国家昌盛。国子监是古代最高学府和管理教育的机构，教化天下学子，为国家培养人才，学习天之道、学习地之道、学习人之道，由此，以"彝伦"为主体建筑之名，可见其深意。

二、"文行忠信"匾

"文行忠信"匾现存于孔庙和国子监博物馆库房内，木制横匾，横长317厘米，纵宽131厘米，厚15厘米。匾芯磁青底金字，正中楷书"文行忠信"四个大字，上方钤章"雍正御笔之宝"，额首题曰："学者文行并重，尤以忠信为本。故孔子垂为四教。成均造士之法，无逾于此。赐国子监。"匾四周边框描金九龙祥云浮雕，栩栩如生。雍正大字榜书学赵孟頫，而小字则受父亲康熙皇帝影响有董其昌秀美书法的影子，这方匾最好体现了雍正书法的特点："文行忠信"四个大字结构沉稳，气脉贯通，笔力遒劲；额首三行小字，秀美流畅，一气呵成。相对其他几方御书匾，这方匾保存尚好一些，磁青的底子，金漆的字体仍能看出看来，朱红的印章也很清晰（图5）。

图 5 "文行忠信" 匾

道光版《钦定国子监志》记载："世宗宪皇帝御书'文行忠信'额，额首题曰：'学者文行并重，尤以忠信为本。故孔子垂为四教。成均造士之法，无逾于此。赐国子监。'雍正四年颁揭。"① "文行忠信"匾为雍正御笔亲书，雍正四年（1726 年）颁赐给国子监，悬挂在彝伦堂内梁柱上，面南。

《清实录·世宗宪皇帝实卷之四十一》记载："（雍正四年，1726 年，二月壬申）颁赐在京各衙门御书扁额。宗人府曰敦崇孝弟，内务府曰职思总理，吏部曰公正持衡，户部曰九式经邦，礼部曰寅清赞化，兵部曰整肃中枢，刑部曰明刑弼教，工部曰敬饬百工，銮仪卫曰恪恭舆卫，通政司曰慎司喉舌，大理寺曰执法持平，理藩院曰宣化遐方，提督九门步军统领衙门曰风清辇毂，太常寺曰祗肃明禋，太仆寺曰勤字天育，光禄寺曰敬慎有节，国子监曰文行忠信，鸿胪寺曰肃赞朝仪，钦天监曰奉时敬授，顺天府曰肃清畿甸，仓场总督衙门曰慎储九谷。"

根据《清实录》记载可知，在雍正四年（1726 年）二月，集中为京师各个衙门颁赐御书匾，其中为国子监颁赐的就是"文行忠信"这方匾。道光版《钦定国子监志》载："（雍正二年，1724 年）春三月乙亥朔，世宗宪皇帝视学，亲诣先师庙释奠后，御彝伦堂。"② "雍正四年（1726 年）秋八月丁亥，世宗宪皇帝亲诣先师庙释奠。"③ 雍正皇帝在雍正二年（1724 年）三月亲诣孔庙，释奠先师，来国子

---

① 参见［清］文庆李宗昉等纂修《钦定国子监志》，北京古籍出版社 2000 年第 1 版，111—112 页。
② 同上，356 页。
③ 同上，382 页。

监视学，雍正四年（1726 年）八月只是来孔庙祭孔。"文行忠信"这方匾不是雍正来孔庙祭孔、来国子监视学时所赐，而是在雍正四年（1726 年）二月统一颁赐给各衙门匾中的一方。

"文行忠信"是儒家的四教。《论语·述而》："予以四教，文、行、忠、信。"文，文献知识。行，社会实践。忠，待人衷心。信，为人守信。教人以学文、修行而存忠信也。孔子教导学生学习文献知识，但也要有社会实践，知行合一，为人要忠诚而守信。孔子的教育内容包括学识、实践和品德三个方面，反映了孔子教育思想的全面性，时至今日，仍为教育之圭臬。雍正御书"文行忠信"匾颁赐给国子监的深刻用意在额首的题款中已经表明：国子监学生应文行并重，忠信为本，这是孔子流传下来的，是教育学生的法则，应时刻遵守。

三、"福畴攸叙"匾

"福畴攸叙"匾现存于孔庙和国子监博物馆库房内，匾体量大：横长 213 厘米，纵宽 133 厘米，厚 14 厘米。匾芯磁青底金字，正中楷书"福畴攸叙"四个大字，上方钤章"乾隆御笔之宝"。匾四周边框描金九龙祥云浮雕，九条龙刻画生动，气势蓬勃。乾隆此四字，用笔丰润，结构严谨。整方匾虽然描金脱落，颜色暗哑，但从那俊美的书法、华丽的浮雕，仍能想象的出当年是如何之精美（图 6）。

图 6 "福畴攸叙"匾

关于这方匾，道光十三年（1833 年）版《钦定国子监志》中有明确记载："后为彝伦堂……高宗纯皇帝御书'福畴攸叙'，乾隆五十年

（1785年）颁揭，均南向。"① "福畴攸叙"这方匾原悬挂于彝伦堂内，面向南，乾隆五十年（1785年）乾隆皇帝御书颁赐给国子监。但是具体悬挂于何处，仅从文字记载，无从知晓。近期发现一些国子监的旧照，其中有彝伦堂内景的照片，从中我们知道"福畴攸叙"这方匾悬挂在彝伦堂正中，它的下方是康熙御笔的"大学碑"（图7）。

图7　彝伦堂内景旧照

　　"福畴攸叙"出自《尚书·洪范》："武王胜殷，杀受，立武庚，以箕子归。作《洪范》②。

　　"惟十有三祀，③　王访于箕子。王乃言曰：'呜呼！箕子。惟天阴骘下民，④　相协厥居，⑤　我不知其彝伦攸叙。⑥'

　　"箕子乃言曰：'我闻在昔，鲧陻洪水，⑦　汩陈其五行。⑧　帝乃震

————————————

① 　参见〔清〕文庆李宗昉等纂修《钦定国子监志》，北京古籍出版社2000年第1版，第111页。
② 　洪，大。范，法也。洪范言天地之大法。
③ 　商曰祀，周曰年，箕子称祀，不忘本。有，又。"惟十有三祀"指周文王受命十三年，也是周武王即位后的第四年。
④ 　阴骘，意思是庇护，保护。"天阴骘下民"指上天不言而庇护下民。
⑤ 　相，助也。协，和也。厥，他们，指下民。"相协厥居"，帮助他们和睦地居住在一起。
⑥ 　彝伦，常理。攸，所以。叙，顺序。"我不知其彝伦攸叙"，我不知常理其次序如何。
⑦ 　鲧，夏禹的父亲。陻，堵塞。
⑧ 　汩，乱。陈，列。

怒，不畀洪范九畴，① 彝伦攸斁②。鲧则殛③死，禹乃嗣兴，天乃锡④禹洪范九畴，彝伦攸叙。'

"初一曰五行，次二曰敬用五事，次三曰农用八政，次四曰协用五纪，次五曰建用皇极，次六曰乂用三德，次七曰明用稽疑，次八曰念用庶征，次九曰向用五福，威用六极。

"……

"九、五福：一曰寿，二曰富，三曰康宁，四曰攸好德，五曰考终命。六极：一曰凶、短、折，二曰疾，三曰忧，四曰贫，五曰恶，六曰弱。"

周武王即位的第二年，在盟津大会诸侯，准备伐商。商朝王族微子、箕子、比干预感到大难临头，向商纣王反复进谏，商纣王不听，比干被杀，箕子被囚，微子避难远走。武王于牧野大败商人，商纣王登鹿台自焚而死。纣之子武庚得到加封，箕子归镐京，作《洪范》。

武王拜访箕子，箕子说："我听说以前鲧用堵塞的方法治洪水，乱陈五行逆天道。天帝大怒，没有赐予鲧九种治国大法，天之常道所以败坏。鲧在流放中死去，禹继承治水的事业，用疏通的方法治理洪水，天帝于是赐禹九类大法，天之常道所以得其次序。"

"洪范九畴"为：第一是五行，第二是慎重做好五件事，第三是努力办好八种政务，第四是合用五种记时方法，第五是建立最高法则，第六是用三种德行治理臣民，第七是明智地用卜筮来排除疑惑，第八是细致研究各种征兆，第九是用五福劝勉下民，用六极惩戒罪恶。

其中第九畴中的"五福"为："一曰寿，二曰富，三曰康宁，四曰攸好德，五曰考终命。"孔颖达疏："一曰寿，年得长也。二曰富，家丰财货也。三曰康宁，无疾病也。四曰攸好德，性所好者美德也。五曰考终命，成终长短之命，不横夭也。"古人认为，"福"包括五个方面：长寿、富有、康宁、遵行美德和人老善终。《尚书》是中国现存最早的史书，保存了商周特别是西周初期的一些重要史料。这"五福"体现了中国古代最早对幸福的认识，是中国古人的

---

① 畀，给予。畴，种类，九畴指治理国家的九种大法。

② 斁，败坏。

③ 殛，诛，流放。

④ 锡，赐，给予。

幸福观。除了长寿、富有、健康、善终之外,古人认为遵行美德也是"福"的一部分,把福与德联系起来,认为对于同一主体有道德与享幸福应该是一致的,德福相关的信念体现了古人对道德正义的推崇,也体现了义利统一的思想。

"福畴攸叙"匾是乾隆五十年(1785年)题写颁赐给国子监的。老年乾隆自封"十全老人",五代同堂,五福得享,这种盛况千载不遇!乾隆皇帝沉浸在"五福五代"喜悦之中的同时,更有对后代子孙的深深忧虑。祖先创下丰功伟业,我辈得享,后世子孙如何能保守基业,永享五福呢?作为一国之君,"普天之下莫非王土","富"自不必说;长寿、康宁和年老善终,非人力所能掌控,而完善道德修养则是个人的分内之事。"仁远乎哉?我欲仁,斯仁至矣。"(《论语·述而》)"为仁由己,而由人乎哉?"(《论语·颜渊》)为善致福,为恶致极,为人君者当修好德,此非君主一人之福也,乃天下苍生之福。若此,天下定将井然有序。乾隆皇帝晚年谆谆告诫子孙,希望后世子孙永享福畴。乾隆已经看到盛世背后的隐忧,他的忧虑不幸在他身后得到验证,嘉庆时各地起义不断,道光时国门被洋人打开……"福畴攸叙"只能是乾隆皇帝美好的愿望,而国子监近百年来衰落的历史正是大清王朝日薄西山的缩影。

四、"振德育才"匾

"振德育才"匾现存于孔庙和国子监博物馆库房内,木制横匾,横长307厘米,纵宽125厘米,厚12厘米。匾芯磁青底金字,正中楷书"振德育才"四个大字,左侧上款楷书小字题"道光三年二月",右侧下款楷书小字题"御笔"两字,并钤章二枚"道光御笔之宝"、"恭俭惟德"。匾四周边框描金九龙祥云浮雕,工艺精美。"振德育才"四个字,笔画粗壮,端庄肃穆。这个"德"字与大成殿内咸丰题写的"德齐帱载"的"德"字一样,"心"上少一横。心字四画,如果再加一横,就成了"五心",整个"德"字也就成了十五画,正应了俗语"七上八下"、"五心不定"的不祥之语。"德"字少一横,以避不祥。匾保存也不是很好,匾底子和字体的漆皮脱落,颜色暗哑(图8)。

图8 "振德育才"匾

道光版《钦定国子监志》记载："皇上御书'振德育才'额，道光三年颁揭，北向。"①"振德育才"匾为道光三年（1823 年）二月颁赐给国子监的，"道光三年（1823 年）春二月丁末，皇上亲诣先师庙释奠。"② 道光三年（1823 年）二月丁末日，道光皇帝来孔庙祭孔行释奠礼，六天之后，癸丑日，道光皇帝在此驾临国子监孔庙，祭孔，临雍讲学，"道光三年（1823 年）春二月癸丑，皇上临雍讲学，亲诣先师庙释奠后，御辟雍殿。"③ 此匾应是道光祭孔、临雍讲学时御笔题写颁揭给国子监的。"振德育才"匾悬挂于彝伦堂大门内侧，面向北（前文已述）。

"道光御笔之宝"表明匾文为道光皇帝亲笔题写。"恭俭惟德"出自《尚书·周官》："位不期骄，禄不期侈。恭俭惟德，无载尔伪。作德，心逸日休。作伪，心劳日拙。""恭俭惟德"意思是为人当态度恭敬，生活中要勤俭，以修身立德为本。

"振德育才"出自儒家经典。《孟子·告子下》："再命曰：'尊贤育才，以彰有德。'"《孟子·滕文公上》："放勋有曰：'劳之来之，匡之直之，辅之翼之，使自得之，又从而振德之。'"振，提携、提高。育，培育、培养。道光皇帝以此文匾文，意在鼓励国子监师生提高道德修养，为国家培养栋梁之才。

---

① 参见［清］文庆、李宗昉等纂修《钦定国子监志》，北京古籍出版社 2000 年第 1 版，第 111 页。

② 同上，393 页。

③ 同上，370 页。

五、"敬敷五教"匾

"敬敷五教"匾现存于孔庙和国子监博物馆库房内，木制横匾，横长 310 厘米，纵宽 127 厘米，厚 15 厘米。匾芯磁青底金字，正中楷书"敬敷五教"四个大字，上方钤章"咸丰御笔之宝"。匾四周边框描金九龙祥云浮雕，工艺精美。咸丰书法存世不多，孔庙大成殿内还悬有咸丰御笔书写的"德齐帱载"匾，从这两方匾上的字体来看，咸丰的书法结字开张，笔画圆润。匾原有保存条件较差，整方匾心漆皮脱落，颜色暗哑，但边框精细的雕工仍透露出皇家御制匾的气派（图9）。

图9 "敬敷五教"匾

史书中没有关于此匾的记载，道光版《钦定国子监志》记载了雍正、乾隆、道光皇帝临雍讲学之后为彝伦堂颁揭匾，根据先例，这方匾应是咸丰皇帝临雍讲学时候颁赐给国子监彝伦堂的。《清实录·文宗显皇帝实录卷之八十四》载："（咸丰三年，1853 年，二月）癸未诣文庙行释奠礼，礼成，御彝伦堂，更衮衣，亲临辟雍讲学。《清史稿·卷二十文宗本纪》也记载："（咸丰三年，1853 年，二月）癸未，上临雍讲学，加衍圣公孔繁灏太子太保。"咸丰三年（1853 年）二月癸未日，咸丰皇帝驾临孔庙释奠先师，礼成后，来到国子监彝伦堂，更换衮服，临雍讲学，由此推测此匾为咸丰三年（1853 年）二月御书颁揭。

根据彝伦堂旧照和道光版《钦定国子监志》的记载，可以明确雍正的"文行忠信"、乾隆的"福畴攸叙"和道光"振德育才"三方匾的悬挂位置（前文已述）。由于目前资料所限，只能判定"敬

博物馆学研究

敷五教"悬挂于彝伦堂内，但具体位置还无法确定。

"敬敷五教"也出自儒家经典。《尚书·尧典》："契，百姓不亲，五品不逊，汝作司徒，敬敷五教，在宽。"《左传·文公十八年》："举八元使布五教于四方：父义，母慈，兄友，弟共（恭），子孝。"敷，布施，施行。敬，谨肃恭敬。五教是指父、母、兄、弟、子五者之间的关系准则。"敬敷五教"就是谨敬地宣传、实行五教的内容。孟子将"五教"表述为"父子有亲、君臣有义、夫妇有别、长幼有序、朋友有信"，其成为儒家教育思想的核心内容。咸丰皇帝以"敬敷五教"题匾，告诫学子要身体力行五教的内容。

六、"敬教劝学"匾

"敬教劝学"匾现存于孔庙和国子监博物馆库房内，木制横匾，横长331厘米，纵宽133厘米，厚11厘米。匾芯磁青底金字，正中楷书"敬教劝学"四个大字，上方钤章"光绪御笔之宝"。匾四周边框描金九龙祥云浮雕，匾上边框两条龙还保存完好，龙首高昂，神气活现！光绪的书法，端正大方，笔画规矩，此匾"敬教劝学"四个字正好体现了光绪书法的特点。匾芯的磁青色底子还隐约可见，而字迹上的金漆却已脱落（图10）。

图10　"敬教劝学"匾

《清实录·景皇帝实录卷之五百五十八》载：

"（光绪三十二年，1906年，夏四月，甲子）颁学部匾额曰'敬教劝学'。"

光绪三十二年（1906年）四月向学部颁匾"敬教劝学"。光绪皇帝御笔亲书颁给学部的匾怎么会在国子监呢？国子监是国家最高学府，也是国家教育行政管理机构。清朝末年，旧有的教育体制弊端早已显现，科举选拔人才的方法也已成为禁锢人才发展的镣铐。在教育改革的呼声中，光绪三十一年（1905年）9月废除科举制度，随之，11月设立学部，兴办学堂，撤销国子监，国子监所有事务归并学部。国子监管理全国教育的职能由学部代替，从此，国子监退出历史舞台，成为供人游览的遗迹。《清实录·景皇帝实录卷之五百五十一》载："（光绪三十一年，1905年，十一月，己卯）谕内阁、本日政务处学务大臣会奏、议覆宝熙等条陈一摺：前经降旨停止科举，亟应振兴学务，广育人才。现在各省学堂，已次第兴办，必须总汇之区，以资董率而专责成。着即设立学部，荣庆着调补学部尚书，学部左侍郎着熙瑛补授，翰林院编修严修、着以三品京堂候补，署理学部右侍郎。国子监即古之成均，本系大学，所有该监事务，着即归并学部。其余未尽事宜，着该尚书等即行妥议具奏。该部创设伊始，兴学育才，责任甚重。务当悉心考核，加意培养，其于敦崇正学，造就通才，用副朝廷建学明伦化民成俗之至意。"

……

（光绪三十一年，1905年，十一月，庚辰）谕军机大臣等：学部次序，着在礼部之前。奉恩镇国公全荣府第，着作为学部衙署。全荣着赏银一万三千两，由学部给发。"

光绪三十一年（1905年）建立学部后，规定了学部的位次在礼部之前，将镇国公全荣的府第作为学部的衙署。学部的衙署虽然设在镇国公全荣的府第，但并未一下子全部搬至全荣府第，此时国子监仍发挥一部分管理国家教育的职能。

光绪三十二年（1906年），也就是学部成立第二年，颁发给学部的匾，沿袭旧例，仍然悬挂在国子监彝伦堂内。囿于资料所限，还无法断定"敬教劝学"匾悬挂在彝伦堂内的具体地点。这方匾是中国近代旧式教育被废、新式教育兴起这一特殊历史时期的见证。

"敬教劝学"出自《左传·闵公二年》："卫文公大布之衣，大帛之冠，务材训农，通商惠工，敬教劝学，授方任能。"敬，重视。劝，鼓励、劝勉。光绪皇帝意在鼓励劝勉学子苦读，并告诫他们对圣人之道、对儒教保持一份敬畏之心。

王琳琳（孔庙和国子监博物馆研究部，主任、副研究馆员）

试述"中国古代建筑展"
讲解工作的特色

◎ 李 莹

2012 年 1 月 17 日，经过北京古代建筑博物馆全体工作人员四年的精心筹备，新展览"中国古代建筑展"终于面向观众开放了。新展览陈列于北京先农坛太岁殿院落内，共分为"中国古代建筑发展历程"、"中国古代建筑营造技艺"、"太岁殿复原陈列"、"匠人营国——中国古代城市"以及"中国古代建筑类型"五部分，陈列面积达 2700 平方米。相对于老展览，新展览从中国古代建筑的历史、营造技艺、城市规划、建筑类型等方面，更加全面、系统、形象地向观众展示了中国古代建筑的方方面面。

"中国古代建筑展"新展览作为古建馆的固定展览，参观路线更加流畅、自然，内容更加丰富，互动性增强，它的成功开放是全体工作人员的辛勤付出的结果，凝聚着业务人员的创意与智慧。如何将展览的主题、展品的内涵以及工作人员"以人为本"的设计理念传达、展示给观众，为观众提供更好的服务，是我们讲解人员要面临的问题。新展览的开放，为讲解人员提供新发展机遇的同时，也带来了新挑战、新要求。

一、熟悉展览内容，把握展览主题
是每一个讲解人员都应具备的基本条件

展览是博物馆实现社会功能的主要方式，是讲解工作的基本依据。但是，展览作为一种静态语言，本身不能直接完成博物馆的社会教育任务，这就需要讲解人员以展览为依据，对展览主题有高度的把握。在把握展览主题的基础上，对展览内容进行提炼和选择，通过自己的讲解语言，向观众做针对性的传播和交流。

"中国古代建筑展"新展览摒弃了以往以时间为纵轴或主要线索全面讲述古建通史或用高等学校教材中对古建分为几大类的做法进

行展示的思路，将中国古代建筑的历史、类型、技术等内容以及太岁殿复原陈列分成相对独立的五部分，分别陈列于三个展厅之中。相对独立的展览内容为观众参观增加了更多的灵活性，许多观众参观时的随意性很大，有的观众漫无目的地浏览，有的观众从后往前参观，还有的观众只看自己感兴趣的展品。此外，新展览内容和展厅表面看上去很独立，尤其是太岁殿复原陈列部分，但它们都是"中国古代建筑展"的有机组成部分。如何让观众流畅参观展览，不会产生间断或不连贯的感觉？这就需要讲解人员自身必须对展览内容有深入的了解，将太岁殿复原陈列部分作为先农坛古建筑合理地融入中国古代建筑知识之中，达到传播中国古代优秀建筑艺术和技艺的目的。

二、不断增加知识储备，
是新展览开放后讲解人员面临的首要问题

博物馆作为收藏、保护、研究、展示文化遗产的文化机构，是弘扬中华传统文化的重要场所，是公共文化服务体系的重要组成部分。博物馆拥有大量的馆藏文物，具有丰富的文化内涵。作为文化传承的载体，博物馆可以满足来自不同年龄、不同层次、不同群体观众多方面、多角度的学习需求，实现多方位的教育功能。博物馆的社会教育功能决定了讲解工作必须具有很强的学术性，从事讲解工作必须具有较广博的知识，这是从事讲解工作的前提条件。

相对于老展览新"中国古代建筑展"在这方面的要求更高。新展览向观众展示了中国传统建筑从原始社会至明清时期绵延几千年的发展历史，讲述了古代建筑营造精巧的营造技艺，展现了中国古代建筑的方方面面，内容包括历史、建筑、地理、民俗等多种学科，不但涵盖老展览的内容，更增添了许多新的知识，如文化建筑、军事防御建筑、牌坊建筑、桥梁建筑等等，这就要求讲解人员要针对新展览每个展厅侧重点的不同，拜殿侧重讲述悠久的建筑历史，太岁殿侧重呈现优秀的建筑技艺，而西配殿则主要展现了不同类型建筑中蕴涵的文化。

知识性是讲解人员从事讲解工作必须要遵守的首要原则。为了满足不同层次观众的需求，讲解人员必须要在熟练掌握展览内容、深刻理解展览主题的基础上，不断丰富自己的知识储备，不但要学习中国传统建筑本身的知识，还要对与建筑相关的学科如文化、地理、民俗等有所了解，并将丰富的知识储备熟练地与展览相结合，通过精练准确的语言为观众表达展品内涵与展览主题，争取积极的讲解效果。这就要求讲解人员不断学习、研究、解决，这种学习研究的目的明确，带有明显的针对性，不同于我们平时所说的学术研究和科学考证。要善于利用别人的研究成果，把它转化成讲解内容讲述给观众。然而作为讲解员，面对涉及内容广泛的"中国古代建筑展"，很难做到样样精通、面面俱到。在这种情况下，讲解员可以根据不同展厅特点、个人爱好等，有重点地进行学习、研究。在讲解实践中，还要养成随时发现知识不足，通过学习、研究弥补，再应用到讲解实践中的良好习惯。同时，讲解员之间还要互相学习、交流，取长补短，共同增加知识积累。

此外，还要时刻关注科研的最新发展和社会热点，将其融入讲解活动中，吸引观众的注意力，保持讲解活动的时效性。

三、了解观众需求，
优化展览内容，进行有效的讲解活动

观众来到博物馆学习、休闲是一种自主行为。在参观时观众要接触大量的信息，在展厅不断活动，他们很难长时间集中注意力于一点。此外，很多观众希望对展览有一个全面的认识，从而能对展览或讲解活动有完整的评价，所以他们很难在讲解过程中长时间地观看某一展品。"中国古代建筑展"新展览内容的增加，在一定程度上延长了观众的参观时间，这就更需要讲解人员了解观众的需求，根据实际情况，优化展览内容，合理安排参观线路，灵活地组织讲解活动。

中华几千年文明发展历史，但是古代建筑存世较少，为我们讲解展览增添了难度。新展览三个展厅内容侧重各不相同，有时会重复涉及一些建筑展品。如何处理好重复的展览内容，不但是设计人员需要考虑的问题，更是讲解人员在组织讲解活动中需要解决的问题。如故宫建筑群，作为中国古代建筑的精华，明清两代皇帝执政和居住的场所，它在中国传统建筑发展进程中占有重要地位，集几千年来中国传统建筑技术发展之大成，又是中国古代宫殿建筑中最辉煌的代表。新展览从建筑历史、营造技艺、城市规划、宫殿建筑等四个方面都涉及到故宫建筑群，讲解人员应根据观众需求，组织讲解语言，有侧重地为观众展示同一展品的不同内涵，避免重复。又如在中国古代建筑类型部分，不同的建筑类型丰富多彩、各具特色，讲解人员要根据不同类型的建筑选择文化、建筑、艺术等不同侧重点进行讲解，帮助观众更好的理解不同类型的古代建筑。其中，民居建筑因地域、民族等原因呈现出不同样式及风格，在讲解民居建筑时应侧重讲解当地人们生活环境以及民族特点，展示中国多彩民居形成的历史、文化背景；园林建筑最能体现中国古代建筑"源于自然高于自然"的艺术特色，在这里讲解人员要着重讲解中国古典园林的造园手法，引导观众欣赏中国别具特色的园林建筑；宗教建筑有极强的社会功能，在讲解宗教建筑的时候，应就各种宗教的历史、文化略做介绍，帮助观众更有效地理解宗教建筑；陵墓建筑是集建筑、雕刻、绘画、自然环境融于一体的综合性艺术，除了讲述建筑本身之外，还要引导观众欣赏建筑内部的艺术创作。

新展览开放半年以来，接待观众大约有三种：学生观众、专家学者、一般观众。学生团体大部分与学校教育相结合，侧重中国古代建筑历史及技艺的学习；专家学者更多的是交流学习相关展陈经验；一般观众则是带有猎奇的心理参观新展览，寻找展览的创新之处。前两类观众带有明确的参观目的，讲解人员的讲解活动要有针对性地满足他们的要求，解决他们的问题。对于一般观众，讲解人员应在展示展览主题的前提下，注重展现新展览中新的内容、新的展品、新的活动。

因人施讲是每一个讲解人员追求的最高境界，其核心是针对性。因此，讲解人员要一切以为观众服务出发，考虑观众的参观目的、参观需求、兴趣爱好、参观时间长短、年龄、职业、受教育程度等因素，设计灵活有效的参观路线，重点选择相关的展览内容，进行细致、深入、层次分明的讲解活动。

四、熟悉互动展品，
辅导观众互动，提高观众组织能力

互动项目作为展品，提高了观众参观展览的兴趣，激发了他们想要深入了解中国古代建筑的欲望。但是新展览中互动项目的增加，却对讲解人员提出了更高的要求。讲解活动不再是过去纯粹的语言行为，还需要辅导观众操作互动展品。讲解人员只有熟练操作展览内各种互动项目，才能有效地辅导观众完成互动，激发观众参观、学习的乐趣，这是互动项目作为展品的特色所在。

新展览中的互动项目有一部分是木建筑构件模型拼装需要观众协作完成，如形式各异的榫卯、清式三踩斗拱等。沉重的木构件对于年龄较小的观众操作有些困难，讲解人员应在保证观众人身安全的基础上，协助观众完成体验。触摸屏展品虽然提供了大量的信息，但是也具有局限性，如不能满足团体观众操作，操作时间较长等。如何将互动展品灵活地融入讲解活动，更有效地组织讲解活动，是古建馆讲解人员在今后实践中需要不断改进完善的新课题。

此外，北京古代建筑博物馆作为中小型博物馆，在人员、技术等方面受到限制，展厅内的展品及互动项目维护、保养、保修等多由讲解人员负责。这就要求讲解人员不但要会讲、会操作，更要掌握维护展品的基本技能。

从1905年张謇创建南通博物苑至今，中国的博物馆已经走过了一个多世纪。现代社会迅速发展，博物馆所处的社会环境不断变化，公众对博物馆功能也提出新的要求。进入21世纪，"博物馆应以'以人为本'为宗旨，应将有助于人的发展和愉悦作为主要任务，坚持为社会和社会发展服务。"（国际博物馆主席雅克·佩洛特语）利用一切手段创作出吸引观众的陈列展览，提供观众满意的服务产品，为观众营造优美舒适的参观休闲场所，是博物馆工作"以人为本"的具体表现。而讲解工作作为博物馆社会工作的前沿，是博物馆教育职能实施的重要手段之一。讲解人员应以为观众服务为宗旨，热爱本职岗位，努力提高讲解技能以适应社会的飞速发展，在实践中不断摸索，实现讲解人员的社会价值。

李莹（北京古代建筑博物馆社教与信息部，馆员）

浅议事业单位财务内控制度的建立与健全

◎ 董燕江

所谓内部控制是指为了保证组织单位各项业务事项有效的运行，保证财产的完整和安全性，防止舞弊行为和差错的发生，使财务信息和相关资料完整、真实和合法而制定和实施的一些程序和制度。企业现代化管理中内控制度是一个极其重要的组成部分。所谓事业单位内控，其目标是保证事业单位安全运行各项资金，提高资金利用效率，使事业单位的各项工作符合相关法律规定，保证国家资产安全完整，提供真实可靠的财务信息。因此，事业单位建立内部控制制度意义重大。事业单位建立有效的内控制度，一是可以防止非法占用或挪用事业单位资金的行为发生，防止资产丢失；二是保证财务相关信息的准确性，财务信息是各行各业经营成果的反应，准确的财务信息可以将事业单位以前某一时间段的经济业务和财务状况比较客观如实的反映出来，不仅有助于事业单位领导正确的决策，还可以为政府部门的宏观调控提供有利的据；三是可以防止腐败和舞弊行为的发生，堵塞漏洞，保证事业单位的各项工作稳健运作。

一、事业单位加强内控制度建设的背景

2011 年 4 月中共中央、国务院为进一步推进政府职能转变，提高事业单位公益服务水平，出台了《关于分类推进事业单位改革的指导意见》，提出要创新事业单位的管理体制和运行机制，激发生机活力，为人民群众提供更加优质高效的公益服务。内部财务管理作为事业单位的重要组成部分，是规范单位经济活动和社会经济秩序的重要手段。加强内部控制体系建设，建立起一整套财务管理系统化、程序化、制度化、标准化的内控管理制度，是贯彻和遵循中央指导意见和相关法律法规的必然要求，是加强事业单位内部管理、保证社会管理活动正常有序运行的客观需要。完善的内部控制制度，

将为事业单位的管理者提供决策信息，防范管理风险，不断提高经营管理效率和经济效益，发挥积极的基础作用。当前，财政部颁布的《企业内部控制基本规范》主要是侧重于在企业中的应用，事业单位内控制度相对滞后，还处于待完善阶段；相关的理论研究也亟待加强，尚缺乏具有可参考的指导性规范和监督制约措施，迫切需要引入企业内部控制理论，研究分析当前事业单位内部控制存在的主要问题，提出对策意见，促进事业单位的发展。

二、事业单位内控制度概要和意义

内控制度是企业和事业单位为保证自己的经营和管理活动有序和合法进行，采取的对于人财物有效地监督管理的系列活动。内控主要可以体现资产和各项财务信息的准确、安全、完整，保证实现对于员工流、工作流和物流的有效控制，确保将单位经营活动完全掌控。事业单位财务管理和企业单位财务管理还是存在一定区别的，事业单位财务管理在于执行财政部门会计制度和管理制度的同时，需要相应做好财务的内控制度：强化管理、防止漏洞，最大限度地提高经费使用效益。因为财务活动是一个单位运行轨迹的显示，所以事业单位内控设置要以财务作为核心，采取有效手段对现金、银行存款、销货、存货、材料物资的领发、成本会计和投资等活动进行内部控制。

三、事业单位内控制度现状

(一) 认识水平存在巨大差距，对内控制意识不足，认知尚浅

一个单位，特别是大多数的事业单位对于内控的认识还是存在很多误区，比如对于内控的设置，部分人认为是可有可无的，他们认为只要很好地执行了财政部门政策就完成了财务管理，尤其在目前事业单位基本实现了财政统一支付，内控设计似乎已经无关紧要，在部分领导的头脑中，已经将内控制度设置打入了"冷宫"；认识不到事业单位建立和完善内控制度的重要意义，可有可无的思想依然存在。事实上，只有提高对内部控制制度的认识才能保证事业单位的内控制度得到健全和实施，由此可见，强化事业单位对内控制度

的认识，对建立和健全事业单位内部控制具有重要的现实意义。事业单位的内部控制建设不能照搬制度，应当结合本单位的实际来建立和健全。另一方面就是目前事业单位财务人员的素质参差不齐，专业人员和非专业人员工作不分，外行领导内行的情况广泛存在，财务人员的思想水平认识不足，往往造成工作的被动，难以为领导决策提供有效的依据。

(二) 事业单位财务基础工作欠规范，会计人员的素质参差不齐

事业单位财务基础工作不规范主要表现在以下几点：一是财务人员的整体素质低，部分单位多职一岗的现象还存在，财务人员之间难以形成相互牵制和相互监督的作用。二是没有严格把关对原始单据的审核，财务人员的态度不严谨，重形式轻内容，原始单据不规范，没有完整的填写记账凭证，制单、审核、出纳、记账、主管人员的分工不明确，签章不齐全；没有正确的使用会计科目。三是设置账簿不规范，设置的会计账簿不符合国家相关财经会计制度的规定和财务管理制度的要求，会计档案管理和财务资料的装订不规则，没有及时分类归档保留凭证、账簿、报表；机构设置及人员配备不符合要求；很多事业单位没有季度财务分析报告，等等。四是岗位的设置存在问题。事业单位普遍存在的问题就是财务部门任务多，但是人员少，所以出现的一个问题就是不合理的兼岗问题比较多，与内控制度的精髓"不相容职务分离"是背道而驰的。批准和业务的经办是不能为同一人的，业务经办和会计记录不能为同一人，经办和稽查也不能为同一人，批准和监督检查等，虽然对于此类的情况在《会计法》中有明确规定，但在很多单位却依然存在；记账人员，保管人员或者经办人员不能有效地分离制约，不仅严重地违反了内控要求，也直接给管理工作埋下了隐患。可能是由于编制的问题导致的人员紧张，但在条件允许之下最好就是让出纳兼任记账，出纳兼任档案保管，记账兼任复核等情况不要出现。

有些人认为事业单位的会计核算相对较简单，财务管理的作用体现不出来。许多人认为，事业单位会计工作简单，非财务管理专业的人照样干，对会计人员素质要求也不很高。会计人员素质不高势必导致会计基础工作薄弱，加上对财务制度懂得不多，往往账务处理混乱。还有一些会计人员责任心不强，认为只要领导签字就能支出并入账，不能做到有效的监督。大多数会计人员只重视会计核

算过程，不重视财务管理，使会计工作成了机械记账、算账、报账的"工具"。

（三）事业单位财务内控制度不健全

伴随着社会主义市场经济的快速发展，事业单位建立和健全内部控制制度是很有必要的，但目前事业单位的内部控制制度大多数是不科学、不完整的。财政部虽然制定的《企业内部控制制度》和《内部会计控制基本规范》相关的原则、理念以及方法对事业单位也适用，但设计的初衷毕竟是针对企业的，因此在事业单位中建立内控制度相对比较被动。虽然《会计法》、《内控会计控制规范》等都对内部控制做了具体的规定，强调了建立风险控制系统，在控制条款中增加了有关防范风险的要求，但当前事业单位财务内部控制制度仍然不够完善，不够系统，可操作性不强，内部控制程序、控制环节、控制措施都不够规范。会计岗位安排没有按照《会计法》、《会计基础工作规范》的要求，实行不相容岗位相分离制约的制度。同时内控制度也没有随着业务发展和客观环境的改变而及时进行修订和补充，使得这些制度出现了滞后，对财务内部运作难以起到有效的控制作用。随着网络的发展，内控的建设更加需要强有力的网络平台。财务管理和对于资产的管理相互存在巨大的脱节，财务人员对于资产的使用情况不是十分的了解，同时资产的管理人员不了解财务资产的存量情况，财产物资如果长时间没有得到有效的处理，很容易变成呆账，造成国有资产流失。追究其中的原因，主要是没有建设有效的管理平台，或者管理平台没有被很好利用，只有建立有效的管理平台，才可以使财务方和资产管理人员或者是科研项目负责人进行方便、快捷的交流，在最短的时间之内解决问题，所以作为事业单位财务人员在建立和健全单位内部控制制度方面应当充当主力军的作用。

（四）内控的方法体系存在问题，业务流程不规范

事业单位业务流程的控制是内部控制核心环节，只有从根本上实现对于业务流程的控制才可以实现完整的内控目标。目前《事业单位会计准则》和《事业单位会计制度》并无法从根本上解决内控问题，体系不健全，流程不规范主要表现就是"一支笔"的情况依然存在，实际的财务控制非常薄弱，级别、层次审批和内部审计监

督完全流于形式，授权审批制度有待进一步的改进；再者就是流程和体系没有很好贯彻执行，对于没有明确的审批过程，或者比较简单的流程往往在执行"先上车后补票"形式，缺乏事前的预评、事中的监测和事后的评估全过程，对于财务内控来说把关效果尽失。业务流程和控制方法体系是内控制的重要环节，内控目的的实现与否和其合理、有效与否息息相关。现阶段，大多数事业单位没有完善的内控方法和体系，没有合理的业务流程。例如：岗位的设置不合理，授权批准同业务经办、业务经办同会计记录、会计记录同财产保管、业务经办同稽核检查、授权批准同监督检查等岗位没有合法合理分离。

四、事业单位账务内控制度的完善途径

（一）提高对内控制度的重视

严格按照《会计法》规定，切实执行单位负责人对于会计监督制度的组织和实施，对于单位内部的会计监督和有效地实施负最终责任。单位领导应该坚决的担负起法律给予的责任，加强会计管理，严肃内部会计监督，建立有序和高效内部会计控制制度。内部会计人员应该加强业务学习，认真掌握政策性和专业性知识，提高遵纪守法和提高职业道德的意识，熟悉计算机和网络知识，适应新形势内控制度发展的要求。一是事业单位应当加大对内控的宣传工作，让内部控制的作用传达到各个职工。二是加强对事业单位领导的内部控制理论知识的培训，让他们明白建立内部控制制度对单位的意义和作用，为事业单位内部控制的建立提供良好的氛围。三是事业单位需要进一步的规范和明确内部机构设置以及权限分配，严格做到不相容职位之间的分离，在各个岗位、各个部分之间达到相互牵制相互监督的目的，保证岗位和部门设置的合理和有效性，为事业单位内部控制的有效建立提供良好的环境。

（二）会计系统的控制作用要强化，财务基础工作要做好，
　　　合理设置岗位调控体系

按照会计法对于兼岗问题的要求，清理存在的兼岗问题。坚持不相容岗位人员分离，内部人员形成有效牵制，从根本上杜绝"监

守自盗"现象发生。以建立网络平台为契机，建立有效的内控体系，从根本上解决领导"一支笔"问题，形成多层次、多级别内部控制制度。有效地强化审核制度，让审核意见成为审批的重要依据，最大限度理顺业务流程，实现完整和清晰的内控目标。

（三）充分发挥内审的作用

事业单位财务基础工作的不规范会制约其内控制度的建立，所以建立内控制度需要做好财务基础工作，加强财务系统控制。事业单位做好财务基础工作要从以下几个方面着手：一是全面提升财务人员的综合素质和内控意识，正确地进行财务核算，只有这样才能运用好会计科目，提高财务报表的编制质量，做好财务分析报告。二是计算机信息技术要加强控制。现阶段一些事业单位的管理人员和操作人员的岗位和分工职责不明确，如密码没有及时更换带来财务信息被盗的风险，等等，这些不好的现象事业单位应当引起高度的重视，事业单位应当根据自身的实际情况，采用现代化的技术手段，加强对电子信息技术的控制。三是制定相应的奖惩制度，表彰财务基础工作比较好的单位，惩罚财务基础工作相对比较混乱的单位，督促其完善。

（四）建立和健全内控平台

充分地利用网络平台，促进业务部门和财务部门有效沟通和交流，让信息在权限范围内畅达整个局域网络。实行重大项目，财务和业务充分交流协作机制，联合管理并双人签字，有效地解决谁都管和谁也不管问题，让内控平台成为领导最快捷了解情况和监控流程，监督评估和做出决策的依据。

（五）充分发挥内审的作用

内审制度是事业单位内部控制的重要措施，同时内审制度是单位内部的一个重要内部评价和监督机构部门，内审的目的就是协调人员有效履行职责，监督和检查各项管理制度的贯彻和执行，提高单位管理效果，保证财务的合理合规，信息的准确和真实。对于单位重大项目进行内部审计，实现管理、控制、监督，有效形成自我约束和自我控制的制度；在审计中发现问题，在执行中改进问题，以达到不断地完善内部控制的目的。对于单位重大项目进行内部审

计，有效形成自我约束和自我控制的制度。在审计中发现问题，在执行中改进问题，以达到不断完善内部控制的目的。要完善内部审计工作的职责，保护审计人员依法行使职权，充分发挥内审的监督职能，保障内部财务控制制度的有效实施。此外，事业单位也可以设置专门的监督或检查小组进行定期或不定期的检查，可以由纪检部门负责，同时把内审与外审对接，主动接受政府财政、审计等部门的外部监督，不断完善事业单位内控制度的有效性。

总之，事业单位的内部控制建设是一个新的课题，需要单位领导重视和相关部门人员共同配合支持，事业单位应当参照企业的内控制度结合本单位的实际制定切合单位实际的财务内控制度，这样建立的内控制度才具有效力和意义。

董燕江（北京古代建筑博物馆计划财务科，中级会计师）

博物馆功能的拓展和延伸

—— 浅议博物馆文化产品的开发

◎ 凌 琳

中国博物馆的建立是从 1905 年著名爱国实业家、教育家、社会活动家张謇创建中国第一个博物馆——南通博物苑开始，已有一百多年的历史。通过百年的中国博物馆历史的发展，人们认识到：博物馆不仅具有收藏、研究和展示功能，而且已经成为多元化、多功能的文化设施。随着经济社会的发展，公众的文化需求呈现出多样化、多层次状态。博物馆开始将更多的目光，投向全体民众的基本文化权益和文化需求，不断创新博物馆文化的展示方式。需要深入研究博物馆文化资源特征，探索文化传播的规律，运用各种手段和场合，拓展博物馆的传播功能。博物馆开展文化产品营销是拓展和延伸文化传播功能，其核心是建立在藏品、展览之上的文化创意。博物馆文化产品的研发要注重突出个性，使之成为博物馆文化的最佳代言，实现观众"把博物馆文化带回家"的愿望。

一、博物馆文化产品是博物馆文化的传播者

"文化产品"，联合国教科文组织的定义为："文化产品一般是指传播思想、符号和生活方式的消费品，它能够提供信息和娱乐，进而形成群体认同并影响文化行为。"博物馆文化产品则承载着博物馆本身的文化信息，这正是它区别于普通旅游产品的特殊之处，也是其备受人们喜爱和购买之由。

2010 年初在北京召开了全国博物馆文化产品开发工作座谈会，与此同时，也举办了全国博物馆文化产品评奖会。全国 35 家博物馆开发的 91 件文化产品参加了评选，其中 30 件产品入选一、二、三等奖，之后部分产品在故宫博物院展出，这是第一次展览全国博物馆文化产品。而这次获奖的最重要的理由：是否具备馆藏文物载体元素，也就是说，一个图案或符号、一种造型或颜色、一段文字说

明或解读，都要在该博物馆的馆藏文物、展览内容、建筑形制、研究领域中找到依据和原型。一般来说，我国博物馆文化产品有三类，一类是依托博物馆藏品和展览设计制作的各种材质的创意文化产品和民族手工艺品，一类是文物藏品的复仿制品，一类是与博物馆藏品和展览相关的书籍、电子出版物和各种纪念品。

台湾社会教育主管部门自2005年起，为增进大专院校设计相关系的学生对于博物馆文化资产加值运用的认知，鼓励学生融合创意、美感及技巧进行创作，参与博物馆周边文化产品开发与设计，连续举办了三届（2005年、2006年、2008年）"博物馆商品创意设计竞赛"。竞赛宗旨是"借由竞赛使学生了解文化创意产业加值功能外，并以文化营销方式，扩大博物馆教育功能，吸引社会大众进入博物馆参观"。首届（2005年）竞赛只有台湾历史博物馆、自然科学博物馆、工艺科学博物馆、海洋生物博物馆四家博物馆参与，参赛者需选择其中之一家，依据该博物馆的功能与特性进行商品设计。设计内容与使用材料不限，但必须符合所选择博物馆的主题。评审标准为创意40%、审美20%、制造20%、实用20%。2008年度，参与文博单位增至17家，按社教馆所属性分为历史文物（历史博物馆、台湾史前文化博物馆等）、科学工艺（自然科学博物馆、科学工艺博物馆等）、其他（国父纪念馆、国家图书馆等）三类，分别按照评审标准进行评选。与2005年相比较，评审标准改为：创意30%、制造30%、实用30%、审美10%，更注重作品的可制造性与实用性，博物馆商品设计定位已从单纯的工艺品过渡为与现实生活密切相关的日用品。由于参赛者均为大专院校的学生，他们是博物馆的主要观众群之一，能够体味一般社会公众对博物馆商品的基本需求。同时，他们所拥有的知识背景使他们能够深刻地理解博物馆藏品的内涵并加以很好的诠释。因此所设计的作品多为文具和日常家居用品，个体小巧，材质低廉；但创意灵动，寓意深刻，在有限的空间内实现了文化的无限延伸。

在日本博物馆的出口处，往往设有纪念品售卖商场。"商品"都是与博物馆有关或受博物馆展品启发而开发研制的纪念品，包括印刷品、饰品、文具、日用品与文物复制品，等等。印刷品中的明信片的图案以馆藏精品盒博物馆风景照居多，如法隆寺佛像、宇治平等院的日出与日落和美秀博物馆的春夏秋冬。文物，尤其是一些标志性文物，成为纪念品中文具与日用品的主要纹饰，如螺钿紫檀五弦琵琶是奈良县立博物馆热卖的毛巾、手帕、包袱皮、环保袋与领带的主要纹饰。另一方面，展品的各种纹饰也是纪念品纹饰的重要蓝本，如东大寺出售的毛巾与手帕印制着东大寺瓦当上的云纹、莲花纹与忍冬纹等，奈良县立博物馆内售卖的信纸和文件夹上印制正仓院文物上的动物纹与花鸟纹。通过出售纪念品，博物馆不但可以产生一定的经济效益，更重要的是促进了对文物的宣传和没的传播。

无论是复仿制品、电子出版物、民族工艺品、创意产品，还是文具和日常家居用品，都是依托博物馆文化而设计创作的，它们承载着与博物馆主题相关的历史、文物信息，并且被赋予了浓郁的传统文化内涵，因此具有一般商品所不具备的特性——教育性、宣传性和纪念性。如果你在参观博物馆后，想买一个博物馆的符号或相关的一件文化产品，同时博物馆又满足了你的需求，博物馆文化产品就达到了传播文化的目的。它们在走进了人们生活的同时，也将博物馆和博物馆的历史、科学、文化信息传播到千家万户，弥补了博物馆文物展品不能脱离博物馆特定环境这一缺憾。从这个意义上说，博物馆文化产品是博物馆最好的宣传品和"名片"。另外还有一种参观者，希望与亲友分享文化的美好愿望，他们会选择一些合适的纪念品带回去送给没有到过该馆的朋友们，这样一个小小的文化商品就成为一传十、十传百的博物馆文化的"宣传员"，成为了博物馆文化的传播者。

二、博物馆文化产品是市场中的新鲜事物

博物馆开展市场营销的前提是确保安全、公众受益、反哺博物馆事业，博物馆市场营销的核心是建立在藏品、展览之上的文化创意。半世纪以前国外博物馆已经开始引入市场营销的理论、方法和手段建立起适应外部环境的管理体系和运作模式，它们在保持非营利公益事业机构性质的同时，立足于市场经济发展现状，多渠道开发文化产品，并将收益回馈于博物馆自身建设上，取得了成功。

我国的博物馆开始把市场营销的理念与方法应用到文化产品开发，是在 20 世纪 90 年代中。先行者是上海博物馆，1996 年上海博物馆新馆开放之际成立了上海博物馆艺术开发公司。公司实行独立核算、自主经营、自负盈亏的企业经营模式，经过 10 多年的发展，公司拥有营业面积 800 多平方米，2 万多种文化商品，其中自主开发

设计的系列文化产品 400 余种。2005 年公司在上海时尚文化地标"新天地"开设精品分店，成为周边世界 500 强、办公写字楼高级白领的时尚首选。2009 年公司又成为大英博物馆长期供货合作伙伴。

故宫博物院文化产品开发起步较晚，开始于 2007 年底。为迎"奥运"，故宫举行天朝衣冠展览，将皇帝、皇后服饰一起展出。为了配合展览，故宫设立了第一家专卖店，商品的元素都从展品中提取的。

此后故宫文化产品开发步入长足发展阶段。故宫内现有 30 多个销售文化产品的经营店，还在澳门艺术博物馆开设了一个专卖店，在这些店里销售的一万多种商品中有 46% 是故宫自主开发的。这几年，故宫博物院开发的文化产品多了，为了更好得传播故宫文化，展现文化产品品牌风采，故宫博物院委托清华大学美术学院平面设计系统开发研究所，为故宫的文化产品规划新的包装风格。2010 年研究所人员进行调研，在整合现有文化产品资源基础上，将故宫文化产品归纳为服装服饰、文具、陈设品等 18 个门类；设计团队又深入挖掘故宫蕴涵丰富的明清皇家文化元素和藏品元素，针对"紫禁城"、"故宫"标识等核心元素进行规划，最终确定包含建筑、文物、书法、绘画、传统吉祥图案的"故宫元素组合"包装方案。这就是故宫博物院福院长李长儒所说的：文化需要包装，艺术需要包装；包装也是文化，包装也是艺术。

为了让古老的文明瑰宝更便捷地接近大众，让故宫文化走进千家万户，2011 年，故宫博物院以建院 85 周年、紫禁城建成 590 周年为契机，开通了以故宫创意产品为支撑的网店。故宫网店自 2011 年 10 月正式运营以来，故宫淘宝的文化产品，以其 Q 版趣味和古典雅致，在网络市场独树一帜；故宫淘宝的客户服务，以其热情真诚和贴心周到，赢得了广大客人的喜爱和信赖。2007 年以来，故宫博物院在文化产品的开发方面一直坚持原创，正是因为这份坚守，多年来结出了丰硕的成果：故宫娃娃、故宫 T 恤、故宫包包、故宫饰品、故宫文具、故宫手机链、故宫摆玩摆件等一大批故宫原创产品琳琅满目。

北京古代建筑博物馆纪念品的创意设计来源于先农坛古建筑元素，"北京古代建筑博物馆"位于先农坛内。博物馆文化产品品之一书签，是根据"清雍正帝先农坛亲祭图、亲耕图"、"历史上的先农坛"和"先农坛古坛风景区"三个内容印制的；产品之二长柄伞、环保袋上图案，是依照明代官式建筑"太岁殿"外延的金龙和玺彩画而演变的；产品之三竖龙纹单杯、团龙纹双杯，又是依据清乾隆年间建造的"观耕台"，其须弥座中部砌筑的吉祥如意图案——"莲瓣卷草纹、行龙图案"而制作的。

三、博物馆文化产品是博物馆经济增长的新科目

当前我国的博物馆运行经费是靠政府全额拨款，只能解决博物馆基本生存，远远不能满足博物馆事业的发展。在这种情况下，博物馆开发文化产品最现实意义是从中获取经济收益，增强博物馆自身造血功能，也就是在一定程度上解决博物馆事业发展资金短缺问题。

其实经费匮乏是全球博物馆普遍面临的一个难题，只不过更早时期，国外一些博物馆通过文化产品开发突破了这一"瓶颈"。如美国大都会博物馆文化产品商店 1949 年全年营业额仅有 10 万美元，1972 年上升为 200 万美元，1987 年猛增到 5500 万美元，2002 年销售收入已超 1 亿美元。大都会博物馆文化产品商店从一个小纪念品中心发展成为推动文化教育的主要延伸机构和重要的经费来源。史密斯博物馆群（包括 18 个各种类型的）在 2004 年文化产品销售收入达 1.563 亿美元，为博物馆带来了 2670 万美元的净利润，几乎是史密斯无限定用途基金数目的一半，博物馆可以自行支配这笔资金。

在中国上海，1996 年成立的上海博物馆艺术开发公司文化产品销售额也从当年的 500 万元人民币，发展到 2006 年、2007 年的各 4000 万元人民币；自 2006 年起，文化产品的销售额超过了上海博物馆的门票收入。

台北故宫博物院从 2005 年起，通过加大文化产品的开发和销售，两年间文化产业销售额就从 5000 万人民币提高到 2 亿人民币。在台北故宫博物院开发的文化产品中，仅翠玉白菜的衍生品就多达 204 种，2011 年的销售额达到了 1.2 亿元新台币；台北故宫博物院的所有文物都有衍生品，销售额共计 8.8 亿元新台币。2012 年在深圳举行的"第八届全国文博会"的开幕首日，台北故宫博物院展区的销售额就超过了 5 万元人民币。

虽然中国部分大中型博物馆在文化产品开发方面取得了一些成绩，但从总体上看，博物馆文化产品开发经营仍处于起步、探索、

培育、发展的初步阶段。通过了解国外博物馆文化产品的开发经营模式，学习和借鉴他们的成功经验，充分发挥自己的资源优势，研究和开发中国博物馆文化产品，实现"力争到2015年，每个博物馆根据自身藏品和展览开发的文化产品达到五种以上，国家一级博物馆达到10种以上，中央、地方共建国家级博物馆达到30种以上，全国知名博物馆文化品牌达50种以上，逐步形成品种齐全、种类多样、特色鲜明、优势突出、富有竞争力的博物馆文化产品体系"这一战略目标，真正地实现观众"把博物馆文化带回家"的愿望。

凌琳（北京古代建筑博物馆保管部，馆员）

博物馆学研究

安全是文博工作的生命线
——浅析如何做好博物馆的安全工作

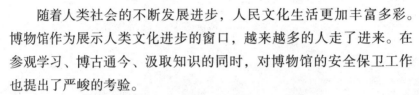

◎ 袁召彦　关剑平

随着人类社会的不断发展进步，人民文化生活更加丰富多彩。博物馆作为展示人类文化进步的窗口，越来越多的人走了进来。在参观学习、博古通今、汲取知识的同时，对博物馆的安全保卫工作也提出了严峻的考验。

如何做好博物馆的安全工作是当前复杂的安全形势下摆在我们面前的首要问题。从以下三个方面谈谈如何做好博物馆的安全保卫工作。

一、博物馆的基本共性

大凡博物馆基本上都具有以下八个方面的共性。

（一）年代悠久，历史价值高，属于国家重点文物保护单位。

（二）建筑多为木质结构，油漆粉刷，易燃且不易扑灭。

（三）公益性的对外开放场所，参观群众较多，流动性大。

（四）近邻单位、家居较多，明火做饭、燃放烟花爆竹等距离博物馆较近。人员成分复杂，车辆进、出随意性大。

（五）建筑密集，无消防通道，室内没有自动喷水设施。

（六）安全保卫人员配备相对薄弱，无专业安保力量。

（七）监控设施、设备相对落后，监控方位不全面，监控有盲区，看守人员少。

（八）安保人员没有执法权，取证困难。重安全结果，轻资料档案管理。

二、博物馆可能面临的十种安全隐患预判

（一）暴力恐怖活动

"宗教极端势力、民族分裂势力、国际恐怖势力"等三股势力在人员密集场所实施暴炸、枪击、杀人、放火等暴力恐怖活动，以达到破坏社会安定、制造动乱，颠覆国家之目的。

（二）人为纵火、破坏

1. 敌对势力、不法分子借重大节日、人员密集场所等时机、场合，为了制造国际议论，攻击中国政府而故意纵火、实施破坏等。

2. 因拆迁、补助不公等矛盾对政府不满，心存怨恨借机报复泄愤，实施纵火、破坏等。

3. 上访无果，心存怨恨，对社会不满，对生活失去信心，肆意纵火、破坏，制造事端、影响稳定者。

4. 社会闲杂人员游手好闲、小偷小摸，为转移视线而故意纵火、聚众闹事等以达到趁机行窃之目的者。

（三）电路引起火灾

电源漏电，线路老化，超负荷用电，电器短路，充电设备质量不过关，易燃物品距离电源太近等无人看守时易引起火灾发生。

（四）过失引起火灾

乱扔烟头，油、汽、漆、稀料等保管不善，电焊气焊不按操作规程，明火做饭，烧香点蜡祭祀，燃放烟花爆竹，燃烧枯枝树叶等易引起火灾发生。

（五）雷电引起火灾

易燃、易爆物品清理不及时，雷雨天气雷击引起火灾的发生。

（六）盗窃案件

因保管不善、防范措施不到位，导致文物、贵重物品或其他财物丢失、被盗等。

（七）邪教人员

法轮功、全能神等邪教组织利用公共场所进行反动宣传、演讲、教唆，甚至进行自焚、伤人等极端行为。

（八）内部矛盾

对领导有意见，和同事有矛盾，心胸狭隘、伺机报复者。

（九）自然灾害

因暴雨、洪涝、地震、强风等自然现象导致房屋、墙壁、树木等坍塌、倒伏伤及人员生命、财产等。

（十）其他意外事故

1. 枯树干枝掉落伤人。
2. 车存易燃物品因天热爆燃。
3. 雨雪天路滑摔伤。
4. 突发疾病。
5. 贵重物品丢失。
6. 精、呆病患者行凶。
7. 因言语不和，发生肢体冲突，引发大量群众围观等。

这些现象处理不好，都会引发事故或案件的发生。

三、做好安全工作的几点思考

针对上述可能存在的安全隐患，做好预防是关键。要把隐患消除在萌芽状态，力保博物馆的安全，应努力做到：

（一）坚持一个重视，即领导重视

领导重视是做好任何工作的前提，"听我的"不如"跟我上"。只有领导重视亲自抓，员工才能重视它，才能用心去做事、用力去做好；只有领导重视，安全才有保障，行动才能顺畅；只有领导重视，大家才能不敢懈怠，才能齐心协力共同做好安全工作。

（二）树立两个意识

1. 安全责任意识

安全是文博工作的生命线。做任何事情，都应该把安全放在首位，不利于安全的工作不做，不能保证安全的事情不办。要牢固树立安全的意识，以高度的政治责任感和紧迫感，切实落实各项安全措施，扎实有效做好安全防范工作。要明确责任，强化预警机制，做好预先防范备案。文博工作安全是"1"，其他工作都是"1"后面的"0"，只要"1"存在，"0"才有价值，没有了"1"，后面多少漂亮的"0"都将毫无意义，要深刻领会"要想谋发展，首先得安全"的重要性。

2. 岗位责任意识

"安全重于泰山"，在博物馆内部，各部门、各展厅、古坛区以及驻馆单位要按照各自分工坚守岗位，切实负起安全责任，并实行按制度奖罚分明，对检查出来的隐患整改及时到位，实践证明，岗位责任制能切实做到防患于未然。博物馆的安全就是职工的最大福利，安全贯穿于各项任务、各个岗位、各个时段、各个角落当中，群策群力，共同防范，汇集岗位的小安全，才能保证博物馆的整体安全。安全为了工作，工作不忘安全，每名员工都要树立"职工为部室负责、部室为馆里负责、馆里为局里负责"的岗位责任意识。

（三）完善三种制度

1. 完善安全制度

治国靠法律、安全严制度。制度是行动的指南，建立完善全面的制度是安全工作的依据。但随着安全形势的复杂化，安全制度难以面面俱到。因此就要不断完善、不断改进，不留死角、不留空白，制度只有达到规范化、常态化、责任化，才能有章可循、有法可依、有据可查。

博物馆实行逐级安全岗位责任制，明确责任和义务，层层签订安全工作责任书。按照文物安全工作要求，针对文物安全保卫工作方面存在的问题，制定了《维护博物馆安全稳定保卫工作预案》、《博物馆安全隐患制度改革》、《博物馆夜间带班、值班制度》、《博物馆防火、防盗、防汛应急预案》《反恐防爆工作应急预案》等26个行之有效的文物安全保卫制度，并保证安全制度落到实处。建立应急处理机制，实施精细化管理，细化所有安全管理细节，覆盖所有细微之处，做到任务明确，责任到人，督察到位。

2. 完善长效机制

安全工作只有起点，没有终点。它具有长期性、艰苦性、韧耐性、突发性的特点，不能因人员、时间、地点、天候、任务等的变化而放松。建立安全工作的长效机制，是强化责任心、落实责任制的有效手段。

有制度就得落实和执行，否则再好的制度就成为一纸空文。在制度建设工作过程中，要严格操作程序，遵守管理规定，健全保障体系，让制度管事，切实提高办事效率。

3. 完善应急预案

应急预案是处置突发事件的依据，符合国家法律、法规、规章和标准规定。本着博物馆实际安全情况"预防有事、应急实用"的原则：应急组织和人员的责任分工明确，并有具体落实措施，制定各种情况下的应急预案。预案力求简单实用、符合实际，有明确、具体的事故预防措施和应急程序，并与其应急能力相适应，便于操作。同时要加强培训、演练，避免忙中出错、贻误战机，造成不应该有的伤亡损失，确保应急保障措施，能够满足博物馆的应急工作要求。

（四）把好四个关口

1. 安检关

作为第一道关口的门卫，应认真履行职责，落实安全制度，严格检查，把好安检关。防止不法分子、违规车辆等进入馆内，防止把易燃易爆、违规刀具、凶器火种、化学生物等违规物品带入馆内。把"病菌"截留在关外，以确保人员、文物的安全。

2. 整改关

消除隐患是预防事故的根本。在巡查、检查过程中发现的不能当场改正的消防安全隐患，通过巡查部门开据《安全隐患整改通知书》，明确整改的期限和要求，由保卫部消防安全责任书签发，责令相关部门予以整改。安全隐患处处有，整改是关键。有了隐患不要紧，及时整改才安心。

3. 重点关

逢年过节、两会、重大活动、少数民族节日等特殊时期是不法分子制造事端的重点时期，为了保证重大节日期间博物馆人员和文物安全，安保工作应提升等级，重点坚守、严格把关，绝不能给不法分子可乘之机。

4. 监控关

中控室作为馆里的中枢重地，集早发现、早预警、早报告、早处置、早破案等功能于一身。设施、设备等务必经常处于良好的技术状态，配备素质过硬的值机员并保持 24 小时值班，保持全方位全时控监视状态，把好监控关，防患于未然。

（五）落实五个到位

1. 教育培训到位

广泛教育，大力宣传，加强学习，提高认识，强化防范意识，达到人人重视、群策群防之效果。搞好培训，增强素质，组织实战演练，不断提高全体员工消防安全的"四个能力"和应急突发事件的处置能力。

2. 检查指导到位

保卫部门作为安全执行部门，只有多检查、常指导才能及时发现问题、解决问题。要用真心、出真招、真干事，把隐患找出来、整改掉。要把"岗位日查、每日巡查、每月督查、集中排查、随机抽查"等检查制度深入到各项任务、各个环节、各个时段当中，以达到"防患未然于常抓，消除隐患于萌芽"之目的。

3. 制度落实到位

制度定责任，落实是关键。制度只有落实到行动上，才能达到知行合一。每一项工作、每一个岗位、每一个时段，只要都能严格落实规章制度，安全就有保证。

4. 服务意识到位

"安全是根，服务是本"，安全是文博系统的根本，有安全不等于有一切，没有安全肯定就没有一切。博物馆作为对外开放的公益性场所，树立优质的服务意识，保持良好的服务心态，提供高效的服务质量，营造安全的服务环境，是我们文博工作者为广大群众参观学习，搞好服务的职责所在。

5. 应急设备到位

一年四季，春、秋最为重要。防火、防盗、防雷电、防汛、抢险救灾、反恐防暴等各种应急设施、设备、器材的配备到位，是处置突发事件的保障，加强安保人员对应急事件培训是扼制事态进一步发展的重要因素。

（六）克服六种思想或现象：

1. 克服侥幸麻痹的思想

思想不重视，警惕性不高，小问题不能及时解决，小隐患不能及时排除，心存侥幸、麻痹大意，听之任之，后患无穷。

2. 克服依赖懒惰的思想

主动性不强，积极性不高。上有领导、下有员工，多一事不如少一事，我不干有人干。等靠依赖，推三阻四，能拖则拖，不以为然。

3. 克服工作不细致的现象

落实制度不严、具体工作不细、安全措施不到位，只求防患于未然，罔顾防燃于未灭，顾此失彼，容易导致发生事故的发生。

4. 克服不敢叫真的老好人现象

检查走马观花，问题不敢揭露，整改不彻底、隐患留尾巴，对存在的一些问题睁只眼闭只眼，不敢较真碰硬去彻底纠改，一个小的隐患不解决，也许就会导致大事故的发生。

5. 克服懒散敷衍的现象

在其位不谋其政，谋其政不守其责，做一天和尚撞一天钟，得过且过，敷衍了事，混一天算一天，不求有功，但求无过，平庸一天，不谋发展。

6. 克服不以为是的现象

总认为事故离我很远，没必要全民皆兵、高度紧张。岂不知，隐患就在身半尺，事故就在我身边。别人亡羊，自己补牢，吸取教训、居安思危，才能让我身边无事故，力求一方保平安。

做好文物建筑安防措施虽然有很大难度，但是我们要"在馆爱馆，馆兴我荣；想馆为馆，馆衰我耻"。博物馆的安全工作，不是一个部门、几个人的事，而是大家荣辱与共的共同责任。只要大家齐心协力，牢固树立"博物馆是我家，安全连着你我他"的主人翁意识，才能确保博物馆的安全及日新月异的发展。

袁召彦（北京古代建筑博物馆保卫科，科长）

关剑平（北京古代建筑博物馆保卫科）

博物馆处置突发事件的几点认识

◎ 袁召彦 关剑平

随着国际、国内安全形势的不断恶化,"三股努力"的疯狂作恶、社会矛盾的日益尖锐、火灾盗窃事故案件的频繁发生等现象的层出不穷,作为公益性场所的博物馆,其安全环境也面临着巨大的压力,这就给安全保卫工作也提出了严峻的考验,近些年在博物馆频频发生的事故、案件也为我们敲响了响亮的警钟。清醒地认清安全形势,及时审时度势地制定应对之策,对于处突防变,确保博物馆安全,无疑具有非同寻常的重要意义。

下面就结合几年来的工作实践,谈谈在发生各种突发事件时的应对之策,仅供参考。

一、发生火灾险情时的处置方法

当发现火灾险情时,要保持清醒头脑,正确判断火灾发生的原因,果断处置。

(一)火险在室内时,应迅速切断电源,并大喊室内群众撤离。

(二)火险在室外时,应立即组织游人远离现场,并通知本单位消防队共同扑救。

(三)当火势较小时,立即用相应的灭火器将其扑灭,并报告领导,防止发生复燃。

(四)当火势一般、在可控范围内时,应及时呼救,通知增援,共同用灭火器或消防水带将火扑灭。

(五)当火势较大、无力扑救时,立即拨打119报警,并及时通知本单位领导或保卫部门,同时组织群众疏散并逃生自救。在消防车到来之前,协同其他职工进行先期扑救。

二、发生破坏案件时的处置方法

发现有人实施破坏时，应勇敢面对，及时采取措施尽量把影响或损失控制在初期阶段。

（一）迅速用对讲机或其他方式通知其他各值勤人员，讲清事件性质及所在位置，等待救援，并根据事件大小做出快速反应。

（二）领导小组及其成员迅速赶赴现场，立即组织一部分人员对出事点进行搜索包围，另一部分人员担任外围警戒，特别是门卫警戒，防止不法分子外逃或隐藏在某个部位。

（三）救援人员到位后可根据事件性质，拨打电话"110"报警或与当地派出所联系请求协助，并及时疏散群众。

（四）其他岗位员工不得离开岗位，加强警戒，并做好自身的防护，防止不法分子劫持员工当作人质。

（五）抓到不法分子后应交公安机关，不得私自处理。

（六）相关部门协助公安人员现场取证、清点财物损失情况，做好善后事宜。

三、发生盗窃案件时的处置方法

（一）发生盗窃案件时，当事人或发现者做好现场保护工作，在第一时间向保卫部门报案。

（二）接到报案后，有关部门负责人应立即赶赴失窃地，积极开展现场警戒、保护等工作，保卫部门要迅速组织人员到达现场进行勘察，并安排人员到易逃离区域蹲点布控，以及进行全面搜查，并视情况向110或派出所报警，同时报本单位领导。

（三）当事人或发现者、保卫部门及相关部门应积极配合公安机关做好现场勘察和案件调查、侦破工作。

（四）协助有关部门处理善后工作，并做好记录。

四、发生恐怖暴力事件时的处置方法

（一）发生恐怖爆炸事件，应立即向110报警。如有人员伤亡，应迅速拨打120电话求救。值班人员应及时通知领导小组和有关部门人员。

（二）领导小组人员（或夜间值班干部）应马上到达现场，及时调动人员，全力以赴进行排险、疏散工作。及时安排好单位内外各项安全保卫工作，及时汇报落实有关部门安全工作指示。

（三）发现和接到险情后，本单位人员应立即赶到出事现场，服从领导安排，全力进行排险、抢救工作。

（四）展厅工作人员协助本单位人员及时疏散观众将其转移到安全地带，对险情区内外做好安全保护工作。

（五）门卫负责协助本单位人员守好大门，维持好现场。

五、发生水灾、地震、雷电等自然灾害时的处置方法

（一）灾害发生时，本着"先救人、后救物"的原则，立即疏散人群到远离建筑物和树木的安全地带。

（二）保卫部门及时派出警戒进行巡逻，防止不法分子趁机盗抢文物或其他物品。

（三）后勤保障部门立即组织人员对本单位建筑进行勘查，对漏雨的建筑物进行遮盖、封堵，有积水的地方立即进行排水，对损坏的建筑物根据情况进行紧急支撑加固，控制损坏程度不再扩大。

（四）后勤保障部门加强配电室、库房等重点部位的防护，保证安全供电、供水，为抢险工作提供有力保障。

（五）陈列保管部门组织人员对文物库房、资料室进行检查，发现文物、资料有可能造成损害的，应组织各方力量进行加固或转移。

（六）科教部门负责参观人员的疏导，避开危险地区。

（七）人事、财务部门负责受伤人员的救护、运送工作。

（八）办公室负责统计受损情况，并根据指挥部要求做好其他工作。

六、节假日、夜间应急处置措施

（一）夜间值班人员在发现险情后，在第一时间向本单位安全领导小组汇报，也可根据情况及时向消防、公安等公权力部门报警。

（二）报警必须符合有关要素，防止忙中出错，贻误时机。

（三）在保证人员安全的情况下，做出快速反应，尽量把险情控制在最小范围内。

（四）在安全领导小组未到达现场前，所有在单位的人员（包括联营单位），要听从值班干部指挥，自觉参与到报警、抢救、灭火等各项应急工作中去。

（五）接到通知的工作人员，必须迅速赶赴现场进行抢险救援。

七、大型活动期间安全工作的应对措施

大型活动具有人员密集，成分复杂，车辆较多，场面较大，领导或名人参与，有一定的社会效应等特点，如组织不力，有不法分子混入其中，将威胁到活动人员以及古建文物的安全，因此要提前做好应对之策。

（一）建立指挥机构

1. 举办重大活动，需将活动方案上报主管部门审批，批准后方可进行活动。

2. 成立大型活动总指挥部：总指挥由上级领导、主办单位主要领导及协办单位领导出任，指挥部成员由承办单位及协作单位领导组成。

3. 活动现场有公安、消防、协管等公权力部门参与指导安全保卫工作。

（二）提前做好预防

1. 提前对设立活动现场的单位进行一次拉网式的检查，清除一切不利于安全的因素，发现问题要及时整改，采取有力措施，为举办活动创造良好的安全环境。

2. 加强协调，搞好分工，明确责任，增强警力，维持好活动现场的秩序，确保活动的顺利进行。

3. 做好活动的引导工作，工作忙而不乱，人多而不拥挤，有条不紊，不出差错。

4. 保持疏散通道的畅通，做好应急疏散准备。

5. 留有机动人员，配备应急车辆、通讯等器材以及医疗服务、临时卫生间等相关设施的配套。

（三）要明确分工

要根据活动安排情况，按照不同的业务设立六个小组。

1. 安全保卫组

主要担负：

（1）负责各种大型活动期间，接待安全保卫部门人员、公安、消防等工作；

（2）及时解决处理活动期间发生的各种紧急问题，协调各部门做好涉及安全的工作；

（3）对传达室、监控室工作人员做好安全教育，保持活动过程的全面安检、监控；

（4）发现外宾进馆时及时通知领导，在贵宾参观过程中随时注意做好防护工作；

（5）对活动场所、参观路线进行安全检查，发现问题及时解决，确保活动安全、顺利地进行。

2. 服务接待组

主要担负：

（1）确保大型活动期间的信息畅通；

（2）及时掌握往来贵宾的情况，有外宾参观时及时通知领导；

（3）发现可疑人员、可疑物品时及时通知保卫部门或现场公安、消防人员，协同做好安全服务接待工作；

（4）设立接待室。

3. 参观讲解组

主要担负：

（1）大型活动期间展厅工作人员提前 30 分到岗到位，搞好卫生，保持展厅清洁；

（2）讲解员要按时到位，热情接待参观人员；

（3）所有讲解人员要主动、热情地按照事先备好路线进行讲解。

4. 生活保障组

主要担负：

（1）督促各部门对各自辖区进行彻底的清扫，及时清理各种垃圾，易燃易爆物品，确保办公区内整洁；

（2）保洁人员对馆内展区、道路、草坪等进行清扫、整修，保持外围环境清新整洁；

（3）对卫生间进行彻底冲洗清扫，必要时搭建临时卫生间，确保到会人员使用方便；

（4）做好水、电、相关物资的保障工作并保质保量的做好饮食保障。

5. 照相摄制组

主要担负：

（1）负责收集有价值的信息资料；

（2）负责收集宣传活动过程中的好人好事；

（3）保障活动期间音响、视频等配备调试。

6. 机动应急组

主要担负：

（1）保持在位，做好随时出动的应急准备；

（2）听从指挥组调遣；

（3）配合安全保卫组进行安全巡视检查。

（四）提出安全要求

1. 参加活动的全体人员要保持高度警惕，各岗位的工作人员不得串岗，无关人员不得进入活动现场，值勤人员要严格履行职责，加强巡视检查，发现问题及时处置并报告。

2. 配电室、监控室、传达室等重要部位要保持设备齐全、性能完好，值班人员坚守岗位，不得擅自离开到活动场所。保证消火栓使用正常，对讲机、电话联络无阻碍，确保联络畅通。

3. 如遇突发事件，指挥部人员要及时进入指挥岗位，按相应的应急预案组织人员撤退、文物保护、消防安全等事宜，各岗位人员要服从命令听指挥，特别注意保持通讯正常、人员疏散渠道的畅通。所有抢救、抢险的工作人员应行动迅速、准确，以对本单位高度负责的精神，将突发及意外事件造成的危害控制在最低范围内，确保文物古迹以及参加活动人员的生命财产安全。

安全无小事，预防是关键，把不安全因素扼杀在萌芽状态才是确保安全的根本。

袁召彦（北京古代建筑博物馆保卫科，科长）

关剑平（北京古代建筑博物馆保卫科）

浅谈博物馆人才招聘的技巧

◎ 张 云

  人力资源是指在一定区域内的人口总体所具有的劳动能力的总和，或者说能够推动整个经济和社会发展的具有智力劳动和体力劳动的能力的人口的总和。对博物馆来说，那就是专业技术人员、管理人员、工勤人员等所有为博物馆工作的人都可以称为博物馆的人力资源。人力资源管理就是指以发挥人的积极性、主动性和创造性为根本的管理科学，它是对人力资源进行有效开发、合理配置、充分利用和科学管理的制度、法令、程序和方法的总和。其中人才招聘是指通过各种信息，把具有一定技巧、能力和其他特性的申请人吸引到企业或组织空缺岗位上的过程。人才招聘是人力资源管理工作的开始，是补充员工的主要渠道，更是企业或组织增加新鲜血液、兴旺发达的标志之一。

  任何企业或组织应"以人为本"，首先要正确对待人才，必须把人才提高的战略资源的高度上来重视，人力资源是各个战略资源的核心。人才用中国俗话讲就是对企业有用的人。世界银行总裁罗伯·麦玛南认为，一个企业或一个系统内部，人才占第一要素，因为靠才艺、资源致富的约需几百年的时间，而靠人才、智慧致富的，则只需十几年或几十年的时间。人才招聘对于博物馆发展的重要性日益显现，因为高效、科学的招聘不仅有利于提高博物馆人才的竞争力，更是有利于推动博物馆战略目标的实现。随着近几年博物馆事业的不断改革，慢慢开始面向社会，公开招聘也在逐步开展中，结合招聘过程中实际情况谈一谈适用于博物馆的招聘技巧。

一、目前博物馆人才招聘存在的问题

（一）缺乏健全的人力资源管理体系

  人力资源管理体系是指围绕人力资源管理六大模块而建立起来

的一套人事管理体系，包括薪酬、绩效、素质测评、培训及招聘等。在现代社会，很多的博物馆专业和管理人员不具备从事本职工作的能力、知识和技能。没有掌握现代人力资源管理和开发的基本理论和方法，缺乏对人员招聘、配置、选拔、绩效考核、激励方式，很多是"半路出家"，无法建立适合于本单位的人力资源管理体系，这就使招聘工作带来一定的难度。

（二）公开招聘时间短，缺乏实践经验

这是博物馆在长期的发展过程中积累的问题，博物馆大都是由上级单位管理的事业单位，工作人员大都是有编制的，一旦工作人员属于这个范围和区域时，有很大的部分人，锐意进取，积极工作等充满竞争的意识和思想开始松懈，博物馆的人力资源部门会认为招不招人、招多少人、招什么样的人，都不由本部门和博物馆管理者说了算，只需要报告给上级主管部门就可以了，而公开招聘真正在事业单位的实行时间才不过几年，所以招聘对于事业单位来说还是一个新鲜事物，事业单位的人员流动性比较低，招聘频率低，因此造成缺乏实践经验。

（三）招聘工作未能形成计划体系

招聘计划是人力资源部门根据用人部门的增员申请，结合单位的人力资源规划和职务描述书，明确一定时期内需招聘的职位、人员数量、资质要求等因素，并制定具体的招聘活动的执行方案。博物馆作为事业单位没有人事接收权，均由上级主管单位决定，因此，人才招聘工作存在局限性，招聘时间不能自主选择，因此不能形成计划体系。如每年公开招聘的时间为4月份和9月份，除此之外的时间是不能进行招聘的，所以，招聘工作不能完全按照自身工作需要来进行。

二、如何改善博物馆人才招聘中出现的问题

（一）制定人力资源规划和管理战略

首先要进行人力资源需求分析，在对博物馆的外部环境，包括政治、经济、法律、法规等的宏观分析的基础上，还要了解博物馆

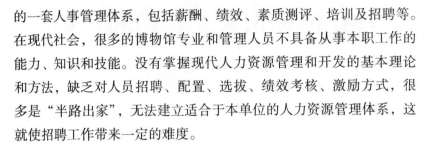

所在地区的人力资源素质、结构、薪酬水平，供求状况等的微观分析，在博物馆的内部进行人力资源规划分析，要了解博物馆需要什么样的人，需要多少人，需要有什么文化背景的人，等等，建立必要的员工档案，及时进行跟踪，人力资源管理部门要随时知道馆内的人员进出情况，制定人力资源长期规划和短期目标，把博物馆的发展目标和本部门的发展目标结合起来，为博物馆的战略实施提供可靠的智力支撑和强有力的人才保障。还要建立人力资源管理团队，就必须配备具有专业的人力资源知识的人员，对整个招聘的流程要制定完整的规划，杜绝出现管理者的人才招聘抉择实施不力、操作程序混乱等情况。定期对负责招聘工作人员进行培训，了解市场人才竞争情况及博物馆人才需求情况。

（二）完善人才招聘流程，规划明确的人才招聘方案

在做招聘计划前，要对未来三年岗位空缺情况做初步了解，再根据各部门人员需求情况，拟定未来三年人才招聘岗位，根据公开招聘时间，按需要程度确定岗位招聘顺序，最后根据岗位确定岗位职责、人员资格要求、人数、所需技能培训等。招聘计划的准确性，还有赖于人力资源管理团队跟各部门的有效接触、沟通，从博物馆发展的需求去思考人才的需求，不同发展时期人才的需求不一样。细化到对人力资源具体的需求，则基于人力资源管理团队对各部门业务的熟悉和与部门领导的沟通程度。

（三）树立以人为本的管理理念，设定合理的用人标准

管理者不应该把人看着一种成本，认为对人的投入是一种负担，因为人力资源在使用中，伴随着知识的增长和更新、经验的积累、职能的开发、技能水平的提升而具备了创造力。这是一种人力资本，如果把人当作一种资本来进行管理的话，工作的中心就会转移到不断开发人的潜能上，提高人的积极性，使"人"这一资本增加价值和附加值，创造更大的效益。实现人力资本价值是现代博物馆管理的重要内容，知识和人才已成为各类生产性和公益性组织的核心战略资产。在人才招聘工程中，就要根据内部岗位空缺的情况，招聘相应的人才。另外，在衡量人才时，除专长、能力外，还应看在其内在的标准，即德。简单地说就是要注重人才本身的个人品德，包括事业心、责任感、团队协作能力，并愿为企业或组织所用。

三、人才招聘过程中的技巧和细节

（一）目标明确，确定所需要素

要清晰招聘岗位的特性，不仅要明白"我需要什么样的人"，还要熟知"这些人"的岗位层次、岗位重要程度、所属类别。如要招聘一名军转干部，男性、党员、有党务工作经验者，所聘岗位为党务管理。根据这些基本条件，我们从应聘简历中初步挑选出符合条件的人员，进行第一轮的筛选。在筛选中还要考虑单位的现状和岗位所需的专业水平，把一些过高或过低的筛选出去。

（二）了解应聘群体的特性

针对招聘军转干部案例来说，我们就先要了解军队内部各个职别所对应事业单位的岗位级别，按照所招岗位的级别去挑选军转干部。通过观察应聘者在军队所担任的工作，分析其是否具有党务工作经验，比如一般担任过指导员一职的基本都具有一定的党务工作经验，这样就比光听应聘者自己介绍，要更加客观更加真实。通过应聘者的学习经验，也可分析出是否具有一定的专业水平，是否能胜任党务工作，如果是理科专业，那么对于文字处理上就会有一些局限性。因此在面试前，招聘人员要对军转干部特性有一定的了解。

（三）总结经验，直入主题

由于博物馆工资待遇是按照国家规定所发放的，所以工资等级是固定的，单位没有自主权。根据以往面试的经验，普遍应试者会认为事业单位工资待遇偏低，达不到自身的理想期望。因此，再进行通知面试前，应该对应试者先进行 10~15 分钟的电话面试，简单介绍单位情况及工资待遇，这样不仅会节省时间，也能使应试者更快地了解所聘岗位情况，从而再决定是否进行面试，先将对工资待遇不满意这一因素消除，这样就能加快面试的进度。

（四）挑选经验丰富的招聘人员

招聘人员要熟知公司薪酬待遇、规章制度以及岗位常识。往往应聘者关注的问题集中在薪酬待遇、保险、岗位上班情况等方面，

如果招聘者自己都不清楚，就难以让人信服。所以要组织招聘人员进行强化培训，使大家熟知公司薪酬待遇、规章制度以及岗位常识，招聘时，做到有问有答、有理有据，让招聘者信赖。招聘人员要注意言行举止，切忌浮夸乱侃。招聘人员在面对应聘人员时，代表的是单位的形象，一言一行都影响着单位在应聘人员心目中的形象，所以，要求招聘人员不但要注重仪表，同时要注意言行举止，做到热情周到、礼貌待人，切忌将工作和生活中的负面情绪带到招聘工作中去，否则将严重影响招聘效果。

（五）注重观察，及时进行评估

面试环节需要解决的主要问题和核心问题就是最大化的获取应聘者的潜在信息，从而确保后续录用决策的准确性和科学性。第一要注意应聘者的讲述方式。有的应聘者可能会倒着讲述工作经历，有的应聘者也可能顺着讲述工作经历，不管采取何种方式讲述，我们需要注意地就是讲述方式的连贯性，是否具体、有核心，如果应聘者一会儿倒着讲述，一会儿又顺着讲述，给人一种很游离和空泛的感觉，那就应该重点关注了。第二要注意应聘者的语气。语气其实就是心理活动的反映，在关注应聘者语气方面，需要留意应聘者讲述的语速，如是否有轻重缓急之处，是否有结巴之处，是否给人一种自信和铿锵有力的感觉。在结束一次面试后，要及时与直接领导进行沟通，人事的意见和领导的意见进行交流，认为不符合条件的，及时告知应聘者，并开始准备下一轮的面试。

（六）招聘过程中应避免的因素

首因效应是人与人第一次交往中给人留下的印象，在对方的头脑中形成并占据着主导地位的效应。在面试中经常会出现的是首因效应，也是第一印象、先入为主，是面试官在面试刚一开始就对应聘者有了一个比较固定的印象。这种印象很难在短时间内改变，如招聘人员对应聘者的第一印象是诚实和友善的，那么当发现应聘者的第一个谎言时，会认为是无心之过或是过分紧张，是可原谅的；而如果招聘人员对应聘者的第一印象是油滑和伪善的，那么当发现应聘者的第一个谎言时，会认为是习惯使然或是有意为之，是不可原谅的，这样就对应聘者缺乏一个公正、客观的整体判断。

晕轮效应指人们对他人的认知判断首先主要是根据个人的好恶

得出，然后再从这个判断推论出认知对象的其他品质的现象。比如，面试官按照自己偏好评价人，在很多企业的招聘面试中时有发生，也最难避免。比如面试考官很看重学历，他对高学历者一定是青睐有加，在面试开始之前，学历稍低者就铁定已失一分。或者另一位面试官是做市场、搞销售出身，对能言善辩者就常有几分好感，而忽略了目前企业所招聘岗位的特点和要求。

避免出现这些现象就需要招聘人员自身有较强的认识，多跟应聘者和领导沟通，针对不好的印象部分多问，客观地去判断。

结　语

在博物馆事业发展过程中，人才招聘必然是博物馆工作中至关重要的一环。人才招聘要通过采用一些方法寻找、吸引那些有能力又有兴趣到本单位来任职的人员，并从中选出合适人员予以聘用的过程。任何企业或组织都是由人组成，优秀的员工就是企业的生产力，所以我们说人才招聘关系着企业或组织整体工作体系的有效运转。任何一个组织，都要面对本行业激励的人才竞争，招聘是人力资源管理的第一个环节，如果能使这个环节从一开始就运行通畅，这个组织就会越来越好。

只有真正的与人打交道，才是人力资源管理工作的核心内容。由于博物馆这一组织机构的特殊性质，招聘这项工作还没有形成一种模式，只有慢慢地摸索，在实践中不断完善此项工作。我相信随着博物馆事业的不断改革发展下，招聘工作会越来越受到重视，会成为事业发展的重要工作之一。

张云（北京古代建筑博物馆人事党务科，助理馆员）

浅谈中小型博物馆人才队伍的建设

◎ 黄 潇

一、博物馆人才队伍建设的重要性

随着现代社会的迅猛发展，人们物质生活水平的不断提高，对精神文明的需求也与日俱增，为了适应这一发展变化，2002 年党中央在党的十六大首次做出深化文化体制改革的战略部署，"积极发展文化事业和文化产业"、"根据社会主义精神文明建设的特点的规律，适应社会主义经济发展的要求，推进文化体制改革"。在这一战略部署下，中央出台了一系列重大举措深化文化体制改革，有力推动了宣传文化领域各项事业的改革、繁荣和发展。作为我国文化建设大军中的重要成员，博物馆的发展面临着机遇与挑战。机遇不言而喻，而挑战在于博物馆将面临行业内外的竞争，有更多的优秀文化产品可以供公众选择，也会有更多高质量的展览吸引着想要参观博物馆的观众，所以对于博物馆来说，必须紧紧把握时代脉搏，充分利用博物馆的文化特色和优势，提供更多、更好的优秀精神产品，使博物馆成为广大群众追求精神文化生活的聚集地，以使博物馆更好地发挥其为社会服务的作用，最大限度地发挥其社会效益。而达到这一目标的关键就在于人才，人是生产力中最活跃的因素，在竞争中人才是第一要素，人才是博物馆事业发展的基础和中坚力量，决定着一个馆的实力、水平和发展方向。

早在改革开放以后，随着博物馆事业大发展的局面，国家文物局的领导和专家的就已经意识到培养博物馆专业人才的重要性，适时地提出了在南开大学和复旦大学等高校设立博物馆学专业的设想，经过 20 多年的办学历程，各高校的文博专业日益发展壮大，成为我国文物与博物馆事业人才培养的基地。但 20 余年的时间对于彻底改变博物馆的人才队伍结构来说时间还尚短，培养出来的人员数量对于如雨后春笋般建立的博物馆来说也远远不够。根据国家文物局博物馆司在2011年的最新抽样调查统计：文物与博物馆系统54964名在职人员中（除文物局及其直属单位以外）：博士150人（0.2%），硕士1026人（1.8%），本科13643人（24.8%），专科20294人（36.9%），中专及以下19848人（36.1%），这表明我国近73%的博物馆工作人员的学历不超过大专水平。即使是大学本科以上学历的从业者中，毕业于考古或文博专业的人员也仅占很小的比例。换言之中国庞大的文物与博物馆行业从业者中只有约四分之一的人拥有全日制大学学士或以上学位，其中毕业于文物考古或博物馆专业的很少。[①] 特别是对于中小型博物馆来说，在现阶段，由于自身在馆藏资源、学术研究、经费等方面并不占优势，吸引和留住一些高学历的博物馆专业人才难度较大，所以更要从思想素质、人员的管理与培训等方面下功夫，让馆内的职工成长为可用、好用、能用的人才。

二、思想政治建设

对于队伍的建设来说，思想政治建设工作是基础，是事业不断发展进步提供强有力的政治保证。思想政治工作要服从服务于博物馆事业发展这个中心，以发展作为根本方向，推动博物馆事业又好又快发展。因此思想政治工作与博物馆事业发展是相辅相成、相互促进的关系，只有不断加强和改进思想政治建设，才能把广大干部职工的思想统一到发展的大局，才能充分调动广大干部职工的积极性、主动性和创造性，使员工的精神力量变成物质力量，推动博物馆事业的可持续发展。此外，思想政治建设是保持单位和谐稳定的关键，践行以人为本科的学发展观核心，从思想政治工作的基本原则出发，尊重人、关心人、教育人、激励人。而要落实科学发展观，就要关心员工的思想需求、物质需求、工作需求，切实维护员工利益，解决单位内部存在的各种矛盾和问题。用马克思主义中国化的最新成果武装人，用中国特色社会主义共同理想凝聚人，用民族精神和时代精神鼓舞人，用社会主义荣辱观引导人，才能为和谐社会构筑起牢固的思想道德基础，促进单位的和谐、稳定发展。

---

① 参见朱煜宇、黄洋等《文博行业自己的专业学位教育》，《中国文物报》2011年10月7日第5版。

（一）加强领导班子建设

俗话说："火车跑得快，全靠车头带。"只有建设政治坚定、开拓创新、团结协调、廉政勤政的领导班子，不断提高领导班子成员科学判断形势、准确把握大局、驾驭复杂局面的能力，才能带出过硬的队伍，使博物馆各项工作更好地适应社会文化发展的需要。

1. 勤政、务实是干好工作的基础

勤奋是干好工作的保障。领导班子成员要做到勤于观察、勤于工作、勤于反思，善于发现日常工作中的变化和问题，并采取相应的措施及时解决，以确保博物馆工作有序有效进行。善于创新，不恪守陈规，从开拓性、预见性、超前性来思考问题，并能把握好机遇与挑战、继承与创新、与时俱进与稳步前进的辩证关系，在解决新课题的实践中能及时抓住机遇，实现目标创新。要用科学的、发展的思想与言行引领博物馆的各项工作，正确把握和认真贯彻上级的要求，对博物馆的近期工作目标、远期工作目标及博物馆的发展，要做到心中有数，思路清晰，未雨绸缪。对于一些棘手的问题，特别是涉及群众利益的问题，要做到不逃避、不遮掩、认真对待、勇于面对，合情合理地予以解决。

在开展具体工作时，要求实、务实、扎实。一是要做到为人实实在在，不虚情假意，上下级之间、同事之间坦诚相待，互相尊重；考虑问题要顾全大局，不能只站在一条线、一个角度看问题，办事情、工作不能掺杂个人的利益因素，向上级反映工作问题时，不能只讲表象，更要深层剖析原因，提出合理化建议和解决问题的方案。二要扎扎实实，不搞形式，不走过场；博物馆的各项展览与大型活动，无论从设计、组织和安排上，都要从实际出发，讲究针对性，追求实效性。三要抓工作落实，有布置、有检查、有反馈、有指导、有总结，不管什么工作，如果只是布置，没有过程的落实，等于没布置，把从布置到落实、监督、反馈、重新落实等各个环节都做好，才算是真正完成了任务。

2. 建立健全民主集中制，维护好馆内团结

首先，领导班子内部要坚持和健全民主集中制。要有全局思想和民主作风，懂得尊重别人，善于集思广益，严格执行"三重一大"决策、议事制度，凡是大事、重要事情要召开馆长办公会商议决定。同时，定期召开馆务会，将班子的决定事项放在中层以上馆务会上

征求意见，以保证其决策民主性、科学性。有些决定还要召开群众大会征求意见，坚持和完善馆务、党务公开制度。保证馆内重大事项决策的公开、透明，保障公开的内容更侧重于职工关注的热点、难点和重点问题，保障职工的参与权、知情权、表达权、监督权。在贯彻每一项决策前，把道理说透，把要求讲明，让全体职工充分理解馆内的意图，达成共识，引起共鸣，自觉自发的去贯彻、落实每一项决策。

其次，领导班子的团结是全馆职工团结的关键，也是使博物馆健康、和谐、快速发展的关键。班子成员之间要搞好团结，要做到平时工作中对问题有不同的见解和意见及时交流交换，搞好谈心，坚决避免因工作小事引发隔阂与矛盾，多交流与沟通，形成互相信任不猜疑，互相支持不推诿，互相配合不拆台。领导班子的团结能在无形中带动全馆职工的团结，只有全馆职工团结协作，全身心地投入到自己的本职工作中去，同事之间互相帮助，互相支持，才能真正形成融洽、和谐的人际关系。只有这个集体的氛围融洽了，心情才能愉悦，工作才能得心应手。维护团结，不是迎合、不是义气，而应该是在为上级负责、为全馆职工负责、为博物馆发展负责的原则下，该说的要说，该管的一定要管，不怕得罪人；做到敢于评价、善于评价，并能做出科学评价。为工作问题而争论，这是正常现象，都是为了工作，大家彼此坦诚相见，各抒己见，在争论中达成共识，达到更高层次上的团结，这样才能有利于工作的开展。

3. 保持清正廉洁的工作作风

作为班子成员，坚持从日常生活细节做起，从身边的一点一滴做起，进一步筑牢拒腐防变的思想防线。要时刻保持清醒头脑，正确看待手中的权力，始终对党纪国法心存敬畏，秉公用权、廉洁从警，严格依法办事、按制度办事，坚决防止滥用权力、以权谋私。要自觉加强道德修养，牢固树立正确的世界观、人生观、价值观，要克己慎行、戒奢以俭，兢兢业业工作，始终保持一个共产党人高尚情操与革命气节。要多一些阅读少一些应酬，多一些思考少一些玩乐，切实把学习作为一种态度、一种责任、一种追求、一种境界，孜孜以求、苦学不倦，不断在学习中陶冶情操、开阔胸襟、提高修养。要保持高尚的精神追求，培养健康的生活情趣。保持同志之间的正常关系，坚持择善而交，建立健康的人际关系。要求别人做的自己首先做到，禁止别人做的自己坚决不做，用自己的人格魅力、模范行为带动干部职工。以艰苦奋斗的精神去工作、生活、做人，保持清正廉洁，反对奢靡腐败。

（二）以党支部的建设来促进职工的思想政治教育

博物馆作为由政府管理的事业单位，一个为公众提供文化服务的"窗口"单位，每一位职工在遵守国家法律、法规和政策以及职业道德等这些基本的行为准则基础上，还要贯彻与执行党的基本路线，公正廉洁，保持优良的工作作风，为公众提供优质的服务。党建和思想政治工作决定着中心工作和业务工作的方向，是开展好中心工作和业务工作的可靠保证。通过不断强化基础建设、思想建设、组织建设和作风建设，创新活动内容，扩大覆盖面，增强凝聚力，使基层党组织紧密联系群众、充分发挥作用，切实发挥党支部的战斗堡垒作用和党员的先锋模范作用，促进全体职工提高综合素质，为博物馆事业的发展保驾护航。

1. 从学习型党组织入手，抓好思想理论修养

按照建设学习型党组织的要求，坚持科学理论指导，用中国特色社会主义理论体系武装头脑，深入学习实践科学发展观，学习践行社会主义核心价值体系，学习掌握现代化建设所必需的各方面知识，学习总结实践中的成功经验，积极学习人类社会创造的一切文明成果，努力掌握一切科学的新思想、新知识、新经验，努力掌握做好本职工作、履行岗位职责必备的各种知识和技能。

建立健全各项党员学习制度，加强学习的管理、督查。以本馆为例，将每周三定为学习日，每月月末最后一周制订下月学习计划。在层次上，理论中心组学习和全体党员学习隔周进行，并在每次学习时做好考勤与学习记录，推动学习的科学化、制度化、规范化。

注重坚持坚持理论联系实际，坚持学用结合、学以致用、务求实效。学习不仅是为了获取知识或掌握技能，更重要的是通过学习，树立正确思想观念，学会分析解决问题的辩证思维方法和工作技巧，培养创新思维，促进工作能力、工作效率和工作质量的提高。把每一项工作都视为一个学习的机会，从工作中学习新技能、新方法，增长知识；视学习为一项必要的工作，要像搞好工作一样认真刻苦学习，并养成良好习惯，使得工作学习一体化，即把学习引入工作，把工作引入学习，使工作学习有机结合，在工作中学习，在学习中工作，实现"两促进、两提高"。着力解决影响和制约科学发展的突

出问题，把学习成果转化为运用科学理论、科学知识分析和解决实际问题的能力，不断增强工作的原则性、系统性、预见性和创造性，不断增强党组织的创造力、凝聚力、战斗力，充分发挥党组织的战斗堡垒作用，提升广大党员的学习能力、知识素养、工作本领。

2. 通过党员发展工作，激励全体职工奋发向上

发展新党员既是党的事业持续发展的需要，也是党不断增强自身活力的需要。以本馆为例，根据实际工作需要，组织党员与入党积极分子结成对子，帮助其向党组织靠拢，并且密切了党群关系。加强对入党积极分子的教育，并将组织参观爱国主义教育基地、观看优秀党员影片等活动的范围扩大至全馆人员，确保了党员队伍的梯次化发展。

通过加强党员与群众之间的联系，督促党员在工作中发挥先锋模范带头作用，展现党员的风采，赢得群众的信赖，同时激励群众特别是青年职工奋发向上，对自己高标准严要求，努力向党组织靠拢，为各项中心工作的完成提供思想和政治的保障。

三、博物馆工作人员的管理

（一）把制度建设作为主线，形成规范化、常态化日常管理体系

"没有规矩，不成方圆"，细致的分工、统一的标准、严明的纪律是干好工作的前提。抓好博物馆的制度建设，形成便于遵循、便于落实、便于检查的制度体系。通过细化的制度，对工作行为进行具体规范和要求，明确每个岗位的职责，使办事效率提高，也使对部门和个人的综合考评有章可循。

2010 年本馆编制了《北京古代建筑博物馆规章制度汇编》，2012 年底由各部室负责对汇编中涉及本部室的各项制度进行了修订，最终汇总至办公室，经领导班子审阅，形成了新的制度汇编。2013年配合党的群众路线教育实践活动，对各项制度再次进行了梳理与修订。截至目前，本馆制定的各项规章制度（含各类管理办法、应急预案、实施细则、工作流程等）共计 123 个，其中安全防范类 28个，公文、档案管理类 11 个，财务管理、监控类（包括三公消费、项目资金管理等）16 个，人事、干部管理类 15 个，党风廉政建设类（包括"三重一大"实施细则、党务馆务公开等）6 个，工会管理类

四个，固定资产、后勤管理类（包括基本建设程管理、出租单位管理等）18 个，文物藏品保管、图书管理类 9 个，社教工作与宣传类 16 个。近年来，通过各项制度的实施，各类违规现象明显减少，部门工作效能有了大幅提升。

（二）对工作人员的激励

管理的基本原理告诉我们，人的工作绩效取决于个人的工作能力和激励水平，其公式是：工作绩效 = 工作能力 × 激励水平。根据这个原理，博物馆人力资源管理的重要环节之一就是要调动干部职工的积极性，让干部职工的积极性由参与阶段，到出力阶段，再到尽职阶段，最后达到自觉阶段。由此可见，要取得良好的工作绩效，在干部职工提高工作能力的同时，关键是提高激励水平。

作为事业单位体制下的中小型博物馆来说，虽然大多已经引入绩效工资，但由于尚处在改革初期阶段，以及其他客观政策和制度的限制，在报酬方面给予职工激励实现的难度比较大，所以可以多采用精神激励与感情激励的方法，精神激励就是根据研究的成果和工作实绩，授予优秀人才荣誉称号，为优秀人才评功评奖，从精神上、个人荣誉上进行鼓励；感情激励就是对优秀人才的尊重与理解、信任与宽容、关心与体贴，以此激发干部职工的工作信心和热情。马斯洛认为"人的最高需求是价值的自我实现"，梦寐以求、梦想成真是人才的最大动力。所以，在条件允许的情况下，事业激励应该是最有效的方法之一，把工作目标与干部职工的个人愿望结合、统一起来，为广大干部职工提供事业平台。

（三）劳务派遣工作人员的管理

博物馆的安全保卫工作需要大量的人员来维护，博物馆监控与巡视、门卫与人员安检等，并且有些岗位是 24 小时都不能离开人的，光靠馆内的职工很难完成，所以会使用很多临时工，但对临时工的管理不甚规范。近年来，为了规范人员的管理，许多博物馆都引入了保安公司或是劳务派遣公司。劳务派遣人员与劳务派遣公司签订合同，档案管理、社保缴纳、入职离职、劳动争议处理等工作皆由劳务派遣公司管理，同时因其在本馆工作，又要接受本馆直接的管理，这种双重管理为博物馆编外工作人员的管理带来便利与规范的同时，也带来一些新的问题，要在实践中不断探索与解决。

以本馆为例，自 2013 年起，将临时工看管门口、展厅等处全部更换为劳务派遣人员，有技术含量的监控和电工全部持证上岗，规范了这一块管理机制，大大提高了安全保卫、保障工作成效。同时在实践中发现，劳务派遣人员的双重管理，一是比较容易造成用工单位与劳务派遣公司因管理责任上的问题发生分歧，所以在用工单位与劳务派遣公司签订合同的时候，一定要注意明确法律责任分工，避免日后产生纠纷。二是因档案并不在用工单位手中，所以用工单位对派遣人员的主要经历、品德作风等个人情况掌握得并不全面或是十分准确，这就要求我们注意派遣员工的可靠性。要做到这一点，首先是要选择一家资质好的劳务派遣公司。派遣公司的经营活动合法、规范，经由它招聘而来的员工就自然有一定的保障，其次作为用人单位，也不能完全依赖派遣公司，自身也要对所用的人员把关。本馆的做法是派遣人员面试时，由本馆的人事干部、馆内具体用人部门的领导、派遣公司工作人员三方共同对应聘人员进行面试，通过简单接触，对可能即将到馆内工作的派遣人员有初步的认识。当派遣人员正式入职时，向派遣公司索要经由它们审查核实的职工基本情况表和公安局开具的无犯罪记录情况证明，留存备案。

四、博物馆工作人员的培训与技能的培养

随着博物馆事业的发展，博物馆对人才的需求越来越多样化，对人员的专业技能与综合素质也提出了更高的要求，尤其是对于一些中小型博物馆来说，受体制、机制、公众关注程度的制约，吸引和留住一些高学历的人才难度较大，在这种情况下，更要重视现有职工的素质教育，在老同志的传、帮、带下，多给年轻同志学习和实践的机会，充分调动每一位员工的积极性。在日常的工作中，要重视各类人员的管理与培养，通过单位的支持以及在工作中不断积累的经验，职工个人在专业技能与综合素质的发展和进步，一方面可以使其感到工作更有意义，更有干劲，增强博物馆的凝聚力；另一方面，也是博物馆发展的重要推动力。

（一）业务人员与业务工作

1. 培训与学术活动

积极组织业务人员参加各类的培训与学术会议，通过培训，丰

富知识，提升自身的研究能力与专业技能。通过对外的学术交流，一是可以了解最新的学术研究成果增长见闻，开拓思路，二是可以督促业务人员，在平时的工作中多学习、多思考，以便于发表自己的学术成果。鼓励业务人员参加在职教育，提高自己的综合素质和专业技能，更好得为博物馆的发展服务。出版馆刊为馆内职工交流学术成果、工作经验提供发表和交流的平台，通过这一途径，鼓励职工撰写论文，借由文字的梳理，促使自身在平时的工作中不断进行自我学习和完善，在工作中用心思考、积累经验，发现问题进而解决问题，进一步促进大家平时学习、研究的热情。在现今的快节奏的速食时代，能静下心来读书是非常难得的事情，特别是对于这些成长在数码与娱乐泛滥时代的年轻人来说正在逐渐脱离读书这一良好的学习与休闲娱乐的方式。博物馆的业务工作与学术研究离不开各种资料的查找与梳理，建设好博物馆内的图书资料室，积极采购有学术的价值的新书、经典图书，完善图书借阅制度，方便资料的查阅。在此基础上引导大家由为了工作而读书，逐渐形成一种阅读习惯，发展为通过图书来主动积累知识。向全馆职工推荐一些可读性强的各类图书，作为平时的休闲读物，还可以定期举办一些读书心得交流活动，鼓励大家多读书，读好书，充分利用读书这一提高自身素质的良好途径，为博物馆的发展打下重要的基础。

2. 在实际工作中锻炼

"读万卷书，行万里路"，除了培训之外，更要在实际工作中培养和锻炼青年干部的工作和学术能力，使理论联系实际，体现培训的价值，同时也使职工感到自我价值的现实。以本馆为例，近两年来的各项临展、巡展从业务考察的统筹安排到展览大纲的编纂再到赴海外布展都由馆内的青年业务人员主要负责，通过组织安排路线、人员分组、经费等各项事务，锻炼年轻人统筹管理、协调、沟通等各方面的办事能力；通过展览大纲的编纂，查阅各类资料，在过程中，不断发现问题，解决问题，形成一种良性循环，扩展自身学术研究的广度与深度；通过赴海外布展，与国外文博机构的合作，以及在当地的考察，开阔眼界与思路；同时在与国内国外各个单位、部门的沟通协调与合作中，进一步提升工作能力。

3. 讲 解

讲解可以帮助观众对展品和陈列加深理解，掌握重点，还可以使那些无目的游览的观众，通过讲解增加参观兴趣，开阔视野。而且讲解员是博物馆工作人员中与观众接触最直接的人员，也可以说代表着博物馆的形象，所以提升讲解人员的讲解水平与职业素养对于提升博物馆整体的服务水平与质量来说可谓举足轻重。在讲解词的撰写过程中，就要将学术性和趣味性相结合，在实际的讲解中，也不能是简单的照本宣科，要注意因人而异，在接待之间就先要对参观人员的背景有所了解，在正式开始讲解之前，可以通过简单的沟通了解参观者的兴趣点，例如对于大多数没有专业知识背景的观众，在讲解知识的同时，可以穿插着讲些展览背后的故事，甚至是博物馆工作的趣闻，等等，避免给广大观众留下参观博物馆就是去"受教育"的很枯燥的感觉，帮助他们了解真正的博物馆。

（二）行政人员的培训

行政人员主要指的是博物馆正式编制中不直接涉及博物馆具体展览等业务的工作人员，如馆内的财务、人事、保卫、后勤管理人员等。这些岗位对于博物馆来说都是缺一不可的，没有这些部门的配合与支持，博物馆的日常业务工作也很难顺利开展，博物馆的人才队伍不是仅仅依靠业务人员就可以的，而是需要各部门通力配合，需要不同专业门类人才的集思广益才能达到最好的效果。

首先是要鼓励职工特别是年轻人根据自身工作需要，参加各类的在职教育，如会计师、各类高级技工等，提高自己的综合素质和专业技能，更好得为博物馆的发展服务，为博物馆的可持续发展提供强有力的保障。其次是作为一个开放单位，不同部门、不同专业的人员在博物馆这个大环境中都是开放服务人员，随时都有可能为展览服务，为观众服务，因此必须具备一定的业务知识，要对自己的博物馆尽量熟悉。虽然可以在专业度上不严苛要求，但是要在基本功上进行训练。只有博物馆里人人都熟悉自己的馆，人人都可以通过自己的方式介绍自己的展览，才可以说开放工作做到了位。

以本馆为例，会利用馆内的先农文化节、古建文化节等活动，对全馆职工进行专业知识普及教育。在近年来的外出业务考察工作时，都会采用业务人员与非业务人员搭配组成团队，共同完成考察任务，在实地考察与相互交流中，学习与了解古建知识。在海外布展中，也会让非业务人员参与，在工作中学习和锻炼自身布置展览、沟通协调能力的同时开阔眼界，增长见闻。

（三）安全保卫知识与技能的培训

博物馆的安全保卫工作可谓重中之重，是立馆之本，贯穿于博物馆行政、业务工作的始终，所以它不光是安全保卫人员的工作，还需要全体职工的防范与配合，增强全体职工防火防盗的意识。以本馆为例，作为安全保卫人员，每年都要分批次参加由公安局、消防队、市文物等各级机关单位组织的各类培训，掌握和更新防火、防盗、防暴恐等的工作理念和技能。在全馆职工范围内，坚持节假日前对职工进行安全教育，在全馆开展安全工作"应知应会"知识技能培训。本馆每年举行两次消防演习，确保馆内的每位职工都会正确地使用灭火器，都可以协助安全保卫人员连接水龙带。利用比邻西城区消防支队这一资源优势，不定期邀请支队的官兵到我馆讲解消防知识，介绍亲身参与扑救的火灾案例，做到防患于未然，警钟长鸣。

人作为知识的拥有者是博物馆充分发挥文物资源优势和获取精神财富的源泉。在当前具体落实深化文化体制改革的实施方案的良好机遇下，建立起现代化的和充满生机与活力的科学用人机制，努力改变目前博物馆人员结构现状，在博物馆大兴引进人才、重视人才、留住人才之风，进而挖掘人才、培养人才、发展和壮大人才队伍，提高人才队伍的整体素质，包括思想道德修养和业务水平的提高，以建设起一支高素质的职工队伍，为博物馆培养一批既具有专业能力，又具有开拓创新能力的人才。为此必须为人才提供良好的成长空间和用人环境，建设政治坚定、开拓创新、团结协调、廉政勤政的领导班子，带动整个博物馆形成优良的工作作风；不断提高领导干部的科学管理能力，创新管理手段，使博物馆各项工作高效运转；为职工业务素质和综合素质的提升提供机会与保障，重视各类人才与技能的培养，以最大限度地发挥人才优势，将人才的优势发挥到最佳状态，形成用优秀的制度造就一流的人才，用一流的人才创造一流的业绩的良好环境。只有人才结构合理，整体队伍的素质提高，博物馆才能更好地创造出高质量的精神产品，博物馆的事业也因此才能得到发展。

黄潇（北京古代建筑博物馆人事党务科，馆员）

繁荣博物馆
文化事业的几点思考

◎ 黄 潇

近二三十年来，我国正在经历着由农业社会向现代化工业社会的转型，处于城市化快速发展阶段，城市建设以空前的规模和速度展开，北京作为首都更是首当其冲，北京的人均 GDP 从 3000 美元到一万美元用了不足 10 年，而英国用了 180 年，美国用了 90 年。对于北京这一有着 3000 多年的建城史和 850 多年的建都史，享誉世界的历史文化名城来说，这种高速的城市化进程对地上地下的文化遗存来说无疑是巨大的挑战。

城市是多种建筑组成的综合体之一，城市中的建筑服务于政治生活、经济生活、社会生活、文化生活、宗教生活和日常生活等方方面面，它们理应体现一座城市的文化和个性。现今高速发展起来的现代城市，到处林立的高楼大厦，千篇一律的花坛、广场，使城市失去了自己的个性，城市文化也就无从谈起。真正能体现城市个性的正是那些承载着城市记忆却已消失殆尽的古建筑、古街巷，我国的古建筑类型相当丰富，如民居、宫殿、礼制性建筑、宗教建筑、陵墓建筑、军事建筑、古典园林、桥梁建筑等，每一种建筑类型，又有地域性的差别，时代性的差别，还有社会功能、材质、结构、形制和艺术风格等方面的差别。如同样是民居，北京是四合院，江南一带以徽派建筑为主，大部分客家人居住的是土楼。因此文物建筑是城市记忆的载体，是城市面貌和形象的体现，是城市精神的传达，而保护文物建筑就可以作为繁荣和建设城市文化的前提和基础。

北京城在由一座为封建统治者服务的都城转变为人民的首都过程中，由于最初的政治因素遭到了一些破坏，这注定了随着城市的发展，破坏会加剧，从 20 世纪 80 年代开始，国家和北京市政府就颁布了一系列文物和历史文化名城保护的条例和规划，但仍然有一部分古建筑因为年久失修或人为破坏而消亡，一条条胡同因为道路改造而被侵吞，一批批重要遗迹因为城市的开发与扩张而毁灭。造成这一现象最强大的力量就是房地产利益的驱动，在大多数的商人眼里利益都是摆在第一位的，而有关部门也常常会因为利之所趋而把"义"丢在了一边。与之抗衡最可能起效的方法就是"深明大义"，即让公众充分认识文物建筑真正的价值，它们的价值不仅仅是被开发的旅游资源，提高财政收入的"摇钱树"，而是它所见证的历史，所体现的精神和文化，这些才是"无价之宝"。博物馆作为一个公众文化教育和服务机构，理应分担这一重任。

北京古代建筑博物馆是国内首座收藏、研究和展示中国古代建筑技术、艺术及其发展历史的专题性博物馆，并且它坐落于北京先农坛之内。先农坛为明清两代皇帝祭祀先农及太岁诸神的祭祀场所，始建于明永乐十八年（1420年），历经岁月沧桑与世事变迁，先农坛内的古建筑大部分依然屹立不倒，博物馆对外开放的范围内基本包含了的先农坛古建筑群中的主要建筑，如太岁殿院落、神厨院落、具服殿、观耕台等，这些都是古建馆内最珍贵的展品，也是古建馆的先天优势。在此基础上，我们一直致力于先农坛的整体保护，并向公众展示中国古代建筑和古代城市规划的发展历程以及辉煌成就，打造向社会传播中国古代建筑文化的科普窗口。

一、发掘古建文化内涵，打造高质量的展览

陈列展览是博物馆开展公共文化服务的直接载体以及博物馆最核心的文化产品，它是博物馆发挥自身社会教育职能的基础，所以打造精品的、受观众喜爱的陈列展览是每一个博物馆的工作重点和目标。

（一）富有文化内涵的基本陈列

北京古代建筑博物馆于1991年9月25日面向公众开放，作为基本陈列的"中国古代建筑展"也随之开展，展览的展厅就是直接运用先农坛太岁殿院落中的拜殿、太岁殿以及西配殿，它们皆为始建于明永乐十八年（1420年），有着近六百年的历史的古建筑。虽然在当初将古建筑改造为展厅以及布置展览时，已经融入了古建保护的理念，尽可能地减少对其的损害。但在开展10余年的时间里，由于时间的作用，人员的活动与参观，必然会对古建筑造成一些损害。在这期间，文物保护的技术、展览展示的技术都在进步，特别

是公众对精神文化的需求在与日俱增，所以为了更合理地保护与利用古建筑，也为了更好得满足观众的参观需要，提高受众对展览的理解度，从2009年开始我馆进行基本陈列"中国古代建筑展"的大规模改造工作，并伴随着对古建筑的修缮。经过近两年的酝酿、大纲编写、报审，近一年的专家论证、修改及现场施工，历时三年于2012年1月重新开幕。

作为皇家祭祀建筑，先农坛内的大殿几乎都是金砖墁地。金砖是明清时皇室的专供品，只有苏州地区可以出产，且烧制的工艺非常复杂，成品率也很低，铺设时也十分费工。据史料记载，墁地时，每一个瓦工配两名壮工，这三个人一组，每天才能墁砖五块，所以金砖墁地具有很高的历史和工艺价值，而且异常坚固。所以在之前的展厅设计中并没有对它进行特别的保护，将其直接作为了展厅的地面，参观者可以直接踏上这拥有百年历史的地面，但随着观众数量的逐年增多，必然会造成一些损害。所以在此次改陈中，在所有原有金砖墁地上垫起了一层地台，这样做一是可以保护原有的地面，二是抬高的空间可以布置电线，既增加了安全性有美观。同时为了便于向观众展示大殿的整体结构，将地台的某些区域设置成透明的，透过地台可以看到原有的金砖和大殿内的柱础等。古建中办展览本身就是一个课题，就有很多困难和限制，因此在努力设计制作的同时，在最大限度地保护古建的同时，尽可能地照顾观众的参观感受，在开放中不断吸取观众的意见和建议也是一个博物馆工作负责的体现。

在展览的内容方面，新的展览完全改变了以前的陈列结构，原有展览按照绪论、城市建筑、宫殿建筑、民居建筑等不同建筑类型共分为八个部分，整个展览按照建筑类型横向展开，在每个建筑类型中又按发展情况进行纵向描述。这种编排的优点在于建筑门类划分清晰，每个门类发展序列完整；缺点在于不同建筑类型发展过程中可能出现内容交叉重复，基于中国木结构不易存世长久而造成每个部分早期内容少而晚期内容多的展示内容不均衡，并且在每个部分都重复这种不均衡而使观众出现审美疲劳。① 为了改善这一缺点，新的展览完全打破了以前的陈列结构，共分为"中国古代建筑发展历程"、"中国古代建筑营造技艺"、"匠人营国——中国古代城市规

① 参见张敏《我在〈中国古代建筑发展历程〉陈列大纲撰写中的一些思考》，《北京古代建筑博物馆文集》，中国民主法制出版社2012年第1版。

划"、"中国古代建筑类型欣赏"及独立的"'太岁神坛'——太岁坛复原陈列"等五个部分，使展出的内容更加丰富，基本涵盖了中国古代建筑文化的重要方面，且每一部分都有独立突出的主题，内容均衡、层次与脉络清晰，使观众能清晰了解自己所见之物所传达的主要信息。

在展品展示方面更加注重细节和观众的体验，例如，在展出的隆福寺天宫楼阁藻井中安装 LED 灯，方便观众更加清晰地欣赏藻井的各个组成部分；介绍金砖时，将金砖和普通的砖摆在展柜上并在旁边配上小木槌，观众可以通过敲击砖的表面对比发出的声音，切身感受金砖的得名原因和其特性。由于开馆之初的《中国古代建筑展》筹备于 20 世纪 80 年代末 90 初，当时我国的数字化、信息化技术尚属于起步阶段，所以在展览中多媒体展示手段并不多，且经过长时间的使用，很多设备已经老化或者损坏；这次改造工作中，我们在展线中重新引入了大量多媒体展示手段和互动技术，增加展览的趣味性和观众的参与感。在全部三个展厅中，我们安装了 11 块显示屏，循环播放与展览内容相关的解说视频或图片；安装了八台互动触摸屏，合作开发了多款互动软件，如在"中国古代建筑营造技艺"部分有可以供观众体验古建筑营造过程的互动游戏，以太岁殿大殿的修建为蓝本，通过电脑操作来虚拟从筑造台基到搭建木构到最后的彩画粉饰等全部过程；使用多种设备共同配合展示与说明，在"匠人营国"部分，在传统的 1949 年北京城模型沙盘之上，加上追光灯，利用投影播放解说视频，采用了声、光、电、影像等多维方式充分向观众展示北京这一千年古城所蕴涵的先贤智慧，所饱含的劳动人民的心血，所经历的盛世辉煌和战火洗礼。

（二）内容丰富的各类临展与巡展

在"中国古代建筑展"这一基本陈列的改陈取得成功的基础上，本馆又系统地策划并筹办了一系列主题鲜明的小型展览，先是在馆内临时展出，随后因其制作和运输的便捷，作为古代建筑博物馆的代表走出馆舍，在全国乃至全世界的范围巡回展览。这一系列的巡回展览使古建文化走出博物馆，传播得更远更广，同时也是对博物馆的宣传，吸引更多的人走进博物馆。

为了馆内临展的需要，更是为了更好得展示馆内古建筑的风貌，将原本用作会议室的具服殿改造成临时展厅，露出了原有的梁架结构，便于观众参观。将"中国古代建筑展"的内容进行浓缩制作而成的"土木中华展"是具服殿内举办的第一个临时展览，在完成馆内的展出后，2013年展览分别在广东虎门鸦片战争博物馆、广东番禺博物馆展出，受到了观众的广泛好评和广东省文化厅的高度重视，2014年继续在珠三角地区的其他博物馆巡回展出，之后赴德国展出。

"中华牌楼展"为我馆打造的古建系列专题展拉开了帷幕，该展览于2013年1—3月在我馆展出，随后在2013年10—11月作为庆祝北京、首尔结为友好城市20年的"北京文化周"系列活动之一，赴韩国展出。展览受到了北京市领导和韩方的重视，北京市副市长杨晓超、韩中友好协会常务副会长李元泰等中韩人士参加开幕式并剪彩。这一展览以图片、模型和视频等形式，展示了中华牌楼深厚的历史文化内涵及象征意义，受到首尔观众的欢迎和好评，打响了本馆海外展览的"第一炮"。2013年底完成了专题展览"中华古桥"的前期考察、展览大纲编写、展览设计制作等一系列工作，于2013年12月27日在具服殿展厅顺利开幕，并计划于2014年赴福州巡展。另一"中华"系列的古建专题展览——"中华彩画展"即将于2014年9月在本馆开展。

2014年4月23日由我馆制作的"古都今与昔——北京老建筑风貌展"在台南市萧垄文化园区隆重开幕，此次展览是"2014两岸城市文化互访系列——北京周"活动的子项目之一，也是首次由内地博物馆主办的展览走进台南地区，所以在与台方沟通时，我们也克服了很多的困难，最后在多方的努力与支持下展览得以顺利开展。展览通过300余幅图片、10余件模型，展示了北京地区建筑的旧貌与新颜。观众中不乏离开祖国大陆、自己的家乡多年的老兵，当他们看到自己熟悉的场景与现在的风貌时，无不感慨万分。

二、营造舒适参观环境，提高服务管理水平

博物馆作为一个公众文化教育服务机构，除了要努力打造群众喜爱的高质量展览，为群众宣传文化知识外，还要提供配套的硬件和软件服务，加强人才队伍建设，全面提高服务管理水平。

（一）营造舒适参观环境

博物馆整体环境的营造和展览的结合相得益彰，古建中办展览

是和整体环境的结合分不开的，是仅仅相融合的。只有把环境打造同展览的制作提高到同样的高度去重视，才能使博物馆的整体建设上一个层次，才能让博物馆的展览发挥更大的效果。古建本身就是展览最好的展示品，是展览的亮点。营造良好的参观环境对吸引观众，以及让观众更多时间的停留在博物馆是有决定性作用的，否则即使展览再精彩，观众也会因为环境的不舒服而提早离开，因此要重视博物馆环境的建设工作。

我馆在展览改造工程中进行了许多配套设施的修缮和施工，如在每个展厅的出入口处都加装了无障碍坡道，在厕所中也设置了无障碍设施，这是充分考虑到不同情况的观众的参观便利性的设置，也是打造人性化博物馆的一个基本设施，体现了对观众的尊重；在拜殿主展厅中，加装可开关的避风阀，冬天时关闭避风阀可以防止在大殿南、北门对开的情况下，形成对流风使观众感到不适，夏天时将其打开，又可以帮助展厅内的通风；在售票处加装电子显示屏，方便观众了解博物馆的概况；对导览图和指示牌的调整是随着展览的开放和观众的使用得到不断的反馈后开展的，从便利性、易读性、指示性上都做出了一定的调整。同时在材质上，更融入了建筑的特点，更加稳重，和整体参观环境有了更好的融合；对展览中的标识文字，也进行了相应的调整，在文字的大小和安放角度上都进行了调整，照顾到老年人和孩子的参观，更方便了观众参观。提供语音导览机，配备无线团队讲解系统，避免解说时妨碍其他观众参观，营造安静的参观环境。

（二）加强职工服务意识，提升服务能力

博物馆作为一个窗口行业，面对的是全社会的文化需求，是为公众提供文化产品的休闲场所，所以说博物馆的工作在收藏、研究和展示之外更多的是服务，既服务文物保护和文化知识的科普教育，又服务广大观众的不同文化需求。正因为博物馆提供公共文化服务的职能被日益重视，博物馆的工作人员也要提升服务意识。传统意义上的博物馆的工作人员都是以对文物的研究和保护为工作中心，对于观众的服务意识相对比较薄弱，这样造成一直以来博物馆的服务工作弱于业务发展，同时也给观众一种缺乏亲和力的感觉。虽然博物馆有精品的展览和珍贵的文物，但是如果不能提供非常舒适的参观环境和氛围，也会导致观众的流失。很多游客选择参观博物馆是想增长见闻、学习知识的，但博物馆也不能将自身定位为一个高高在上的"说教者"，而是要尽量贴近观众，服务观众，让观众感受到参观博物馆的乐趣。而博物馆要想做好服务，首先就是要在人员的服务意识上下功夫，因为一切工作要想做好，首先就是要在提高认识、思想意识上给予重视，这样才能在工作开展中全身心地投入。服务意识的形成不是一蹴而就的，而是一个循序渐进的过程，是整个文博行业发展的必经之路和未来趋势，打造服务型文博行业，将是博物馆接下来的工作重点。因此，要培养职工的服务意识，通过人的服务提升来提升博物馆整体软实力，打造服务型博物馆，提升博物馆参观体验感受，为广大观众打造愉悦、舒适的文化活动场所。

加强职工的素质教育，组织各种业务学习培训活动。充分利用博物馆场所资源，积极响应并配合上级部门布置的各类培训工作，利用馆内的先农文化节、古建文化节等活动，对全馆职工进行专业知识普及教育。鼓励年轻人根据自身工作需要，参加各类的在职教育，博物馆的人才队伍不是仅仅依靠业务人员就可以的，而是需要各部门通力配合，需要不同专业门类人才的集思广益才能达到最好的效果，因此对于非业务人员的业务基础知识的培养很能体现出一个博物馆对于人才梯队建设的重视和培养能力。博物馆是一个开放的单位，其各部门工作都有相关性，没有完全割裂开的，同时不同部门、不同专业的人员在博物馆这个大环境中都是开放服务人员，随时都有可能为展览服务，为观众服务，因此必须具备一定的业务知识，要对自己博物馆尽量熟悉。虽然可以在专业度上不严苛要求，但是要在基本功上进行训练。只有一个博物馆人人都熟悉自己的馆，人人都可以通过自己的方式介绍自己的展览，才可以说开放工作做到了位。在近年来的外出业务考察工作时，都会采用业务人员与非业务人员搭配组成团队，共同完成考察任务，在实地考察与相互交流中，学习与了解古建知识。

注重培养和锻炼青年干部的工作和学术能力。近两年来的各项临展、巡展从业务考察的统筹安排到展览大纲的编纂都由馆内的青年业务人员主要负责，通过组织安排路线、人员分组、经费等各项事务，锻炼年轻人统筹管理、协调、沟通等各方面的办事能力。通过展览大纲的编纂，广泛地搜集资料，迫使大家去读书，通过为展览搜集资料，由为工作而读书，逐渐形成一种阅读习惯，发展为通过图书来主动积累知识。充分利用读书这一提高自身素质的良好途

径，为博物馆的发展打下重要的基础。

三、加强合作与推广，
开展多种形式的宣传普及教育工作

博物馆的宣传教育工作，不仅仅是局限在展厅内，而是通过多种形式进行延伸，使知识与文化传播得更广更远，更加深入民心。同时在这一过程中，也起到自我宣传的作用，吸引更多的人走进博物馆。

（一）推出展览配套产品，开发文化创意产品

伴随着新的"中国古代建筑展"，本馆推出了"中国古代建筑展"的图录，图录是对展览资料的整理，同时也方便有兴趣参观者将展览带回家，也使得更多的人可以了解展览。这开启了本馆推出展览配套产品的序幕，并在实践中不断完善。随后推出的"中华牌楼展"、"中华古桥展"等都有配套图录推出，"中华古桥展"还配有明信片，此外还逐渐意识到在装帧风格上的统一，便于形成系列以及读者的收藏。在图录、明信片的基础上，"古都今与昔——北京老建筑风貌展"还推出了纪念版的门票，受到观众的热烈欢迎。展览配套产品的推出是进一步开发与推广文化创意商品的基础，本馆正在利用馆内的各类建筑元素，彩画、藻井、雕刻纹饰等开发文化创意商品，并结合自身毗邻学校的特点，将文具等学生用品作为开发和推广的重点，这一做法可以帮助文化创意商品最初的销售，同时也有利于激发学生们对古建知识和文化的兴趣，学生们被这些商品上的美丽图案吸引之后，可能就会想更多的了解这些图案背后的故事，它们都出现在哪里，是如何产生或者建造的，有着什么样的寓意，等等。

（二）利用媒体与活动宣传古建文化

馆内每一次的新展览开幕式或者"敬农文化节"这样的大型活动，都会邀请大量的媒体记者前来报道。近两年来，馆内新展览的频频开幕，使得博物馆的受关注度提高，进一步加大对古建文化的宣传力度；积极参与政府组织的大型社会公益科普宣传活动，在5·18国际博物馆日举办公益鉴宝活动，这正是为了应对当今社会出现的收藏热，从专业的角度，以权威的知识来对广大的藏友们进行正

确的引导，为收藏过热的现象降温；连续参与了几届大型科普周、文博会等，将小型展览和公众动手项目带到主会场。每次的动手项目——清式三踩斗拱的拼装，总是能聚集很大的人气，无论是好奇的学生们，还是习以为常的老人们，都要上手去摆弄几下。正是通过这种简单的形式，通过最具有代表性的中国传统建筑的元素的展示，很好地宣传了古建知识，弘扬了传统文化。

（三）加强与社会各界的合作

注重与学校和相关公益组织的合作，将青少年作为文化遗产保护与传承教育重要对象。与我馆比邻的育才学校是一个重要的合作资源，除了把学生请进博物馆参观，宣讲古建筑知识，还配合学校开展一系列丰富多彩的活动，如开展观后知识问答、组织古建写生等；与社区合作，博物馆所处地区的社区居民是离我们最近的观众，博物馆理应引导公众走进博物馆，组织社区居民免费参观本馆，协助安排社区居民免费参观同系统的其他博物馆，为社区居民参观提供便利。下一步，我们计划利用博物馆的文化资源优势，开展古建知识或是先农坛文化知识的讲座。此外，还可以利用场地资源优势为社区居委会主办的一些与居民生活相关密切的讲座提供活动场地，例如食品安全、养生保健等，弥补一般社区内没有大型会议室或者报告厅的不足。不仅仅局限于博物馆自身的专业，而是拓宽思路，从各个方面为公众服务，充分发挥公众文化服务机构的职能。随着国内公益事业的发展，我馆还与有影响力的公益组织合作，通过其在网上公开招募，组织会员来我馆参观，提高我馆的受关注度，使更多人走进我馆感受古建筑的魅力。

（四）利用网络平台加强与公众的沟通

传统的宣传手段有其优势，但是随着科技的发展，人们生活方式也在改变，对网络和移动终端愈发依赖，所以在网络上的宣传变得至关重要，要不断创新，跟上形势的发展，用新兴事物来拉近和观众特别是年轻观众的距离。微博很好地完成了博物馆和观众之间桥梁的作用，它可以详细介绍馆内的展览，或是相关背景知识，最主要的特点在于，它具有很强的时效性，观众可以随时了解博物馆的动态，同时具有很强的互动性，通过博物馆的官方微博，观众可以直接向博物馆的工作人员提出自己的问题和需求，以及对博物馆展览、服务等各方面发表评论，博物馆方面也可以及时地做出解答和反馈。此外，目前具体负责微博工作的通常都是年青的工作人员，在严格遵守有关舆论规定和博物馆的工作准则等规章制度的前提下，他们可以使用一些网络语言，或是紧跟一些网络热点，然后结合馆内的工作来发布微博或是与网友互动，这样使得博物馆变得更加亲民，公众对于博物馆的印象不再是那么古板与高深。在与观众的紧密沟通中，有利于博物馆更好、更直接地听取观众的意见和建议，并根据条件，做出相应的调整。随着智能手机的发展，微信与手机APP拥有着强劲的发展势头，所以开通官方微信和开发 APP 也已列入本馆的工作计划。同时传统的网站建设也不能被忽略，它可以提供更丰富的内容，以及更多元化的互动体验，所以要时刻注意网站的维护与内容的更新，并将新的技术引入其中，如虚拟博物馆漫游等。通过这一系列高速、便捷、影响力大、互动性强的网络平台，让更多的公众了解古建筑、欣赏古建筑，进而认识古建筑中所蕴涵的历史和文化，也可以帮助我们更好得了解观众的需求。

目前，历史文化名城的保护和利用是各地方着力发展和大力推进的事业，现阶段北京作为具有深厚文化底蕴的古城，在积极推进文化之都建设，竭力充分展示古都文化价值和内涵，并强调在保护"物"的同时，强化对"文"的保护和利用。因此在这一良好形势下，正是切实推进文物建筑保护工作发展的大好时机，也是博物馆事业发展的大好时机。特别是对于我馆来说，作为地处先农坛古建筑群内的古建筑博物馆，肩负着传播古建文化知识和保护及恢复先农坛历史风貌的重任，而先农坛作为明清两代皇帝祭祀先农及太岁诸神的祭祀场所，至今仍较为完整地保留着明清时期的古建筑群，除了拥有重要的历史地位之外，还占据着重要的地理位置，紧邻中轴线南端，与天坛东西对望，并且毗邻前门地区、琉璃厂、天桥等老北京传统商业文化街区。因此要深入挖掘先农坛文化内涵，充分发挥其优势资源，始终坚持为观众服务这一原则，将宣扬我国源远流长、丰富多彩、精巧绝妙的古代建筑文化作为自己的责任，努力承担起博物馆的城市文化中心、教育中心、学术中心等职能，并竭力推进先农坛的整体保护，为繁荣古都历史文化、服务百姓文化生活贡献力量。

黄潇（北京古代建筑博物馆人事党务科，馆员）

试述博物馆数字化办公
基础建设的重要性

◎ 闫 涛

博物馆发展到今天已经成为社会科技的"先锋"了，更具有勇于创新、勇于尝鲜的实验精神，可以说很多科技的成果是通过博物馆这一平台展现在世人面前的。在科技武装严密的博物馆表面下是博物馆日常工作的数字化建设，博物馆的工作已经摆脱了以往的传统手工模式，进而变成了数字化办公的受益者。人们传统印象中的博物馆悠闲、缓慢地工作节奏，经久不变的手工操作，以及诸事都落在纸面的办公模式已经一去不复返了，取而代之的是高效而快节奏的数字技术。这是伴随着科技的进步和社会发展的需求不断进步的结果，也是博物馆人与时俱进的表现，在这种情况下，如何更好得进行数字基础建设而服务博物馆工作就是新的课题，是在摸索中不断创新也不断曲折的过程。

今天的数字化办公的发展进程是具有爆发性的，信息技术、网络技术和计算机技术的快速发展远远超过了人们的想象。而随着电子设备的小型化，移动终端的普及程度不断加深，人们的生活方式也被动地改变了，甚至是思维的习惯也发生了巨大的变化，这必然带来工作模式的变化，产生了很多新型的职业和办公模式，也让传统办公手段逐渐退出了历史舞台。能够跟上变化脚步的将会快速发展，而无法跟上步伐的终将被淘汰掉。

当然任何事物的变化，新鲜事物从出现到被广泛接受，再到被合理化利用都需要一个艰难的过程，一定要付出代价才能收获成果，但是一旦成功转型，那么带来的正面影响是远远超过负面作用的，可以说利大于弊。但是也要看到任何事物都有其发展规律，都有其两面性，不能一概而论，盲目追随。所以在数字化办公的建设上面要有条不紊地发展，不能盲目贪快，对新技术过度依赖，要寻找到适合自己发展的道路，特别是博物馆这一传统性极强的文化载体，要找准定位，合理发展。

一、办公基础的数字化建设

办公数字化是发展的趋势并且已经普及开来，但大家大部分时候关注的都是终端的使用，即自己如何办公和完成任务，而数字化办公是一套完整的体系，有着密不可分的协调性，每一个组成部分都发挥着其独有的作用，相辅相成、缺一不可。如何建设和协调好这个整体的数字化网络的建设则关系到办公数字化的成败，至关重要。因此从设计构想到设备采买到安装调试再到设备使用都是一系列的过程，环环相扣，哪个环节出了问题都会影响整体效果的实现。

（一）办公数字化的整体设计和环境搭建

虽然办公数字化建设过程是分步骤的，但是要有总体规划，不能分散开展，否则就会浪费资源和大量重复工作，降低效率，所以要在开展数字化办公环境改造之初就要进行整体的构思和设计。数字化办公环境的建设是随着数字技术的不断发展而不断变化的，因此在改造办公环境时要有一定的超前意识，不能仅仅局限在一时，要看得长远，为未来的发展打好基础。要在现有办公需求的基础上，放眼未来的工作发展，不要短时间就反复更新硬件，要让硬件的功能和性能可以持续使用一定的时间，避免浪费时间和精力。如果设计不合理，设备运行不稳定，会给维护人员和设备使用者带来极大的困扰，严重降低效率，影响工作。因此在整体考虑办公数字化的基础上，努力打造安全、合理的环境建设，为数字化进程的开展服务。

日常办公主要依赖的就是终端设备和网络环境，但这只是看得见的部分，还有通讯的信号保障和电力保障。任何电子设备都离不开电，所以要先把电力环境改造好，提高负载能力和安全性，更要考虑到便利性，大量的设备需要用到电力接口，要在布线中合理化插孔位置，便于日后设备的安装调试。电的保证对电子设备至关重要，一来离开电则无法工作，再者电如果输出不稳定对设备是极大的威胁，有时一点电力的小事故会毁掉一批设备。博物馆本身对安全的要求是非常高的，这不仅仅是对文物安全的保障，也是对古建防火的重要保护。电子设备本身离不开电的使用，而涉及到电和设备本身的发热，是有一定的危险性的，因此要在电的布线和规范上下功夫，做到安全等级高，防护措施周密，避免因电产生危险。

同时，还有一项重要的工作就是防雷的处理，雷电是众多电子设备的"杀手"，很多单位都因为雷电的问题导致了设备的损坏，造成了一定的损失，所以防雷工作一定要和数字化基础环境的搭建并行，一定要重视起来。因为数字环境中，基本上每一台设备都是相互连接在一起的，只要一处发生了事故一条线路上的所有设备都不能幸免，这是很严重的问题，一则毁坏设备，二则带来巨大的安全隐患。

所以在整体数字化建设之前，要搭建好安全、高效的数字化基础环境的保障体系，做好基础工作，为数字化进程的推进做好铺垫。

(二) 设备购置的合理性及规范性

数字化办公是通过数字化环境和数字终端设备来实现的，而如何合理购买和使用这些设备将影响到整个办公数字化进程。这里往往存在一个误区，就是追新和唯参数论。当然昂贵的设备、性能指标越高的设备，使用起来越方便和高效，这是显而易见的事情，但具体到使用者的办公需求是不是最好、最贵的设备就是最适合的呢？这点上往往需要斟酌。一个单位的数字化办公环境是根据单位的性质和具体的办公需求搭建的，不是一味地上好设备堆出来的。所以设备的选购上要根据实际情况酌情选择，选择最适合的，才能发挥最大的作用，也最大限度地节约资源。一些单位存在着有好设备却闲置的情况，既有办公环境无法达到高级设备的使用要求，也有限于场地等客观因素的限制，使用人员素质较低无法发挥高级设备的功用，导致了设备的闲置。这是对办公资源的严重浪费，也降低了工作效率，更给设备管理人员增添了很多的负担，所以要购买"对"的而不是"贵"的设备。相关负责部门要根据单位的实际情况，来制订合理的采买计划，在满足工作的前提下，尽量节约资金。同时很多设备不是一次性投资，如复印、打印设备，需要不断地消耗掉打印耗材，所以在采买设备时要考虑耗材的问题，选择耗材通用性强、耐用度高和性价比高的型号。耗材作为易耗品，在办公中还是有大量的损耗，所以每年在耗材上是需要一定量的资金投入，所以选择性价比高的设备是可以很大限度节能和节约资金。

现在的设备购买已经摆脱了以往的零散购买，统一进行政府采购，进货渠道、货品质量，以及售后服务都得到了有效的保障。提前一年根据来年的使用情况和既有设备的实际情况，为了更好得满足工作需求而制订并上报采买计划，在上级单位相关部门审批后划拨资金，在适宜的时间进行政府采购，一切手续都按照相关规定，严格遵守财政纪律。在这种采购设备的前提下，一来可以保护设备质量和售后维护，二来也杜绝了在采购过程中有可能存在的各种问题。

同时，不同种类的电子设备有其固定的使用年限，根据其使用状况进行报废处理，进行相关报废审批后，由指定的回收公司进行回收，避免了资源的浪费和环境的污染。所以要求单位中相关负责部门要做好电子设备的管理，保证设备的正常报废和处理工作有序开展。

（三）设备系统的搭建

设备系统的搭建主要涉及网络系统的建设、终端电子设备使用系统的建设、办公环境通讯保障系统的建设、会议多媒体系统的建设、展览多媒体系统的建设、古建保护数字系统的建设、博物馆资料数字系统的建设。通过各方面数字化的建设，打造综合的数字化办公体系。

1. 网络系统的建设

网络是串起来整个数字化系统的核心，是数字化建设赖以维系的基础，更是日常办公所离不开的重要体系。现今的网络都是光纤接入，无论效果和速度均比以前要好很多，但光纤直接入主机房，后面的整个办公环境的网络搭建还需要自行完成。网络系统由有线网络系统和无线网络系统共同组成，有线网络系统满足一般办公设备的使用，无线系统则为移动终端和展厅开放服务。

有线网络的搭建是基础，无线也是在有线网络的基础上发射出来的无线信号，所以搭建好合理而便捷的有线网络系统是整个工作的重点，有线网络系统的搭建要遵照以下几点原则。

（1）设备和网线都尽量采用高质量的。因为硬件到位后，网络速度是可以有较大提升空间的，这样日后再提高网速的话，就不需要重复投资了。特别是线路，要尽量一次布线后，可长时间持续使用。博物馆有其特殊性，特别是很多博物馆不是在现代化建筑中，而是和文物古建合为一体，这样每一次施工都对环境是一定的破坏，要尽量减少破坏程度，尽量减低布线频率，延长使用寿命。

（2）尽量多预留使用接口。因为办公环境和人员是在不断变化和丰富的，要是预留的端口少了，将来扩展起来就有麻烦，需要反复工作。

（3）尽量一次布线，做到全范围覆盖。尽量让办公场所所有的空间都走好线路，不要遗落，特别是一些暂时没有利用起来的地方，要根据以后的规划，做好提前的布线准备，避免开发利用时产生麻烦。布线的过程要根据实际情况，尽量合理、高效地完成，保证使用的通畅和信号传递的有效，减少中途的衰减。

在有线网络搭建的基础上，可以在不同地点根据整体范围使用无线终端发射无线信号，做好规划和整体安排，避免重复覆盖或覆盖不到。现在人们使用移动终端已经成为生活习惯，走到任何地方都试图连接无线网络来满足自己的网络使用和通讯。所以在涉及开放服务的博物馆，要做好无线网络的覆盖工作，使得工作人员办公方便，观众朋友参观便利，更可以依托无线网络打造数字化的参观环境。

网络硬件环境建设好后，可以打造网络软环境，选择适宜的运营商即接入网络和运行速度。在这里要强调的是，网速当然越快越好，但费用自然也会成正比上升，因此不必过于贪快，要根据实际使用情况，接入设备数量，选择合理的速度，也保证性价比的合理。

2. 终端电子设备使用系统的建设

当今办公的无纸化进程已经在不断地推进，每个环节都依托终端的电子设备来开展，既节约了能源也提高了办事效率。日常办公的终端电子设备通常包括电脑、复印机、打印机、传真机、扫描仪、照相机、摄像机等，而日常办公的常用数字环境就是依托网络设置的电脑、扫描、打印、复印、传真这套系统。电脑是最基本的办公工具，也是进入信息时代后带有革命性的产品，电脑和互联网络的配合可以说极大的改变世界的面貌，影响了人类社会发展的进程，也成为现代化办公的好助手。一台性能良好的电脑对办公效率的提升、对日常工作的开展有着非常重要的意义。在可能的条件下和相关规定的范围内，尽可能地购置性能优越的电脑，保证办公的效率。博物馆是研究机构，所以会有大量的资料存在，需要查阅大量的图书，因此扫描仪是被大量使用的设备，所以需要配置高分辨率的扫描仪来配合办公。通常一个办公室由若干台电脑和一台扫描仪、复印机、打印机组成，或者是一台一体机，这样就构成了一个基本的

办公环境。复印机和打印机等设备受到数量的限制和使用频率的问题，通常不能满足一人一台，而是多人共同使用，即共享使用。共享是通过网络实现的，而随着技术的进步和设备制造技术的不断发展，现在的共享已经变得非常便捷，很多机器本身就具有网络功能，只需要一根网线的连接，同网段内的各台机器就可以轻松连接使用了，方便的同时也可以整洁环境，更方便了办公环境的搭建。

这里还要强调的一点是电脑的调试，包括系统的选择和各种办公软件的使用。首先电脑操作系统随着时间和技术的发展会不断变化，这虽然是最新的操作系统，无论从使用便利性和安全性上来说都更好一些，但是对硬件的要求也更高。办公电脑需要至少六年才能更新，所以很多机器对新系统没有很好的适应性，因此在选择操作系统的时候，可以考虑继续使用旧的操作系统来保证办公的流畅性。各种软件的安装要根据使用者的需求，不必统一，同时使用的版本也要根据具体的电脑情况而灵活掌握，满足办公需求即可，不要追新，否则会造成运行缓慢，耽误效率。

3. 办公环境通讯保障系统的建设

现代化办公离不开现代化的通信设备，现在的移动终端离不开通讯保障，很多博物馆，特别是涉及到文物保护的博物馆往往信号很不好，导致通讯不畅，耽误工作的开展。虽然大家的主要通信手段现在都转变成网络化的微信等即时通讯软件，依赖网络环境，但手机通讯依然是最直接、最高效的通心手段，因此保障手机通讯信号的畅通也是保障了工作的有序开展。现在的信号覆盖理论上已经非常全面，但还是有很多信号薄弱的地方，因发射台之间的覆盖范围交界处会产生信号弱的现象。另外很多地方不适宜建设发射站，比如古建保护范围之内、居民聚居区等；再者还有很多对信号屏蔽严重的建筑空间，因此还是有信号较差的地方存在的。面对这种情况，需要在信号差的地方加装信号放大器来扩大信号发射，加强接收，保证通讯信号的畅通。信号放大器已经被广泛应用在大型的建筑场所，如酒店、大型商场等，还有特殊建筑场所，如地铁和隧道等屏蔽信号严重的地方。虽然目前的技术还不是非常的稳定和理想，但保证正常使用信号还是基本可以实现。所以，可以根据自身单位情况，通过信号放大器来保障通讯信号的畅通。

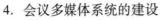

4. 会议多媒体系统的建设

博物馆需要有多功能厅，既满足开放展览的需要，又保证日常办公会议的使用。随着数字化进程和信息化技术的普及，传统的会议模式已经被电子设备的综合媒体系统所替代，甚至是不出办公室就可进行的网络视频会议。虽然可以形式多样，但一个设备完善、使用便利的多媒体会议室是必不可少的。会议媒体系统的主要内容是影像系统和音频系统，影像系统主要是投影设备的使用，通过电脑将会议内容和展示材料投影到大屏幕上和与会人员分享，音频系统则包括投影中视频音效的外放和会议中人员发言的扩音系统。现在的综合控制系统已经可以来对会议系统进行统一管理了，通过总控制台来调控所有的设备使用。所有设备都由总控台管理，方便了使用，提高了效率，从开始通电工作，到使用完成后散热三分钟自动断电关闭由控制台自动完成，非常的方便。其中投影系统已经由传统的有线连接转变为无线发射，通过在投影电脑上安装与接收器匹配的软件来进行无线投影，改变了以往连线导致场地不整洁和反复使用线路接头磨损影响使用效果。无线投影系统可以说是会议投影系统的新的发展，依托于无线网络的覆盖和速度的提升，满足了投影的需求。同时音频也可以通过无线发射的形式由音箱播放出来，可以有效地避免会议室各种走线的混乱。可以说无线的形式已经开始逐渐替代有线连接，唯一需要注意的就是这种无线发射的形式是依托无线网络来进行工作的，所以要保证网络的畅通和稳定，避免影响使用。

5. 展览多媒体系统的建设

运用多媒体技术来服务展览展示是博物馆建设的需要，也是发展趋势。多媒体技术利用自身不受空间和时间的限制的特点，用大信息量和灵活的表现形式，补充了传统展览手段的短板，让很多无法实现在展线中，传统形式无法表现出来或者成本非常昂贵的展示内容得以实现，可以说多媒体技术已经是现代展览中不可或缺的展示手段。多媒体展示手段还有一个重要的作用就是对文物本身的保护功能，很多重要文物因为对保存的空间、光线、温湿度等有严苛的要求，或者出于安全性的考虑，不适宜在开放空间中展出，导致很难被广大观众看到，同时也为研究工作的开展带来了一定的难度。多媒体手段正好在保护了文物的基础上，又可以让大家非常直观地看到文物的视觉表象，达到了一举多得的目的。同时，随着观众对博物馆兴趣的提高，社会整体文化素养的提升，很多传统的展示手段已经落后了，已经不能满足观众的参观习惯了，因此通过多媒体手段，丰富展览效果，让展览形式多样化，更好得满足不同参观需求的观众。同时随着移动终端的普及和网络技术的覆盖，展览对观众来说不再是单一的看，而是可以通过手中的手机来进行互动，通过制作展览的 APP 软件，将很多有意思的专题项目或者互动项目通过观众的手机产生良好的互动效果。这样传统的宣传册页也可以电子化后用手机浏览，既避免了大量纸张和印刷的浪费，同时也丰富了可看内容，更可以做到实时更新和有效互动，已经被越来越多地应用到博物馆的展览中。

现阶段常用的展览展示多媒体手段有：视频短片的应用、沙盘投影的应用、广告机的应用、虚拟漫游技术的应用、触摸屏互动的应用、360 度影像展示的应用、拢音罩的应用、立体成像技术的应用、互动灯光技术的应用、智能讲解系统等。很多技术手段已经逐渐成熟并得到广泛应用，并取得了良好的效果，也被观众所接受和习惯。多媒体技术对于文物藏品少、展示手段单一、展示内容专题性强的展览，展览空间有限、展示内容丰富的展览都有非常好的提升展示效果的作用。可以说多媒体技术已经成功同传统文化的传承集中地博物馆建立了良好的合作模式，很多尖端的科学技术已经应用到博物馆的展览和文物保护中，博物馆的展览本身就是最好的科技实验场所，可以通过广大观众来检验效果和价值。同样多媒体技术也给了展览新鲜的视角和发展方向，让博物馆的展示在权威知识性之余增添了更多的趣味性，也让博物馆增强了吸引力，特别是对年轻人的吸引力。

6. 古建保护数字系统的建设

古建筑本身作为中华优秀传统文化的典型代表，具有非常珍贵的文物和历史价值，但其特有的木结构本身是对长时间保护和修缮的巨大挑战。虽然现在高度重视古建的保护并投入了大量的人力、物力，但很多损坏过程是不可逆的，这里既包括自然灾害等不可抗拒力，也有社会发展建设的人为因素，所以如何通过技术手段来对古建筑进行保护和留存是古建保护迫切的需求。同时，为了更好得保护古建筑，很多地方不适宜开放参观，也带来了和观众需求的矛盾，广大的观众往往对非开放空间充满着期待，对其的神秘感非常感兴趣。这样一来，如何既满足观众的好奇心，又可以不影响建筑本身的保护就成为一个课题，在没有数字技术之前，这个矛盾是不可调和的。但是随着数字技术的发展，这些矛盾都在一定程度上得到了很好的解决。

将三维扫描技术运用到保护古建筑的过程中，通过这一技术来精确记录下来建筑的影像资料，其精确程度非常之高是前所未有地记录建筑的有效方法。三维激光扫描技术是测绘领域一次技术革命，它突破了传统的单点测量方法，具有高效率、高精度的独特优势，因此被称为实景复制技术。三维激光扫描技术能够提供扫描物体表面的三维点云数据，可以用于获取高精度高分辨率的数字物体表面模型。真正做到直接从实物中进行快速的逆向三维数据采集及模型重构，无须进行任何实物表面处理，其激光点云中的每个三维数据都是直接采集目标的真实数据，使得后期处理的数据完全真实可靠。由于技术上突破了传统的单点测量方法，其最大特点就是精度高、速度快、逼近原形，全自动高精度立体扫描。

利用虚拟漫游技术来引领观众参观建筑场景。所谓的虚拟漫游，也就是虚拟现实中的漫游，而三维全景虚拟漫游，就是用三维全景来实现的虚拟现实漫游。具体的实现方式就是以三维全景为主体，加入图片、视频、音频、文字等多种媒体，对各种场景包括博物馆（院）、景点等进行整体全面的展示，使观者不仅可以获得整体的认识，亦可深入其中一个场景、一个细节进行浏览、观看。虚拟漫游分为真实建筑场景的虚拟漫游和虚拟建筑场景的虚拟漫游。真实场景的虚拟漫游的最大特点是被漫游的对象是已客观真实存在着的，只不过漫游形式是异地虚拟的而已，同时漫游对象制作是基于对象的真实数据。虚拟的漫游对象制作时，对真实数据的测量精确度要求很高。而后者广义地说和真实景点虚拟观光漫游一样，都属于基于真实数据的而且已经存在着的真实场景虚拟漫游，只不过两者获取真实景物数据的方式和传感器不大相同而已。

7. 博物馆资料数字系统的建设

博物馆本身是一个收藏场所，是人类历史发展和文明技艺的忠实记录者，而如何建立好研究资料和影像资料的保存则是博物馆工作的重要作用。数字资料包括几个方面：文物研究资料的保存，日常办公的文件的保存，影像资料的保存，展览资料的保存，建筑场所图纸资料的保存等。随着数字技术的应用，日常工作中的每一个方面都在数字化，所以各方面资料的准确、完整保存，都为日后工作的开展做好了基础工作。同样的这些数字资料也逐渐成为博物馆的宝贵资源，更为博物馆不同领域的发展夯实了基础。

文物的各项数据包括六面的照片和具体到各种细节的文字记录，其中尺寸、年代、历史传承等的资料都有严格规定，进行完整的数据库建设。精确的数字资料是对文物的忠实记录，也是对文物的有效保护，特别是现有技术手段难以完整保护，以及容易发生自然损耗的文物。通过数字资料可以进行研究，可以应用到展示当中，减少了文物损坏的几率。日常办公的文件，基本都有数字化的电子版，因此对于各种文件要分门别类保存好，便于日后工作的查询和利用。纸质版的文件不利于查询，有时查找一份模糊印象的文件需要很长的时间，电子版文件则可以通过电脑关键字的查询，快捷地找到文件，提高了效率。影像资料既包括文物保护的影像资料，也包括日常办公活动的影像记录。文物的影像资料前面已经提到，日常办公活动的影像资料则是博物馆正常运营的忠实记录，是一个博物馆发展建设的宝贵资料。无论是办公会议，还是馆内举办的各种项目活动，都要尽可能多地记录下来，这就是一个博物馆的成长记录，也是为宣传等相关工作打下基础。展览的数字资料是非常重要的，因为展览本身都是有一定的时效性的，经过一定的时间都会被新的展览所替代，所以展览的设计和制作资料的留存，以及展览现场的影像资料的留存都是对展览的有效记录，配合展览出版物把展览完整地保存下来，成为博物馆的重要资料。建筑数字资料的留存既包括对建筑的测绘资料的保存，也包括日常对建筑的维修过程的记录。通过对建筑的点滴变化的记录而最大限度的保护好建筑本身，也为建筑的展示打好基础。

不同门类的数字资料的留存都非常重要，是博物馆的宝贵资源，要努力做好留存工作。同时面对越来越多的资料的储备，要做好分类和备份工作，如果无法直接、有效的查询到所需的数字资料，则其价值就大打折扣了，而保证珍贵资料的安全性，则要通过不同手段备份好，避免单一介质出现问题造成资料损失。

（四）设备日常的维护保养

电子设备的使用需要日常的维护，否则会造成运行的缓慢和设备的老化。电子设备虽然使用起来方便，但是也需要精心维护，才能延长使用寿命并保证工作效率。电脑运行一定时间后会产生一定的系统和缓存的垃圾，很多上网的遗存，都会在一定程度上影响运行速度，使机器变得缓慢，要定期清理。同时做好防御病毒的工作，现在的病毒已经由当年的破坏系统和运行，转化为钓鱼软件来窃取个人资料和金融信息的目的，更为隐蔽，危害性更大，所以对博物馆的各种信息是种威胁，因此需要做好防范工作。日常的打印复印机工作要做好清洁工作，避免出现打印头堵塞、墨粉遗撒等问题，影响正常工作。要对馆内的网络系统进行定期的检查和维护，保证网络的畅通，特别是博物馆环境面积大、布线情况复杂的更需要定期维护，避免出现问题。现今的办公所有的设备都是通过网络连接在一起的，如果网络出现了问题，可以说基本整个的数字办公体系都处于瘫痪的状态。电子设备的运行必然伴随着发热，所以要注意设备的散热处理，避免机器因为过热而导致运行缓慢甚至损坏。对于设备的运转情况和使用状况要有详细的记录，以备维修时和日常维护时查阅，寻找到问题点。当设备出现故障时，建议请专业人员来进行维修，不要自行修理，避免出现更大的损坏或者自己受伤。对于设备如果日常的定期维护工作到位的话，可以有效地延长使用时间，提高使用效率，节约办公成本。

（五）设备的使用监控

这里的监控主要指对于设备使用的管理和网络办公环境的监控。设备的使用管理要做到账目清楚，要有设备使用人的一一对应的记录，由具体使用人对设备的使用负责，要将机器具体落实到人。以便设备出现问题能够及时处理，同时也保证了固定资产管理的规范性，更可以及时掌握设备的使用状况、使用年限，做到及时更新。网络的监控是保证日常办公有序开展的重要工作，因为任何网络资源都是有限的，但是使用人众多，所以要保障大家都可以有效利用网络就要对网络进行监控管理。如果对网络的使用没有任何约束的话，很可能产生利用网络做与工作无关的事情，如下载电影、看网络视频、打网络游戏等严重消耗网络资源的行为，给正常的办公带来影响，所以要通过技术手段来规范网络使用。现在可以直接通过路由器来进行网络管控，但是功能有限，不能管理得非常细致，还可以通过专业的管控设备来管理网络流量，通过硬件和软件的配合，进行上网行为的管理和每一个使用终端的流量管理，这样可以有效地提高网络办公效率，规范网络的使用。

二、数字化建设基础上的应用

在数字基础设施建设的基础上，就可以开展各种应用，为博物馆发展服务。依托互联网的建设，利用数字化手段进行博物馆宣传工作，扩大博物馆影响力。现代博物馆的宣传工作的重点逐渐走向了网络，网站和微博等技术手段逐渐成为重要的宣传和互动平台。博物馆正在充分利用网络的平台展现自己，将自己的文物藏品和开放展览制作成数字虚拟的形式放在网上，供广大的观众欣赏和学习，增强了互动性和参与性，也弥补了不能来博物馆参观的观众的文化需求。数字化基础建设是为博物馆发展和建设服务的，因此要充分利用好既有的设备资源开展工作。如日常举办的各种文化讲堂活动，依托现代化的会议多媒体系统开展各种文化讲座，弘扬了文化知识的同时也充分开发利用了多媒体会议系统，使之能发挥更多的作用。在博物馆数字基础建设逐渐成熟之后要充分考虑如何最大限度地开发与利用，因为很多的资源和设备是难以做到物尽其用的，多少会造成资源在一定程度上的浪费，所以有了基础建设，如何在满足办公的基础上充分开发利用是博物馆数字化建设的新课题，也是新的发展方向。博物馆发展到今天已经不仅仅局限于收藏、研究和展示的场所了，而是一个综合的文化体，是传统文化传承和现代科技展示的最直观的平台。所以在日常基本工作满足博物馆基本职能的基础上，如何更好得利用自身优势为社会服务是博物馆面对的新挑战，而数字技术正是有效应对挑战的便捷手段，因此要重视数字建设基础上的应用。

三、数字化办公环境下人员的培训

无论社会如何发展、科技如何进步、办公环境如何改变，起到决定性作用的都是人，任何新技术和新设备发挥作用也是依靠人，所以对于数字化办公环境下的工作人员的培训就变得至关重要，关系到整体系统能够发挥多大的作用。博物馆的人员组成中一般情况老中青比例不平衡，通常整体年龄层次偏大，在接受新事物方面并不是都非常适应和可以高效利用数字化的环境。面对这种情况，需要利用博物馆自身的数字化专业人才进行普及性知识讲座，通过简单的专题性培训，强化整体工作人员利用现代化技术手段办公的能力。培训可以针对不同的对象和需求分开进行，不可以一刀切，更不能流于形式，因为培训都是针对日常办公中最常用的技能，最实用的技术来开展的，更是针对大家工作中常出现的问题而展开的。只有整体人员的信息化水平得到提高，才能充分发挥数字化办公系统的作用，才能更好的服务博物馆的建设。

通过博物馆数字基础建设和工作人员综合素养的整体提高，依托现代化技术手段服务博物馆建设和发展已经成为博物馆未来发展的必由之路。所以要重视博物馆数字化基础建设，搭建起具有可持续发展的数字化平台，为未来工作的开展铺平道路。

闫涛（北京古代建筑博物馆社教与信息部，馆员）

浅谈北京古代建筑博物馆社会职能的实现

◎ 闫涛

新时代赋予了博物馆新的责任和发展需求，这就要求博物馆的管理和建设要上一个新的层次，要转变思路，把注意力集中到如何实现自身社会效益上来，要充分考虑到广大人民群众的切身需求，展示群众喜闻乐见的优秀文化。可以说博物馆在公众中的形象已经逐渐发生了改变，文博行业已经走上了新型博物馆发展的道路。博物馆不再仅仅是专注于研究，而是把重心逐渐转移到如何更好的把研究成果转化为社会应用，利用自身优势努力承担更广泛的社会责任。现今的博物馆人更加清晰的认识到如何发展博物馆才是最有益的模式，在摸索中逐渐体会到了一条适应自身和社会发展的道路。

面对新时期、新形势，博物馆要转变思路，通过探讨和研究来寻找到现代博物馆管理方法和发展之路，发掘现代博物馆如何更好的实现社会责任，进而更好的为社会文化生活服务。

一、新时期博物馆社会责任实现的新趋势

伴随着着博物馆的百年发展，博物馆的建设从理念到技术都不断地成熟，逐渐成为了一个成熟的行业门类，具备了承担更多社会责任的硬件条件。文化大发展带来新的发展契机，使得博物馆的社会责任实现内涵的丰富有了适宜的文化环境，而人民生活方式的改变和物质生活条件的不断提升，也为博物馆丰富职能内涵提出了要求。因此新时期的博物馆社会责任与时俱进，不断地扩展服务范围，丰富着内涵。

新时期博物馆的社会责任体现在完成好自身宣传和教育的基本职能的基础上，更好的应对社会各种文化现象的发生，起到解释和疏导的作用，进而起到社会发展的推动者、监督者以及引导者的责任。更大范围的承担起其社会教育的职能，发挥其文化资源场所的

优势来普及科学知识、教育民众，以其自身的文化内涵去解析社会文化热点和人民文化关注，进行科学、严谨、权威的文化表达，进一步对社会发生的各种文化现象进行研究和提供标准。同时作为传统文化的集中遗存保护者和传承机构，进行文化的传承和扩大影响力，是传统文化遗存的收集、展示和传承的最重要平台，简言之就是传承文化、规范文化、宣扬文化、服务文化，突出了博物馆在传承传统文化和培养基本价值观方面所发挥的重要作用。

（一）博物馆建设的新要求

博物馆的发展进入了一个新的时代，迎来了新的任务，承担起新的责任。在发展初期博物馆的主要职能就是收集和保护，先把人类历史进程中留下的珍贵遗存，最大限度地保留下来，这是最直接也是最迫切的任务，也是博物馆最大的责任。既然有了实物，就要展开研究，否则只是一味的征集文物不加以研究就会变成大仓库，而不能称之为博物馆。在对文物进行了深入的研究后会得到很多的成果，这些成果不仅仅局限于研究的学术上，更有很多对于社会发展、建设具有指导意义。因为历史是可以借鉴的，时代虽然不同，道理是相通的，但是大部分的研究成果都被束之高阁了，这也博物馆发展的程度和特定时期社会对于博物馆的要求决定的，导致博物馆的职能和社会责任的实现都大打折扣。

现如今，博物馆的责任已经发生了变化，通过博物馆协会的定位也能够看出来，新时代博物馆的发展已经和原来不一样了。新时期社会对于博物馆的建设提出了新的要求，这也是以社会发展的现状和根本诉求决定的，即博物馆要充分发挥教育和宣传的职能，把自身优势展现出来。博物馆应该将过去执着于研究和展览的现状逐渐发展为同时重视社会效益的实现上来，博物馆作为普及文化知识和教育公众的有效、权威的场所应该切实发挥出应有的影响力。博物馆历经了各个发展时期以来已经进入了一个非常规范、非常细化和非常繁荣的时期，已经具有了相当的规模，也成为了社会文化生活的引导者，越来越吸引人们的眼球。在自身得到长足发展，同时行业规范运营的前提下，如何更进一步深入挖掘自身潜力和展现自我就成为了博物馆发展要面对的新问题，也是在社会大环境中寻找自身新定位的问题。

为了顺应时代的进步和社会的发展，博物馆要调整思路、转变

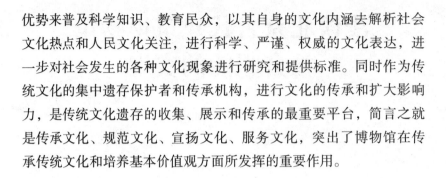

职能、开拓创新，把自身的发展紧密结合到社会发展中去，更多的为社会发展做贡献。作为一个研究机构，学术研讨和问题研究都是擅长的工作，但是如何把成果转化为效果，如何把研究同展览更好地结合，如何把自己的观点和知识更好地、更广泛地传递到观众当中去，这便是一个新的挑战。过去的时间虽然这项任务不可避免，但却不是主要任务，甚至社会对于博物馆也没有更多的要求，因而博物馆可以相对自我的去发展，也因此积累了大量的资源，丰富了自身的研究，使得自己真正有能力成为一个领域的权威。面对新时代的要求，博物馆被推到了促进文化发展和提高公众综合文化素养的最前沿，成为了社会每一个人的大课堂，是社会减少浮躁情绪，人们提高文明程度，孩子培养文化热爱的最有效、最便捷的途径。所以面对社会的需求和人们的诉求，博物馆需要在实现社会职能方面下功夫，进而更好地完成好文化先锋的使命。

（二）观众群体和需求的新变化

随着经济的发展和社会的进步，人民生活水平不断提高，自然在精神追求方面也逐步提升，有了新的变化和诉求，人民对于文化生活的渴望越来越大，对于传统文化内涵的渴望了解程度越来越深，这就对博物馆这一文化载体提出了更新、更高的要求。随着生活方式的改变，传统意义上的博物馆受众也在发生着变化，不同的人群开始对博物馆产生新的兴趣，博物馆不再是以前的社会精英们和知识分子的学术场所，它以走进了每一位寻常百姓生活，承担起社会最基本的文化普及和科学教育的任务，成为了寻找传统文化根源的最基本的场所。

说到需求，似乎博物馆的需求是最明确的行业之一，就是收藏和整理文物资料并进行研究、展示，但这里所说的明确需求是指的博物馆应该更多的去挖掘基本职能背后的社会责任。作为文化教育场所，博物馆有着先天的资源优势，同时也是在一代又一代的博物馆人的不懈努力下建立起来的博物馆的权威性，决定了在社会文化建设中博物馆应承担更多的责任。这里就牵扯到一个博物馆观众的问题，博物馆需要明确自己的特定目标客户群体，才能更好的有针对性的建设。虽然博物馆是一个"普众"的教育，但能收到最好的效果的一定是特定的目标客户群，因为任何一个展览都不能面面俱到，照顾到每一个观众的感受，并且展览的制作中一定带有制作者本人的意见和个人特点，这是人之常情，因此就更要考虑好博物馆展示的目标客户群，展览、展示的主要目标是谁？这样才能更好得完成博物馆的管理。

二、案例博物馆在社会责任实现中的问题

作为肩负着双重的责任和使命而建立的博物馆，以北京古代建筑博物馆为例，既要展览展示中国古代建筑的技艺和传统，更要保护好先农坛这一皇家建筑群落是非常困难的事情。博物馆在成立的初期对由于历史原因被占用和破坏了的先农坛古建筑进行了艰难的腾退工作，经过若干年的努力，将主要建筑基本收回并进行了修缮，使得近六百年的古建筑精品得以重生。但面对复杂的社会现状和历史遗留原因，腾退工作还无法彻底进行完成，这也是案例博物馆一直要延续下去的重要工作。现在正在进行的中轴线申遗项目，作为中轴线上非常重要的建筑群落和组成部分，先农坛的地位和作用是巨大的，而先农坛古建筑群落的腾退、修缮和保护也为中轴线申遗项目做出了不可估量的贡献。

博物馆的基本职能就是要有展览，这是博物馆最简单直观的作用，也是最重要的体现自身价值的方面。在成立之后，全体人员大力展开了中国古代建筑展的紧张筹备并且前往全国各地去征集文物和学习经验，夜以继日地设计展览，使得全国唯一的中国古代建筑展展现在世人的面前。在古建中办展览也是一个非常难的课题，但是案例博物馆很好得解决了这一困难，将建筑的保护和展览结合得很好，让展览进入古建中，让展览成为建筑的延伸，而建筑本身成为展览的一部分。

可以说北京古代建筑博物馆在建设和管理的过程中是按照博物馆发展的一般规律进行的，也取得了相当的成绩。但既然是一般规律自然发展中的共性问题也一样存在，传统的博物馆建设从一开始就比较注重文物的研究和自身领域的钻研，注重成为学术型和专业型的组织机构，培养了大批的研究人员，也取得了很多的研究成果，对人类社会发展和认识可以说有着重要作用的成果，但是却忽略了社会的需求和观众的诉求，对社会教育工作不够重视，发展不够均衡，没有做到同社会的发展和人类科技的进步以及生活方式的改变相适应，因此无法实现社会效益的最大化，自然身上承担的社会责

北京古代建筑博物馆文丛

第一辑 2014年

任难以表达充分。北京古代建筑博物馆同样存在着这样的问题，这也是一个博物馆从无到有必经的一个过程，是自然发展的规律。因为每一个博物馆都是新鲜的个体，都有不同的情况，所以需要区别对待，可以说博物馆的建设可以借鉴但却无法照搬，所以博物馆的建设和管理是带有独特性的。在成立的初期和建设发展阶段，北京古代建筑博物馆更多的关注建筑本身的修缮和展览的设计制作，更多的是研究文物和业务知识，却在一定程度上忽略了社会责任的实现，或者说因为基础工作还没有到位，也无法承担更多的社会责任。

北京古代建筑博物馆在社会教育活动和如何更好地服务观众方面还可以改进。社会教育和社会影响力会转化为社会效益，使得博物馆自身的发展融入社会，成为社会文化生活的重要组成，成为人民文化精神需求的重要实现途径。但是一直以来北京古代建筑博物馆的发展在这一方面都做得不足，导致虽然研究成果和建设情况都很不错的情况下，社会效益却不理想，观众的关注度不高，不能有效地为社会服务。整体的发展不够全面，重保护、研究，轻教育、宣传，使得广大的观众对传统建筑文化的渴望无法有效满足，导致北京古代建筑博物馆的建设成绩无法全面体现出来，社会价值也无法完整体现。当然这也是由于该馆从成立到建设初具规模，再到展览成熟开放的时间还不长，对于博物馆的建设和发展还是刚刚起步，对于博物馆规范化管理和现代化管理还处于摸索阶段的实际情况所决定的。

三、博物馆转变传统管理为现代化管理

博物馆要想真正意义上实现自身的社会价值，需要认清定位，做好管理，做好服务工作。认清定位不是简单地明确博物馆的定义，而是真正地根据自身特点和所处的地域来明确自己所肩负的历史使命和发展道路。博物馆的所有特性，无论哪一方面都将决定其公共形象，博物馆所呈现出来的形象并非出自偶然，而是通过有意识的定义，并最大限度地符合博物馆的角色与发展方向，所以博物馆只有在明确了自身角色的前提下才能"演好戏"。

博物馆的传统发展模式和管理模式在一定的程度上已经不适应当今社会的发展，再一味地"走老路"会慢慢地降低博物馆的生命力和竞争力，使得本拥有强大资源的文化场所无法物尽其用，也无

法很好地完成博物馆应承担的社会责任。博物馆管理的作用：博物馆为了能更好的完成其自身使命，实现其自身宗旨以及目标，要善于发挥管理在博物馆中的五个重要作用：激发使命感、传达宗旨、导向远期目标、控制并实现短期目标、对博物馆各项功能的实现进行评估。博物馆是一个综合体，并且在不断地完善自己的组织结构，已经逐渐摆脱了建立之初的单一结构和单一的管理模式，面对越来越科学和细化的分工以及庞杂的组织结构，如果没有一套切实可行的、高效的管理模式来促进运作是无法保障博物馆的正常、有序、快速的发展。管理可以简单的认为是通过协调和监督他人的活动，有效率和有效果地完成工作，研究的是如何提高效率的问题。管理学中对于管理的定义简单明了，这同样非常适用于博物馆事业的发展，也是博物馆人正在追求和尝试的工作模式，可以说现代化管理是博物馆发展的必由之路。

现今的博物馆已经发展成为了一个服务机构，而不再仅仅是一个研究机构的身份，越来越丰富的身份，越来越广博的工作内涵使得博物馆成为了一个地方或者一种文化的标志和窗口，是人们在当今快速节奏的社会读懂一种文化、了解一个地方的最便捷方式。当今博物馆更多的社会职能也正转变成为大众提供一个可以满足各种需求的公众文化场所，为观众提供"文化饕餮"，成为观众的文化"后花园"，为观众服务好成为了工作重点。

博物馆的发展需要转变思路，需要打造有特色的服务品牌，只有这样才能持续地发展下去，才能更好地实现自身的社会责任，为社会文化建设添砖加瓦，为丰富人民的文化生活做出更大的贡献。因此做好服务工作是博物馆建设的重要方面，是博物馆行使社会责任的重要表现形式，要着力打造服务型博物馆，切实为优秀文化的传承和教育服务，为人民的文化生活丰富服务。

四、案例博物馆新时期社会责任的实践

（一）通过新技术手段更好的实现社会责任

为适应社会的发展和科技的进步，贴合人们生活习惯的改变，北京古代建筑博物馆通过在新技术领域的不断探索，引入了很多的新技术手段来丰富和完善传统博物馆的建设。作为一座和古建筑保

护相结合的博物馆，肩负着比一般现代博物馆更加丰富的工作内涵，为了能更好地完成好自身使命，更好地体现自身的社会价值和责任，北京古代建筑博物馆把博物馆建设同先农坛古建筑群落的保护和传承同时作为工作重心来大力推进。

为了更好地保护先农坛古建筑群落，北京古代建筑博物馆采用三维激光扫描技术对馆区内主要古建筑进行了详细的结构和数据的采集，并通过后期制作生成高度还原的数字影像信息，进而最大限度忠实地记录下古建筑现存状况。先农坛的古建筑群存世至今已经有了近六百年的历史，如此完整和高等级的明代建筑保存至今是非常的不容易，在北京古代建筑博物馆的努力下，得以修缮保护，并以非常良好的面貌展现在广大的观众面前。木结构的建筑毕竟是会慢慢地有所损耗的，这是自然规律，是无法避免的现象，通过高科技手段，运用数字技术的形式完整、准确地获取资料是行之有效的保护手段，是博物馆实现自身文物保护职责的具体表现，也是对传统文化保护传承的社会责任实践的体现。

随着互联网的快速普及和人们依赖网络生活的习惯越来越重，现实世界的博物馆已经不是观众了解博物馆的唯一途经，人们已经习惯通过网络的手段来进行工作和生活，这自然包括了对博物馆的关注。博物馆的建设者们已经意识到了这个问题，所以在博物馆的虚拟建设方面进行了很多的尝试，已经大规模应用的是博物馆的专属网站，这是广大观众了解博物馆的最有效的方式，也是最便捷的方式。如何能打破时间和空间的限制来为不同地域的观众来提供同样的服务，高科技手段和互联网的结合就很好地解决了这个问题——虚拟博物馆。构筑虚拟博物馆，打破实体博物馆局限性，扩展博物馆的延伸空间，最大限度地拓展博物馆功能，满足社会大众的多层次多方位的需求，更好地体现博物馆展示、教育和研究的功能，更好服务于社会和大众。

北京古代建筑博物馆通过虚拟漫游技术的应用打造的虚拟博物馆，把自身原汁原味古建群的展现在所有观众的面前，把皇家祭祀文化和先农坛沧桑六百年的发展展现在观众的面前，更把传统古建技艺展现在世人面前，真正做到足不出户看博物馆。这是博物馆根据社会发展和人民需求的有益尝试，是扩大自身影响力，更好地为观众服务的有效形式，更是最大限度地实现自身的社会责任。

虽然博物馆的网站和虚拟博物馆能拉近博物馆和观众间的距离，

但都是属于相对被动的模式，观众了解到的都是博物馆管理者所要表达的意思，虽然能不受时间和空间的限制，但却无法互动，使得观众的需求和意见、建议都无法第一时间传递到博物馆人的面前，导致有些时候博物馆的建设和观众的需求之间难以达到最好的平衡，各种交流也无法达到及时，这时就需要一种使用快捷、范围广泛、关注度高并且为广大的观众所熟悉和习惯地方式来进行互动，而微博正是最合适的手段。现今社会的发展中，微博已经起到了很重要的作用，因为任何人都可以在任何时间和地点通过微博来表达自己。微博同人民的日常生活紧密相联，人气高涨，是当今社会最及时反应消息和动态的途径。

北京古代建筑博物馆紧紧抓住了微博的特点，展开了自身的微博建设，并通过微博发布重要信息和观众互动，及时地吸取观众的意见和建议，同时也接受社会上所有人的监督和检查，帮助我们共同建设好博物馆。这是博物馆的一种态度，主动走到广大的观众当中去，让观众的意见成为博物馆发展建设的依据之一，进而让博物馆的优势资源发挥出最大的功效。

（二）举办贴合需求的特色展览陈列来实现社会责任

北京古代建筑博物馆落成后，紧紧围绕着自己建筑类专题性博物馆这一特性，以及先农坛历史文化保护这一使命展开研究和设计，广泛征集文物和展品，积极筹备展览。1991年在正式对外开放的同时，在馆内的主体建筑群落太岁殿院落举办了"中国古代建筑展"作为基本陈列。2002年经过腾退和修缮，开放了先农坛古坛区部分，在神厨院落举办了"北京先农坛历史文化展"，展示先农坛的历史发展变化。同时对原先农坛南侧地祇坛遗存的部分文物进行了修缮和保护并移放到开放的古坛区，根据保护情况和现有资源举办了"先农坛地祇坛石刻文化露天陈列展"。2008年为大力推广科普知识和实现教育职能，在古坛区内的宰牲亭院落，举办了"巧搭奇筑藏奥秘——中国古代建筑中的力"和"农神的足迹"两个展览，并把该院落开辟为科普活动园地。

2012年经过3年准备重新改陈的基本陈列"中国古代建筑展"正式对外开放，陈列在太岁殿院落。该展览共分为五个部分，分别是中国古代建筑发展历程、中国古代建筑营造技艺、"祭祀太岁"——太岁坛复原陈列、"匠人营国"——中国古代城市和中国古代建筑类型

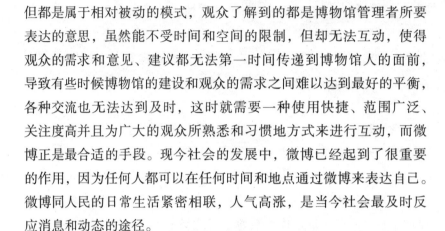

欣赏。

2014年又重新打造制作了"先农坛历史文化展"，这是先农坛历史沿革和农神祭祀的详尽陈列展览。通过展览观众可以了解到先农坛从无到有，以及历史上的原貌和当今的概况。同时从祭祀礼仪到祭祀乐器再到祭祀祭器等各方面全面地了解先农坛的作用。既然是农神祭祀，自然免不了对农业知识的介绍，现在的青年人特别是城市青年人对农作物、各种农具、农业基本常识都非常的匮乏，所以通过展览也普及一定的农业知识。可以说展览就是鲜活的先农坛志，是观众了解先农坛的最好途径。

同时在博物馆展区的院子内举办了临时展览，"北京坛庙文化展"和"沈阳故宫建筑艺术展"，并且于2012年底举办"中华牌楼展"。"中华牌楼展"是北京古代建筑博物馆历时多年筹备后制作的专题展，主要为图片和模型展，深入挖掘了牌楼深厚的历史文化内涵和其独有的象征意义，展览研究和展示了古今中外最具有代表性的牌楼近百座。牌楼本身是一种具有极强装饰性的标志性建筑，兼具了多种中国古代建筑的代表性特点，是中国传统建筑艺术的大成之作，成为表达中国丰富的历史文化、建筑艺术、民俗民情的重要载体，并逐渐演变成为了中华传统文化的象征。现今的世界，牌楼已经不再仅仅出现在中国的范围内，它是遍布于世界各地，并且还在不断的建设当中。牌楼已经成为传统中华文化的最好代言者之一，也是世界人民认识中国、了解中国的一个很好的窗口，更是全世界华人寄托思念和表达对祖国深情的一种方式，是一种民族认同感的集中表现，也是联系世界华人的最有效符号之一，中华牌楼成为了传递中华优秀传统文化的最忠实代言者之一。

"沈阳故宫建筑艺术展"是由北京古代建筑博物馆和沈阳故宫博物院联合举办的，是我们第一次以图文形式全面介绍沈阳故宫的历史文化和建筑艺术，有助于观众更好地了解清史和中国传统建筑文化。作为北京古代建筑博物馆推出的中国建筑系列展览之一，"沈阳故宫建筑艺术展"是个非常有益和成功的尝试，也是跨馆际间、跨地域间的成功合作。

"坛庙文化展"是由北京坛庙文化研究会发起，由北京市的十家坛庙单位合作主办，是第一次采取图文形式全面介绍北京地域的坛庙历史文化知识的展览，有助于人们更好得了解北京历史，推动北京的文化建设，进而推动北京古都风貌的保护。

北京古代建筑博物馆在展览的制作和展示上，依托自身的特点和资源优势，最大限度地发挥了既有资源的能量，在古建筑群落中举办出了高水平的展览，很好地解决了在古建筑中举办展览的这一难题，产生了良好的社会影响。

（三）举办巡展实现文化"走出去"

近年来，北京古代建筑物馆在完善自身展览体系的同时，根据博物馆特色和既有展览的特点，结合国内和国外的文化需求的现状，着力打造巡展，将成熟而优秀的展览带到其他国家和地区去，在世界范围内宣传中国古建筑文化，弘扬中华优秀传统文化，目前已经有海内外巡展为"中华牌楼展"和"土木中华展"。

作为第一个走出北京的展览——"土木中华展"，在北京古代建筑博物馆内展览了数月之后走进了广东省，并且在广东省多个市进行了巡展，收到了非常良好的效果和反响，非常受当地观众的欢迎。"土木中华展"是在博物馆内基本陈列"中国古代建筑展"的基础上，根据巡展的特点和要求进行的精简和优化，将系统而庞杂的基本陈列变成主题突出，内容简练，辅助展品，极为经典的小型展览。通过这个展览的简要介绍，使观众对中国传统建筑文化有一个基本的了解，也会对古建技艺的神奇有一个深刻的印象。

北京古代建筑博物馆不满足于将展览局限于国内的范围，而是放眼了世界，跟随着文化输出的大趋势，将优秀的展览呈现于世界的舞台之上。在2013年底"中华牌楼展"为中国北京和韩国首尔友好城市建交活动的文化展示项目来到了韩国，走出了国门。牌楼这一世界范围内被符号化的中华文化代表典型形式作为案例博物馆的"先锋"，为博物馆展览的国际化发展打开了大门，在北京古代建筑博物馆的发展历程上具有里程碑意义。展览受到了北京市和首尔市领导和各界嘉宾的好评和肯定，更吸引了当地大量观众去参观，将中华文化成功宣播到了韩国，也开启了案例博物馆海外巡展之旅。

在2014年初又制作完成了"古都今与昔——老北京照片展"，走入了台南，这也是首个走入台南的大陆展览，有着重要的意义。通过历史上的老照片，通过那些发黄的记忆唤起了很多参观者的回忆，现场有很多观众都非常的激动，非常希望有更多的展览可以到那里去，给观众带去文化的享受。

2014年中和年底，"土木中华展"将走进欧洲，到德国和西班牙进行巡展，也意味着北京古代建筑博物馆的展览真正进入了世界舞台，不再局限在亚洲的范围，真正走向了世界。亚洲毕竟和中华文明的联系非常紧密，可以说中华文明的发展对亚洲有着重要的影响，而欧洲则完全是另外的文化体系，和中华文明是完全不同的文化系统。走出了亚洲，才是真正意义上的将中华优秀传统文化输出到了世界的范畴内，去和完全迥异的文化进行交流和碰撞，在这个过程中即弘扬了自身文化，又借鉴了不同的文化模式，开阔了眼界，启发了思路，是一个双赢的过程。

北京古代建筑博物馆的中国古建特色展览，正是优秀中华文化的代表，也是国外所希望了解和看到的中华文明的重要表现形式，因此古建专题展览是非常符合文化走出去战略发展的要求的，也为北京古代建筑博物馆的发展带来了很好的发展机会。

（四）通过多种形式的活动来更好地探索
   博物馆社会责任实现的完善

近年来，北京古代建筑博物馆以贴近公众为基本原则，广泛开展科普化、趣味化的社会教育活动，收到了很好的社会效益。在社会教育活动中，北京古代建筑博物馆充分挖掘自身优势和资源，不断拓展思路，为更好得满足服务于首都文化市场的需求勇于尝试。

鉴于先农坛深厚的文化底蕴和丰富的历史内涵，北京古代建筑博物馆不仅在建筑保护上尽力保护修缮，也在历史使命上对先农坛最大限度地还原出来，将皇家祭祀重现在人们的面前，将古代皇家重视农业，祈求风调雨顺和国家顺利的美好愿望在近六百年后的今天再一次恢复，于每年的清明节前后举办"祭先农"活动，恢复古制祭祀活动。通过传承先农文化，开展爱国主义教育，使观众在活动的参与中能真切地感受到中国这一传统的农业大国自古以来的重农思想。同时，可以领悟中国传统文化的博大精深，也培养了青少年热爱祖国意识，增强了他们对于祖国传统文化的喜爱与认同。

在祭祀先农的同时，举行"植五谷"活动，组织小学生识五谷、种五谷，通过亲手去耕种来感受传统的农耕文化并体验耕种的辛苦。这是人类生存的最基本技能，民以食为天，中国又是传统的农业国家，所以对于识五谷如此基本的事情，孩子们是应该掌握的。因此组织小学生们开展耕种的体验活动，既锻炼了孩子们的动手能力，也让孩子们在电子化包围的现代生活中体验了农耕的乐趣，更培养了孩子们节约粮食的好习惯。

除依托先农坛历史内涵开展活动外，北京古代建筑博物馆还根据古建筑本身的特点开展传统建筑文化的宣扬和展示，努力传承中国传统建筑文化，不仅做到把观众请进来，也让博物馆走出去。随着文化建设的不断加深，博物馆开始越来越多地参与到社会文化展示活动中，不再只局限在自己的馆舍天地里面做事了。因此，北京古代建筑博物馆采取了送展览进社区、进校园等活动，取得了非常良好的社会效应。

北京古代建筑博物馆还根据现在社会上对了解传统文化的热情高，却途经少的特点，为了满足广大的群众的精神文化需求而着力挖掘自身资源优势，开展大讲堂教育活动，根据当时的社会热点和人们的需求而展开不同内容的讲座。这也是博物馆让自身的文化内涵"活起来"的重要手段之一，因为讲座都是公益性质的，所以广大的人民群众参与到这些讲座中来是没有门槛的，也是博物馆的贡献社会文化建设和满足百姓文化需求的体现。

北京古代建筑博物馆还根据自身建筑体量宏伟、院落丰富而开展很多的公益活动，既接待了专业观众的学习研究，也为小朋友们来院子里对着古建筑写生提供了很好的场所。同时也开展博物馆主题的亲子活动，这是针对越来越庞大的家庭参观模式而组织的活动，让整个家庭都参与到其中来，既有古建筑趣味答题也有全家趣味游戏，在凝重的古建筑院落里，在轻松愉悦的气氛中，完成了传统文化的教育。

针对目前收藏热的社会现状和人们对于收藏知识的渴望，对于自己藏品鉴定的需求，作为官方的权威机构，近年来案例博物馆坚持举办类公益性质的鉴宝活动，为更好得维护百姓的利益，做到文明收藏，理性收藏，树立正确收藏观做出了重要贡献。

通过举办各种社会教育活动，北京古代建筑博物馆努力实现着自身的社会责任，努力完成好传承中华优秀传统文化的责任，为社会的文化建设活动服务。

五、案例博物馆在社会责任实现中取得的成绩和存在的问题

北京古代建筑博物馆的社会责任实现经历了几个阶段，由创立

之初的文物古迹保护为主要职能，到修缮建筑后进行展览展示为主要职能，再到近年来逐步实现社会教育、注重社会效益为主要职能的转变和发展。在这个发展的过程中取得了一定的成绩，同时存在着一些问题。

近几年来，北京古代建筑博物馆在社会教育和扩大影响力方面进行了积极的探索，举办了各种的活动，让展览展示走进社区和学校，从社会基层和孩子的宣传做起，充分利用自身优势，面向社会进行普及型教育。为了扩大影响，实现更大的社会效益，把展览送到不同的地域去，让古建筑文化不仅仅局限于博物馆本身，最大限度地扩大了受众范围，也扩大了社会效益。关心社会热点和人民需求，本着博物馆的责任和良心去为公众服务，去实践博物馆的社会责任。

北京古代建筑博物馆自身优势的深入挖掘还远远不够，拥有着先农坛这一最大的优势资源，日后还要更加深入和努力研究，进而更好地把研究成果回馈社会。在社会教育方面要注重方式方法的多样性，不要拘泥于传统的方式，要充分利用科技手段和依托网络技术以及智能技术，打造立体和现代的传播方式，同时更容易被观众接受的展览、展示手段。扩大影响力和吸引更多的观众，更好地传达出博物馆想要表达的思想，在把自身研究成果转化为社会效益方面下功夫。

在推动先农坛地区整体文物保护和古迹恢复方面不断努力，力争恢复先农坛原始的面貌，恢复传统文化的本来面貌。由于各种历史原因，先农坛现在的开放和展示范围只是其自身完成范围的一部分，还有很多的面积因各种原因被占用着，有些改变是不可逆的，在占用单位中也依然散落着很多建筑，如棂星门等。北京古代建筑博物馆近年来还完成了先农坛文保规划的制定，日后需要努力推进坛区风貌的复原。作为中轴线申遗的重要建筑群，先农坛有着非常重要的历史和文化价值，中轴线沿线上，与天坛东西对应的重要皇家祭祀场所，所以要下大力气去推进先农坛文保规划的实施，恢复历史风貌。

博物馆社会责任感的不断突显，促使博物馆人要改变思路，加强探索，将自身的研究和发展同人类社会的发展和人民社会文化生活紧密地结合在一起，在完成自身基本职能的同时，担负起建设当今社会文化生活的重担。博物馆作为文化建设的集中体现，义不容辞地承担传承中华优秀传统文化和进行社会教育的职责。伴随着社会生活的发展和经济建设的不断提升，人民的文化需求不断提高，但真正有益的、利于人民身心健康的、利于民族发展的、利于对青年人教育活动的、利于文化精髓的传递并不是所以的文化场所都能正确承担，这需要深层次的思考和自身性质特点来决定。而博物馆正是具备相当的资源和发展优势，能有效地实现上述诸多的社会责任。今后，广大的博物馆人还应抓住机遇，不断创新，锐意进取，努力建设服务型博物馆，为丰富社会文化生活和满足人民精神文化需求做出更大、更卓越的贡献。

闫涛（北京古代建筑博物馆社教与信息部，馆员）

浅谈我国博物馆的志愿服务工作

◎ 温思琦

引　言

2007 年，国际博物馆协会对博物馆定义进行了修订，修订后的定义是"博物馆是一个为社会及其发展服务的、向公众开放的非营利性常设机构，为教育、研究、欣赏的目的征集、保护、研究、传播并展出人类及人类环境的物质及非物质遗产"，指出博物馆是为"社会及其发展服务"，可见对于当代博物馆来说服务的重要性。应该说高素质的服务人员是保证博物馆服务质量的重要条件，特别指出的是博物馆的服务人员不光包含博物馆的正式员工，还包括为博物馆提供志愿服务的各类志愿者。近年来，随着经济的日益发展和社会文明的不断进步，人们公共服务意识不断增强，越来越多的人参与到了博物馆的志愿服务当中。本文就从博物馆的志愿服务谈起，从博物馆志愿者的发展、来源、招募与管理、局限性以及发展趋势五个方面简单论述一下我国博物馆的志愿服务工作。

一、博物馆志愿者的发展

志愿者是不为物质报酬自愿为社会和他人提供服务和帮助的人，欧美地区的志愿服务起步早，比较完善，这与当地的经济发展有很大关系。我国的志愿服务起步较晚，但是随着我国经济的快速发展和社会文明的不断进步，我国的志愿服务也逐渐地开始步入正轨，如 2008 年北京奥运会、2010 年上海世博会到最近的北京园博会都有众多的志愿者为这些赛事、盛会不辞辛苦、不为报酬、努力地进行志愿服务，通过广大的志愿者的辛勤付出，几大国际盛会举办得都非常成功并且得到了国内外观众、媒体的肯定。

近年来，志愿者服务逐渐进入到社会生产生活的各个领域，作为非营利性公益事业的公众文化活动的阵地，志愿服务同样也影响着博物馆事业的发展。"博物馆志愿者通常是指根据博物馆的实际需要，自愿参加博物馆的一项或几项工作，无偿为博物馆提供服务，并使自身某方面的价值得以实现的社会个体或群体"。[①]发达国家博物馆志愿者服务发展迅速并且完善规范，像美国波士顿艺术博物馆早在 1907 年就已经开始使用志愿者了，而我国各博物馆志愿服务起步较晚，直到 20 世纪 90 年代末才开始陆续开展志愿者活动，以北京地区为例北京自然博物馆于 1986 年就开始组织志愿服务工作，这应该是北京地区最早开展志愿服务的博物馆。2002 年 3 月中国历史博物馆面向社会招聘志愿者，成为北京地区博物馆首批从社会上公开招聘的志愿者的博物馆。自 1985 年开始，联合国将每年的 12 月 5 日定为国际志愿者日，在 2009 年 12 月 5 日，中国博物馆学会志愿者专业委员会成立大会在宁波召开，标志着我国博物馆志愿服务工作开始有专门的机构来管理。

二、志愿者的来源

博物馆招募志愿者可以为博物馆提供人力支持，有效地缓解博物馆人员短缺的状况。同时志愿者参加博物馆活动既可强化博物馆的教育服务功能，又可推动博物馆融入社会，这是一个双赢的过程。随着志愿工作得到人们的关注，越来越多的社会公众参与到博物馆工作当中，这些志愿者拥有不同的身份背景、学历知识，因此对于他们的管理与工作安排就要做到因人而异，让志愿工作可以有序并且高效地完成。目前我国各博物馆志愿者大部分是按志愿者本身成分来划分，主要可分为两大类，一是学生志愿者，一是社会志愿者。

（一）学生志愿者

学生志愿者包括目前在大、中、小学学习的在校学生，根据年龄又可以将他们分为未成年的中小学生和成年的大学生志愿者两类，以下将分别论述。

1. 中小学生志愿者

对于未成年的中小学生来说，他们与成人相比缺乏相应的知识储备、社会经验以及处理突发事件的能力，而且大多数人的注意力集中时间也较短，不能长时间专注于一件事。对于这类志愿者来说博物馆就不能为他们安排专业性强、繁复的工作，而且时间也不宜拉得过长，这样会让他们产生烦躁和抵触情绪，安排志愿服务工作时要为他们安排一些导览、讲解、后勤服务等一些简单工作。这些未成年人志愿者的到来不光帮助了工作人员，同时也给博物馆注入了新鲜的活力，使博物馆更加得朝气蓬勃。值得一提的是小志愿者来到博物馆进行服务也是博物馆拓展其社会教育职能的一种有效方式，让平时忙于考学的学生走出学校课堂，来到博物馆，不再被动地接受知识，博物馆成为了他们的第二课堂。为了更好得为游客服务，他们主动了解博物馆，了解博物馆的展陈、文化，通过志愿服务培养了他们更加广泛的兴趣同时也学到了书本上没有知识。这些中小学生大多是独生子女，在平时的生活和学习中缺少与人交流的能力以及帮助他人的心，志愿服务也让他们培养了公共意识，学会了服务他人以及人与人的交流沟通，对他们今后走入社会也是极为有益的。

博物馆的志愿服务对于这些未成年人来说是一种很好的体验教育，弥补了传统教育的不足，让未成年人积极主动地参与到学习当中，提高自身的综合素质，同时博物馆也拓展了其教育方式。

2. 大学生志愿者

对于大学生志愿者来说，他们具有一定的专业知识，有些往往就是博物馆、历史、考古等与博物馆展陈相关专业的学生，通过培训和学习能够对博物馆的展陈有较为深入的了解。因此他们能够与参观观众做到"有问有答"，能够知其然，相比中小学生来说他们应该成为博物馆志愿讲解的生力军。这类志愿者都是成年人，年轻有活力，因此还能承担维持展厅秩序、参观引导等工作。但是大学生志愿者也存在一定的问题，他们中的一部分人是因为学校布置了相关的社会实践课程和任务才来到博物馆参加志愿服务的，还有一部分则是为了获得学分顺利毕业。对于这类志愿者来说他们往往是被动地进行志愿服务，加之作为学校也没有相应的监督机制，只要接收单位开具证明就认可学生的社会实践课程，而且博物馆对于这类志愿者有时也是睁一只眼闭一只眼，导致这类志愿者进行的志愿服务容易流于形式，往往他们在服务当中不能做到主动服务观众，甚至不能按时到博物馆进行服务。作为大学生，他们来自五湖四海，流动性也较大，志愿服务工作不能持之以恒，这就需要学校和博物馆双方进行有效的监督、引导和管理。

（二）社会志愿者

社会志愿者他们来自社会各阶层和各行业，并且主要以退休人员为主，他们的职业包罗万象，包括专家学者、教师、工程师、医生、普通市民等，其中大多数学历较高。博物馆应该将这类人群定位为博物馆志愿者的主力，因为他们大部分是退休人员，时间相对充裕，志愿服务时间可以有所保障。而且这些人来到博物馆进行志愿服务通常是真正的喜爱博物馆，真心地希望贡献自己的所长以及力量为参观的观众服务，希望将自己知道的知识传授给大家。根据国内外志愿者经验来说，志愿者活动与人们的文化素质有直接关系，学历越高参加志愿者活动的人员比例越高。专家学者这部分人他们对博物馆怀有强烈的兴趣和极高对的热情和社会责任感，工作中认真严谨，能让观众获得满意的服务。在为他们安排工作任务时不光可以让他们进行讲解服务，因为他们丰富的社会经验和专业素质，可以适当地为他们安排一些科研工作。由于他们年岁较高，因此不适合做长期站立的如引导、维持展厅秩序等服务工作。

三、志愿者的招募与管理

提起志愿者，他们本身就具有很强的社会服务意识，志愿者加入到博物馆的观众服务当中有助于博物馆更好得开展观众服务。首先志愿者不是工作人员，与观众没有距离，容易进行沟通、交流，其次通过志愿者的服务业有助于观众了解博物馆的公益性。志愿者是博物馆的重要组成部分，是博物馆面向社会开放的重要环节，也是走向社会的主要桥梁和纽带，而发展志愿者也是博物馆宣传自己的一种有效途径。许多博物馆都陆续开始建设自己的志愿服务队伍，招募志愿者，开展志愿服务。

博物馆招募志愿者一定要与本馆自身的定位、特点、工作着手。在招募志愿者之前一定要事先进行调查研究，确定本馆哪些岗位和工作需要志愿者来协助完成，哪些岗位可以提供给志愿者，这些岗位需要什么样条件的志愿者，做到有的放矢，调查研究结束后再制定具体的招募标准并通过媒体或网络告知社会公众。招募标准当中应当包括志愿者的基本条件，如年龄、学历、所需专业，志愿服务

岗位名称、条件，招募的程序与报名方式等。

　　除了少数博物馆有相关的志愿者制度建设外，大多数都没有建立，博物馆缺少规范化制度化的建设，同时也缺少相关管理机构的领导，对志愿者的约束和管理一直比较松散。所以博物馆招聘志愿者的同时，一定要配合招募工作制定《志愿者管理考核方法》，从考勤、工作、安全等方面对志愿者进行全面的综合的考核，考核完成后进行奖惩，对优秀的志愿者进行表彰并予以奖励，对于经常无故迟到、早退、请假，完不成讲解志愿服务时间的志愿者取消其志愿者资格。北京自然博物馆是北京地区开展志愿者服务工作最早的博物馆，它的许多经验值得我们借鉴，对于优秀的志愿者年终由博物馆公开表彰，优先续任本馆志愿者，入选优秀志愿者荣誉榜，年度优秀志愿者可在次年免费参观本馆举办的临时展览，可申请成为"博物馆俱乐部"的会员，优先安排参加博物馆举办的培训讲座。

四、志愿服务的局限性

　　我国博物馆近些年来已经全面开展起了志愿服务工作，但在志愿者招募和志愿服务过程中还存在几个问题。

（一）志愿服务形式单一

　　外国博物馆中，志愿者承担了博物馆大部分工作，像美国卡内基自然博物馆的教育部只有20位工作人员，但幕后支持的志愿者却多达200余人，志愿者协助完成教育推广、教育活动策划、展览设计等各种博物馆核心工作，由此可以看出发达国家为志愿者提供的服务岗位丰富，志愿者可以参与到博物馆各项业务活动当中。英美两国在志愿者服务方面是走在世界前沿的，他们的博物馆志愿者的服务涵盖博物馆各项工作，包括一些核心工作，如收藏研究、举办讲座、教育普及、编写教材、展品设计制作、宣传展览计划等。日本以及港台地区的博物馆志愿服务目前在展陈业务方面没有让志愿者承担，而中国大陆的博物馆志愿服务形式比起英美、日本、港台来说形式较少，其中的核心工作，像收藏研究、展陈业务、宣传业务以及行政业务方面基本没让志愿者参与。

　　我国博物馆志愿者服务多局限于单一讲解、导览服务方面，其中原因有传统的狭隘观念，担心志愿者透露本馆科研资料和成果，还有一部分原因就是博物馆工作人员认为这些志愿者能力不足，不能承担博物馆的核心工作。对于透露资料这点可以借鉴北京自然博物馆的经验，自然博物馆为志愿者提供的服务岗位包括讲解服务、志愿者办公室管理、标本整理、科研助理、办公室行政助理、科普活动辅助等六大类。其中科研助理的职责是能够进行简单的标本鉴定，完成科研资料的采集、整理和翻译工作。岗位要求中非常重要的一点就是不得随意透露与科研内容有关的任何资料，通过这一点对志愿者进行相应的约束，保证职业操守。也可通过签订保密协议的方式，双方约定如果透露资料，追究其相应责任。能力不足这点，许多志愿者都是退休的教授、工程师等高学历的知识分子，他们热爱志愿服务，希望能贡献自己的专业知识，促进博物馆的发展，有些时候他们的专业素质和能力是许多在职员工不能达到的，他们利用专业知识不光可以服务观众同时可以带动博物馆员工整体素质的提升，从而带动博物馆科研实力的提升。

（二）监督不到位，制度不健全

没有监督管理机制，不能形成约束。前文已经提到博物馆志愿者很大一部分是在校学生，许多人完全是为了应付学分以及社会实践课程。我国博物馆对于志愿者的管理来说首先是比较松散，没有专人来负责，对志愿者的服务有时候睁一只眼闭一只眼，没有正式规章约束或规定志愿者的服务内容。为此博物馆应该制订科学的志愿者工作计划，明确志愿者可以参与的工作范围和职责，然后对志愿者进行严格的挑选和职前培训，让志愿者在上岗前就树立起良好的服务信念以及博物馆的归属感，再配给相应的工作，上岗后派专人进行指导和监督。严格志愿者考评制度，对于不达标的志愿者予以批评，甚至是取消志愿者资格。

（三）培训不到位

目前我国博物馆对于志愿者的培训基本处于讲解业务培训，通过简单地培训志愿者不能真正地融入到博物馆来，这点我们与发达地区甚至台湾地区都有很大的差距。以台湾高雄市立美术馆义工（志愿者）培训课程来看，该博物馆对志愿者的培训从职前培训、技术类研习、现场导览到人际沟通课程等一系列针对课程，凡有助于提升志愿者素养的课程皆在其中。通过全方位培训提供新进志愿者必要的工作技能，并且带领他们认识工作环境、交流等方式进行工作训练。训练志愿者欣赏艺术品、展品，并增进展陈解说能力，训练如何面对观众的问题状况以及突发情况。

（四）宣传不到位

博物馆志愿者招募和志愿服务工作的宣传不到位，社会公众不了解博物馆志愿者，更不知道如何参与到博物馆志愿服务当中。笔者在网上搜索，发现了一家专门的博物馆志愿者网站——中国博物馆志愿者网。点开链接发现，该网站最新活动消息、资讯均截止在了2012年，论坛当中也没有网友互动，可见该网站基本上已经荒废了。因为缺少宣传，公众根本不知道这家网站，更谈不上参与其中了。在网络如此发达的今天，许多博物馆都纷纷利用微博这一新兴的社交网络平台建立官方微博，在微博上发布本馆的展览、藏品等，通过粉丝的关注宣传自己的博物馆，如国家博物馆粉丝高达136万，故宫博物院粉丝达120万，都是名副其实的微博大V。我国博物馆数量众多，截止2012年底全国共有3589家博物馆，但是笔者在新浪微博上以"博物馆志愿者"为关键词搜索出的结果仅为83条，其中大部分是志愿者本身，差距竟是如此之大。为数不多的十几家博物馆拥有志愿者组织的微博，如西安半坡博物馆志愿者队、广东省博物馆志愿者、甘肃省博物馆志愿者服务团、北京自然博物馆志愿者等，但是这些微博粉丝少则几十人，多则两千余人，与故宫博物院和国家博物馆粉丝超百万形成鲜明对比。以我国最大的微博新浪微博为例，2012年年底注册用户达5亿，如此庞大的用户都将是潜在关注对象，博物馆志愿者组织就应该利用微博这一平台，建立自己的官方微博，通过知名博物馆以及各种政府性质的官方微博的转发来达到宣传志愿服务的目的，让更多的人知道、了解并关注博物馆志愿者、志愿服务，这样才能有更多的人参与到志愿服务当中，从而不断提升我国的志愿服务水平。

五、志愿服务发展趋势

博物馆志愿者是博物馆开放自己的标志，是博物馆走向大众的途径，这是一种相辅相成的关系。博物馆志愿活动开展得如何，是衡量这个博物馆工作的重要标准之一，一个博物馆志愿者的多少，也是这个博物馆管理理念、开放意识、员工素质的具体体现，它从一个侧面反映着博物馆的综合效益和品质。目前来看，我国志愿服务目前还处于起步阶段，与英美、日本等发达国家还有一段差距，今后我国的志愿服务发展趋势就是逐步地向这些发达国家学习、靠拢，借鉴发达国家优秀的经验完善我国的志愿服务。总结发达国家博物馆志愿者活动特点，基本为"公众参与博物馆志愿服务意识强，博物馆为志愿者提供服务岗位丰富，志愿者可以参与博物馆各项工作；博物馆志愿者人员构成多元化，来自社会各阶层各行业；博物馆视志愿者力量为重要的人力资源；博物馆志愿机制建设完善"。

结　语

志愿者是一个城市文明的标志，开展博物馆志愿服务是顺应社会对博物馆的发展要求，是博物馆公益性与志愿精神的高度契合。如何更好得开展志愿服务，更好得服务社会，这就需要我们博物馆人在今后的工作中不断创新、探索、完善，博物馆志愿服务才能更好更快地发展，博物馆才能真正地与国际接轨。

温思琦（北京古代建筑博物馆保管部，助理馆员）

我国博物馆文化产品
开发与营销初探

◎ 温思琦

引　言

从张謇 1905 年创办了中国第一个公共博物馆——南通博物苑开始，中国博物馆历经百年历程，历久弥新。尤其进入新世纪以来，我国各级博物馆进入到一个飞速发展时期，截止 2013 年底，我国注册博物馆数量已经高达 3866 家。伴随着我国社会经济的快速发展，人们对精神文化的需求日益增长，不再单纯满足于物质增长带来的喜悦，"在城市化大发展的现阶段，博物馆发展中涵盖了更多经济、科技和社会因素，其对城市建设和精神塑造的价值体现也更加广泛、具体和深刻"（《博物馆在城市化进程中的价值》刘国斌、屈征），因此许多市民将博物馆作为满足其精神文化需求的首选之地。由于博物馆的飞速发展，博物馆工作得到了社会更多关注，也推动了博物馆文化产业的发展。

一、文化产业和文化产品概念的概述

十八大以来党和国家高度重视文化产业的发展，十八大报告中就明确提出了"要坚持把社会效益放在首位、社会效益和经济效益相统一，推动文化事业全面繁荣、文化产业快速发展……促进文化和科技融合，发展新型文化业态，提高文化产业规模化、集约化、专业化水平"。

提到文化产业，首先就要明确其概念。文化产业就是按照工业标准，生产、再生产、储存以及分配文化产品和服务的一系列活动，2003 年 9 月文化部制定下发的《关于支持和促进文化产业发展的若干意见》将文化产业界定为"从事文化产品生产和提供文化服务的经营性行业"，由此可见文化产品是文化产业的一个重要的构成要素。文化产品就是能够传播思想、符号和生活方式的消费品，提供信息和娱乐，进而形成群体认同并影响文化行为。

二、我国博物馆文化产品的开发

（一）我国博物馆文化产品开发中存在的问题

近几年博物馆文化产品开发成为备受博物馆界关注的一个新兴文化产业，早在2010年博物馆文化产品开发工作座谈会上就提出了"力争到2015年……逐步形成品种齐全、种类多样、特色鲜明、优势突出、富有竞争力的博物馆文化产品体系"。近年来我国许多博物馆致力于研发各种文化产品，在文化产品开发上进行了不少尝试，也取得了一定的经济和社会效益。纵观我国博物馆的文化产品开发工作可以明显地发现国家级大馆、省市级综合性博物馆在文化产品开发工作中走在我国前列，一些地方性小馆、纪念馆、民办博物馆文化产品开发开展得还很不够，有些馆虽然开展了文化产品开发工作，但是产品种类单一、质量不高，一些馆甚至没有涉及文化产品开发这一块儿。产生这一现象的原因有很多。首先在我国，市民在选择博物馆作为目的地时偏重于知名的大馆，往往这些大型博物馆就会形成门庭若市的景象，而大多数中小型博物馆和民办博物馆由于知名度和规模不够不足以吸引观众前来参观，造成这些馆门可罗雀，全年参观人数可能都不足万人，这些博物馆工作人员就会产生反正也没人来开发出文化产品也没人买的想法。其次大部分博物馆属于事业单位，各种人员经费和业务经费全部由各级财政拨款，中小型博物馆在财政支持上明显不如大馆，资金不足、专业人员少都制约了中小型馆的文化产品开发工作。

（二）我国博物馆文化产品开发的准备工作

虽然我国许多博物馆开展了文化产品研发工作，但是不能否认我国博物馆的文化产品开发还处在初级阶段，整体水平不高，影响力不大，在文化产业和消费体系中缺乏起码的竞争力。远观西方发达国家博物馆不论规模大小都拥有丰富的、制作精良的文化产品，这些兼具文化内涵和经济价值的博物馆文化产品是其创造经济效益的重要手段，他们的优秀经验值得我们借鉴学习。在开发产品之前我们必须做好以下几点，为产品开发做好前提准备。

1. 做好市场调研，满足消费者的多元需求

博物馆无论大小都有自己的宗旨和主题，势必就拥有不同的目标受众，这就要求博物馆调查好自己馆的目标受众的需求。受众根据年龄、性别、知识结构、购买能力的不同其关注点也不尽相同，这就需要博物馆认真做好观众调查，确定观众需求。调研方式可以通过调查问卷的形式也可以通过随机提问的方式，调查每类观众喜欢什么展览，对什么藏品感兴趣。做好调查报告，对数据进行分析对比后选择开发观众感兴趣的产品投入市场。根据多数博物馆的经验来看与观众生活需求息息相关，与公众丰富多样的文化需求相结合的产品，以及设计精美制作精良的产品才能更容易让广大参观者产生购买欲望。

2. 大力培养复合型人才

人才的缺失是文化产品开发、营销和推广过程中存在的一个非常大的问题。目前在我国大多数博物馆没有专门的营销部门，往往将该职能移交给其他业务部门，而业务部门的工作重心是在业务研究、举办展览、活动等方面，对产品开发和市场营销却并不怎么精通。人才缺失问题在我国中小型博物馆上表现得更为明显，往往这些博物馆从业人员从知识结构、专业知识、学历上参差不齐。而博物馆文化产品开发作为一个新兴的行业，需要一批具有丰富的专业知识、敏锐的市场意识、懂营销的复合型人才，这就造成了许多博物馆文化产品开发中观念落后，辛辛苦苦设计出的产品上市后却无人问津，既浪费了人力、时间也浪费了财力。随着文化产业的深入，越来越多的博物馆意识到人才的重要作用，像台北故宫的文化产品开发就有专门的创作团队来执行，并且成立了文化创意产业园区，有 92 家合作单位共同研发文创产品，将文化、创意、产业结合在一起。台北故宫早在 2010 年就推出了衍生文创商品设计竞赛，竞赛中两名设计专业的在读研究生提交的"古纹胶带"（"朕知道了"胶带的前身）和一位 16 岁高二女生设计的"翠玉白菜伞"脱颖而出，而这两样产品成为台北故宫卖得最为火爆的产品。借鉴台北故宫的成功经验，北京故宫博物院也于 2013 年 8 月以"把故宫文化带回家"为主题开展故宫文化产品创意设计大赛，为故宫开发文化产品征集创意。

3. 勇于创新，开发出独具特色的文化产品

我国文化产品开发处于起步阶段，文化产品缺乏特色，品类单调，质量良莠不齐，与旅游景点出售的旅游纪念品大同小异，缺乏足够的吸引力。其实博物馆在开发文化产品上有着得天独厚的优势，博物馆的展览、馆藏文物、建筑本身甚至博物馆名字都是文化产品创作的来源，从这些元素当中发掘文化产品创作元素，融入流行元素，创作出设计新颖的文化产品，绝不能把文化产品变成粗制滥造、形式单一的旅游纪念品。故宫博物院在2013年5.18国际博物馆日正式面向游客开通邮政服务，故宫博物院专属邮戳也投入使用，游客可以在故宫内直接寄出明信片，将盖有专属邮戳的明信片寄给亲朋好友甚至是自己，将故宫的记忆留在明信片中也留在了邮戳上，既新颖又独具特色和收藏意义，推出当日就受到了广大游客的热烈追捧，大家购买极其踊跃，让观众真正体验了一回收藏博物馆的感觉。

三、博物馆文化产品的开发依托

文化产品要与博物馆的宗旨、业务相吻合，要努力发挥文化产品在博物馆宣传、传播文化方面的优势，提升博物馆的社会影响力。让公众通过文化产品了解博物馆，爱上博物馆。

（一）依托博物馆举办的各项展览进行开发

举办展览是博物馆发挥其教育职能的重要手段，通过各种展览，博物馆向观众传递了博物馆的文化和内涵，而依托于这些展览的文化产品则是对展览的补充和延伸。像火爆一时的台北故宫的"朕知道了"纸胶带，一经推出就供不应求。该创意就来自于2005年台北故宫策划的"知道了：朱批奏折展"中馆藏康熙真迹，台北故宫登陆保存处处长金士先说："朕知道了胶带之所以成功，是因为它将古老朝廷奏折中死板沉闷的文字与纸胶带这个在青年人中非常流行的东西完美结合在了一起，陡然有了生命，又俏皮又霸气。"

（二）依托馆藏文物资源开发文化产品

藏品是博物馆的立馆之本，是国家宝贵的科学文化遗产，是博物馆业务活动的物质基础。博物馆在进行文化产品开发过程中一定

要利用好藏品，深入挖掘馆藏文物的特色和内涵，将其转化成为博物馆文化产品。故宫博物院副院长李文儒就曾经说过："开发博物馆文化产品，不从文物、博物馆中寻找、发掘创新的原料元素是失策，文物、博物馆界没能充分提供丰富厚重的优质资源是失职。"

值得注意的一点是依托博物馆藏品资源开发文化产品并不是简单地将博物馆藏品的器型、纹饰等元素进行堆砌，这样堆砌出来的文化产品就会沦为旅游纪念品。我们一定要深入挖掘文物背后的故事，挖掘出其所承载的历史意义和价值，这样才能够提高文化产品的市场竞争力。台北故宫馆藏珍品翠玉白菜就有高达 200 多种衍生品，类型涵盖了公交卡、项链、挂饰、文具夹等，可谓无所不及。台北故宫近年推出了 2400 多种文创产品，年收入高达 8 亿台币（约合 1.6 亿人民币），这一成功经验告诉我们在开发文化产品过程中一定要挖掘出馆藏珍品厚重的文化底蕴，这样开发出的产品才能立得住脚，经得起市场和时间的考验。

（三）依托信息技术进行的文化产品开发

21 世纪以来，我国信息技术飞速发展，特别是进入 2010 年代开始，信息技术已经从互联网时代发展为移动互联网时代，这一跨越将博物馆带入了一个全新的信息化时代。因此，文化产品也不再仅仅局限在博物馆商店可以购买到的实物产品了，更多带有信息化色彩的非传统意义上的文化产品走入了我们的视野。

微信、APP 和二维码这些移动互联技术让博物馆里古老的文化遗产闪耀出现代文明的光芒，依托这些移动互联平台开发的文化产品逐步得到更多观众的喜爱，如故宫博物院就开发了两款手机 APP "胤禛美人图"和"故宫全景游"。故宫首个应用"胤禛美人图"让大家轻触屏幕就可以从 12 幅美人屏风画像一窥清朝盛世华丽优雅的宫廷生活。"故宫全景游"全方位展现故宫的精美建筑艺术和悠久历史文化，让大家身临其境漫游故宫，真正做到博物馆从"馆舍天地"走向"大千世界"。故宫微信公众服务号"微故宫"也于 2014 年元旦佳节正式上线，大家可以通过微语言、微话题和微展览参与互动。

目前还有许多博物馆开始依托微信、二维码等开发出通过微信语音、手机扫描二维码进行展览语音导览的功能。以国家博物馆为例，国博开发出展品二维码导览系统，观众只要拿手机扫描一下二维码就可以立刻获取展品信息，以及微信语音导览，观众只需发送特定编号或展品名称到公众微信号，就可获得展品信息和语音介绍，功能实用，使用方便。

四、我国博物馆的文化产品营销

文化产品的开发与营销是一对相辅相成的关系，只有得到市场的承认，激发出观众的购买欲望，文化产品的开发才算成功。但是由于博物馆这一公益性的特殊性，博物馆的文化产品营销又不能简单地与一般市场营销等同，博物馆文化产品的营销应更加注重文化的内涵，就要处理好营销方面存在的几个问题。

(一) 营利与非营利问题

2007 年 8 月 24 日国际博物馆协会在维也纳召开的全体大会通过了经修改的《国际博物馆协会章程》，章程对博物馆定义进行了修订。修订后的定义是博物馆是一个为社会及其发展服务的、向公众开放的非营利性常设机构，国家也将博物馆划为公益文化事业单位以取得社会效益和传播社会主义先进文化为根本任务，从而确立博物馆不以营利为目的的属性。我国大部分博物馆为国有博物馆，由各级财政部门进行拨款，属于非营利性机构，但博物馆文化产品的销售却让博物馆产生了利润，有些人就提出了质疑，质疑在博物馆这种非营利机构进行商品销售严重影响了博物馆的公益性。

文化产品是满足人们精神文化需求的必然产物，观众购买文化产品，也是对博物馆肯定是对展览的喜爱。通过文化产品博物馆向观众传达了自己的理念和宗旨，可以说文化产品是博物馆"三贴近"、满足民众精神文化需要、扩大社会影响的重要手段。它是博物馆提供给社会的重要服务方式，通过文化产品，博物馆文化传播得到了更进一步的拓展，同时满足了群众精神文化消费的需求。

(二) 营销手段问题

博物馆文化产品除了依托和借助陈列展览进行营销之外，还应该进一步地解放思想，积极开拓营销渠道。各博物馆之间可建立文化产品营销合作关系，优势互补，互惠互利，共同把博物馆的文化产品做大做强。还可以同社会机构合作，借助社会力量扩大营销范围。不仅扩大了博物馆的社会影响，也树立了博物馆在公众心目中的新形象。

在网络如此发达的今天，许多博物馆都纷纷利用微博这一新兴的社交网络平台建立官方微博，在微博上发布本馆的展览信息、藏品信息等，通过粉丝的关注宣传自己的博物馆，如国家博物馆微博粉丝高达148万，故宫博物院粉丝达126万，都是名副其实的微博大V。我国博物馆数量众多，全国共有近4000家博物馆，笔者通过微博搜索关键词的方法发现认证的博物馆官方微博不到400家，仅占全国注册博物馆的十分之一。其实通过微博这一平台发布自己的文化产品信息可以迅速通过关注自己的粉丝的转发得到更多用户的关注文化产品，产生参观需求和购买欲望。

目前许多博物馆已经开始注意到网络给文化产品营销带来的巨大益处，现代人与网络的关系越来越密切，快节奏的工作生活让许多人产生了足不出户就能逛遍全球、购遍全球的愿望。如北京故宫文化服务中心就在微博上申请了故宫淘宝认证微博，并于2008年在淘宝网开了故宫淘宝来自故宫的礼物官方淘宝店，五年多的时间该网店好评已经达到了93994个（数据截止于2014年3月31日），店铺信誉是三皇冠（卖家信用在50001～100000之间），可见通过电商进行营销将逐步发展成为博物馆文化产品营销的重要手段。

（三）知识产权问题

我国博物馆对知识产权的关注还很不够，尤其是在商标注册方面。商标是用来区别一个经营者的品牌或服务和其他经营者的商品或服务的标记，博物馆的注册商标应用在文化产品上，本身这个商标就起到了宣传博物馆的作用，并且设计精美、寓意深刻、新颖别致、个性突出的商标，能很好地装饰产品和美化包装，使消费者乐于购买。但我国博物馆商标注册情况却不容乐观，中国文物报社记者在2012年曾对28个省市的83家一级博物馆注册商标情况进行了调查，调查数据显示，37家博物馆注册了商标，注册率为44.6%，其中有18家博物馆馆名被抢注，抢注率达21.7%。许多博物馆对抢注情况完全不知情，加上博物馆缺少法律方面的专业人才，在遇到这类问题时也不知用什么方法来维护自己的权益。一旦抢注商标生产的商品出现各种问题就会给被抢注的博物馆声誉带来损害，严重影响博物馆的公众形象，让观众对博物馆丧失信心。

早在20世纪90年代，故宫博物院就向国家工商总局商标局申请注册"故宫"、"紫禁城"15类服务商标，成为全国文博界第一家拥有注册商标的单位，并且保留对抢注商标进行法律追究的权利。河北省博物馆为进行博物馆文化产品开发，拓展文化传播途径，依托馆内丰富的文化、文物资源，设计并申请注册了八个商标图案，已广泛应用于博物馆的各种文化产品、社教、展览、会议等领域。

（四）适度问题

中国古话有云过犹不及，因此所有事物都要掌握一个度的原则，抓好主次关系。文化产品营销中，宣传能更好得为商品打开市场，扩大社会影响力。但是并不是宣传越多越好，过度的宣传势必会带来宣传费用的增加，博物馆大部分又都属财政拨款，因此相应的专项资金中用于研发和制作的资金就会减少，就会导致研发的产品精品少，毫无新意的旅游纪念品式产品就会增加，这是得不偿失的。

结　语

文化产品极大地满足人们日益增长的精神文化生活的需求，在今后的工作中，我们要深入挖掘博物馆、藏品的内涵，让博物馆焕发出勃勃生机，让观众真正的能将博物馆带在身边。

温思琦（北京古代建筑博物馆保管部，助理馆员）

信息化时代博物馆档案管理工作的一点思考

◎ 周晶晶

当前我们正处于一个信息化的时代，世界正在经历一场革命性的变化。信息和信息技术革命正以前所未有的方式对社会变革的方向起着不同程度的影响作用，同样信息化时代的博物馆作为文化传播的重要窗口，在越来越受到人们广泛重视和关注的同时，也必然受到了信息化革命的影响，也必然对博物馆的管理建设提出了新的要求。档案管理工作作为博物馆管理中的重要组成部分，是否与时俱进，是否能够顺应信息化时代的发展趋势，不断更新档案管理观念，不断提高管理水平，不断探索尝试新的管理方法，逐步实现现代化、信息化的管理模式，必将对博物馆的全面管理建设产生非常重要的推动作用。

一、信息化时代博物馆档案工作的地位

随着信息化时代的飞速进步，博物馆档案管理系统的内涵和外延发生了许许多多的变化。地位越来越重，要求越来越高，作用越来越大。

（一）管理范围越来越广

过去的博物馆档案管理的管理范围主要以文字、图片档案为主，随着信息化时代的发展，博物馆档案管理范围，已经由以往的以文字、图片档案为主，发展到电子文件及数据档案、照片档案、声像档案和缩微胶片档案等新型档案。档案的存储内容、存储形式、存储范围发生了很大的变化，管理的范围越来越复杂。

（二）管理要求越来越高

博物馆档案是在不断发展中直接形成的原始资料，是过去工作

和历史情况的记录。根据不同的内容和性质，可以分为行政档案、人事档案、合同档案、文物藏品档案等；根据载体不同，可分为纸质档案、电子档案、光盘档案等；根据记录方式不同，可分为文字档案、图形档案、照片档案、录音、录像档案等，每一份文件档案是否能够妥善管理好都会直接影响到工作全局。在信息化时代人们的工作节奏越来越快，信息更新越来越多，因此对博物馆档案管理的要求也越来越高。

（三）服务作用越来越大

档案管理的根本目的在于提供档案利用，这是由档案的原始性、真实性和记录性的本质属性所决定的，博物馆档案管理也是如此。衡量一个单位档案管理的标准最终也是看其是否能为单位的各项工作提供服务和利用，博物馆作为社会公共服务机构承担着文化传播和社会服务的职能，科学有效的管理档案也是为博物馆的各项工作提供更好的服务和保障，使档案能够有效地发挥其应有的作用。随着信息化的不断发展，这种服务保障作用会越来越大，越来越广。

二、目前博物馆档案工作存在的问题

博物馆档案管理工作往往被视为非技术性工作，在实际工作中存在不少问题。

（一）重视程度不高

在博物馆档案管理工作中，无论是领导层面还是具体的工作人员层面，对这项工作是不够重视的。多数人觉得档案管理工作可有可无，对档案管理工作的重要性缺乏足够的认识，认为档案工作技术含量低，都是些陈年旧账，无足轻重，在单位中得不到真正重视，仅处于你移交我接收、你不交我不管状态等。

（二）管理观念落后

传统的档案管理模式主要以纸质档案为主，管理者也往往仅注重对纸质档案的管理，而忽略对其他形式的档案管理。随着信息化时代的发展，传统的档案管理理念显然不能适应信息化条件下的档案管理。档案的形式越来越多样化，特别是电子档案已成为档案管

理的主要形式，如何强化管理理念，加强电子档案的妥善保护和管理是新形势下档案管理者要重点思考的问题。只有这样，档案工作才能跟上现代化、信息化的步伐。

（三）专业人才缺乏

档案管理是一门独立学科，在每个单位每个部门担负着不可或缺的重要职能，对单位的建设发展起到至关重要的作用。在信息时代，由于档案形式越来越多样，要求档案管理者的知识和技能也必须越来越丰富，特别是如何将理论和实践结合起来，根据博物馆的实际情况，科学周密地做好档案管理工作，显得特别重要。目前，很多博物馆缺少新型档案管理专业人才，档案专业人员知识面较窄，仍然停留在过去的纸质档案管理中，而不知道或者不愿意或者不会管理电子档案、光盘档案、影音影像等新型档案；还有的理论基础不牢，或者实际经验不强；有些单位甚至没有专人管理档案，这些问题都制约了博物馆档案工作的进一步发展。

（四）管理手段单一

当前的博物馆档案管理大多仍然沿用传统的管理方法和手段，存在着手段单一、缺乏创新的问题，特别是技术手段上明显滞后，不能够适应信息化条件下的档案管理。当网络遍及人们生活时，技术发展的复杂性与相互依赖性，使服务的提供、运行的模式、用户的习性都发生了改变，许多不可预知的挑战在不断凸现。如数字的流动性，其最大问题是需要支持控制与信赖关系，当资源的可获取性在数字环境中得到了加强，就需要有能力去控制对敏感信息的获取，需要保障数字信息的真实与完整。当前博物馆的档案管理技术落后于档案信息的获取技术，这使得博物馆的档案管理者面临着许多的挑战。

三、加强博物馆档案工作的几点想法

（一）加强宣传

博物馆档案管理工作与领导尤其是主要领导的重视息息相关，主要领导一定要高度重视档案管理，采取多种形式，不断加强博物馆档案管理工作重要性的宣传，要树立"博物馆档案管理水平体现博物馆管理水平"的观念；要优化环境，建章立制，为档案管理者提供必要的外在条件；要抓好档案管理"一把手"工程，坚持部门"一把手"负责制，各处（室、部）均是档案管理的责任部门，档案管理主管部门"一把手"主抓博物馆档案管理，配置档案专业技术人员，形成良好的博物馆档案管理格局。

（二）更新观念

信息化条件下的档案管理，观念的更新非常重要。要不断摒弃过时思想，充分认识信息化时代博物馆档案管理的重要性和必要性。

1. 要树立服务意识

博物馆档案管理的宗旨就是为博物馆的各项事业做好服务保障，反映历史情况，提供事实真相，辨明曲直是非，提供借鉴参考。因此，博物馆档案管理人员要切实树立服务意识，端正心态，树立服务第一、服务光荣、服务自豪的观念，促进档案管理人员树立强烈的责任心、良好的工作心态、较强的奉献精神，充分发挥好档案信息资源的服务保障作用。

2. 要树立安全意识

由于信息时代下电子档案的易变性和不安全性，需要档案管理者树立较强的安全保密意识，防止档案泄密事件的发生。

3. 要树立创新意识

随着信息化时代科学技术的飞速发展，博物馆档案管理出现了许多新问题、新课题，管理手段、管理模式、资源利用、工作运行机制等方面值得探讨与研究。因此博物馆档案管理人员一定要树立创新意识，不因循守旧，不故步自封，勇于探索，不断创新，逐步将博物馆档案管理工作由过去"经验管理"转变为"科学管理"，做到集中管理与分散管理相结合、柔性管理与刚性管理相结合、现代管理与传统管理相结合。要适时分析当前现状，准确把握长远发展形势，未雨绸缪，科学筹划，切切实实做好新形势下博物馆档案管理工作。

（三）培养人才

档案管理的主体是管理者，管理者的专业素质和工作水平将直接影响工作的质量和效果，一名合格的新型博物馆档案管理专业人才需具备三种能力。

1. 学习能力

新时代下博物馆档案管理工作的内容和技术日新月异，不主动学习就意味着被淘汰。档案管理者要加强学习能力，积极学习新的理论和技能，以提高自身的专业素养。

2. 操作能力

博物馆档案管理是一项实操性较强的工作，需要管理者具备最基本的实际操作技能，包括档案收集、整理、鉴定、编目、装订、立卷、保存等一系列相互衔接的工作。

3. 管理能力

一名优秀的博物馆档案管理人员除了具备基本的操作技能外，还须具备一定的管理能力，因为在档案收集、整理、统计和开发利用等环节上需要涉及到相关部门的协调配合，且要做到统筹安排、耐心细致。

按照以上三种能力的要求，分阶段有计划地培养新型博物馆档案管理专业人才。重点要进行管理学专业知识培训和博物馆档案管理动态、档案政策等专业方面的培训与学习，增强博物馆档案管理者现代管理意识和竞争创新意识。在实施中可以通过让管理人员去听课、学习深造、攻读学位等"走出去"的培训学习形式，切实掌握有关博物馆档案政策、管理知识、法律学、公共关系学等方面的知识内容，努力将博物馆档案管理人员打造成一个学习型人才，以适应博物馆档案管理工作的需求。

（四）完善手段

管理手段是博物馆档案管理现代化水平的具体体现，档案管理的创新需要不断丰富、不断创新管理手段。一是要引进先进的档案管理技术和设备，如增加档案库房、购买空调、除湿机、档案密集架、设置防火、防盗的自动监控系统等，通过现代化的技术和设备实现博物馆档案的现代化管理，二是要建立标准化的博物馆档案管理机制。信息化时代，信息的共享和网络的沟通更依赖于统一的标准与规范，如各种档案数据的交换、档案信息的传递、档案资源的共享等都需要建立一系列标准和规范予以实现。通过制定和贯彻规范统一的档案管理机制，使技术应用和分工协作有统一的标准，从而将各项档案工作有机联系起来，真正实现规范化、信息化、一体化的管理模式。

　　总之，信息化条件下的博物馆档案管理工作，需要由现行的"封闭式"管理模式转变为"开放式"管理模式，使档案服务由"内向型"转为"外向型"，唯有不断推进博物馆档案管理的现代化、信息化进程，才能更好得服务于博物馆的各项事业，促进博物馆档案事业的长远发展。

周晶晶（北京古代建筑博物馆办公室，馆员）

先农坛及先农文化研究

北京古代建筑博物馆文丛 第一辑 2014年

北京先农坛历史文化研究
——回顾与展望

◎ 董绍鹏

　　坐落于首都北京西南一隅的北京先农坛是明清两代皇家著名的九坛八庙之一，历史上曾是封建皇帝祭祀先农炎帝神农氏、以亲耕耤田昭示天下劝农从本之处，有着重要历史、政治价值，1979年被列为北京市文物保护单位，2001年被列为为全国重点文物保护单位。1987年在文物界多年的努力下，市文物局把这一处珍贵的富于深厚历史文化内涵的物质文化遗产开办为北京古代建筑博物馆（以下简称古建馆），使其经过长达半个世纪的沉寂后重又回到人们的视界。因此，古建馆的存在相当意义上说是与北京先农坛这一物质载体密不可分。作为以历史文化遗址为馆址的古建馆来说，首先应当是优秀传统文化物质遗产与非物质文化遗产的传继者，加强北京先农坛物质与非物质文化遗产研究和展示，是重要的文化责任和历史责任。建馆以来，古建馆陆续开展了一系列相关工作，由浅至深、从单一到多元取得了业内肯定的成绩。

　　本文较为系统地对建馆以来古建馆开展北京先农坛历史文化研究及宣教展示工作进行回顾，对未来做出一些展望（图1）。

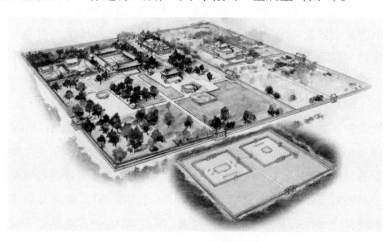

图1　北京先农坛现存古建群复原鸟瞰图

一、北京先农坛的物质文化遗存

历史上，作为老北京九坛八庙之一的北京先农坛曾经是北京南城的重要皇家典章活动场所。它建成于明永乐十八年（1420 年），因永乐皇帝"悉仿南京旧制"而称山川坛，全坛占地约为 2000 亩（约合今 1215488 平方米），坛内以今西城区南纬路一线分成南北两大部分，北部地域广阔而空旷，没有任何建筑，为北外坛，其北端坛墙呈近似半圆形，象征天（取天圆地方之意）；南部是全坛的功能建筑集中区，向南一直到南护城河边，其南端坛墙东西直线走向，使南半部呈方形，象征地（取天圆地方之意）。南部区域中，又以其中的内坛为重点，自西向东依次分布着先农神坛、神厨建筑群、山川坛建筑群（即今太岁殿院落）、具服殿、仪门、耤田，及旗纛庙。以后五百多年的历史变迁中，山川坛更名神祇坛（历四十余年）、先农坛，山川坛建筑群演变为太岁殿建筑群，坛内陆续添建了斋宫建筑群（清乾隆时更名庆成宫）、神仓建筑群、观耕台，以及分布于内坛之南的神祇坛建筑群，形成了今天尚有遗存的北京先农坛格局。虽历经清亡之后的百年沧桑，但北京先农坛的物质文化遗存——明清时期的古建筑大体得以完整保存，为这一处昔日皇家坛庙历史文化内涵日后的阐发、宣教提供了必不可少的物质基础，这也是古建馆事业生存的宝贵物质依托。

2002 年北京先农坛的物质文化遗存——先农坛明清建筑群，以北京先农坛古坛区的名义重新向社会开放，同时得以从法规、政策和技术措施上对现有物质文化遗存加大保护力度和环境整治力度，从而使北京先农坛历史文化内涵的发掘和弘扬从软环境上得到有力的支持与保障。

自 20 世纪 80 年代末开始的现存古建筑抢救性修缮保护工作，除位于南外坛的神祇坛遗址外，其余都已经过全面修缮甚至二次、三次维护（如太岁殿建筑群初次修缮完工于 1991 年冬，2011 年又对室外彩画之外的油饰部分重新翻新；神厨室内彩画 2000 年初次物理保护后，也于 2012 年春再次进行物理保护，2014 年重新进行室外油饰；具服殿 2001 年初次修缮后，2014 年再次维护）。如此短时期内的大规模经常性的修缮与维护，使北京先农坛这一古老祭祀文化建筑群不仅焕发了新的风貌，更为它重新弘扬自身特有的传统文化内涵奠定了不可或缺的重要基础。为此古建馆正在根据新时期社会公益活动的需求，准备在不远的未来将这一处祭祀文化古建群推向社会，发挥其重要的精神文明建设作用。作为实现这一目的的基础工作，搞清北京先农坛历史文化内涵的来龙去脉，在此基础上推出相应展览，开展相关研究工作，这成为古建馆日常业务工作中的一项重要内容。

二、北京先农坛非物质文化遗产内容

作为明清两代统治者亲祭先农之神炎帝神农氏、亲行躬耕耤田礼昭示天下劝农从本的一处皇家坛庙，先农坛蕴涵的文化内涵极其丰富，从明代早期的山川之祀、神农之祀、旗纛之祀到以后的神农之祀、天神地祇之祀、太岁之祀，内容虽有交叉，但随着典章制度的变迁、祭祀地点的变迁，坛内神祇的前后祭祀礼仪多少还是有所不同。特别是清乾隆时，伴随着乾隆帝对皇家坛庙的大规模修缮、改建，祭祀议程及礼器陈设都与前朝产生较大区别，且一直沿用至清亡。因此对待北京先农坛蕴含的中国古代祭祀文化采取"取下限"的方针进行还原十分必要，也符合通常情况下历史学研究及考古学研究的一般原则。2011年复制了清末（1901年之后）先农神坛、太岁殿礼器，并于2012年、2014年复原了各自祭祀陈设。

针对清代末年封建国家在此进行的诸多祭祀活动，可细分为先农之神的中祀祭祀礼、皇帝躬耕耤田礼、太岁之神的中祀祭祀礼、天神地祇的中祀祭祀礼等四项祭祀活动（皇帝躬耕耤田礼也是一项以耕代祭先农之神的祭祀方式）。各项相关活动皆遵循清乾隆朝定制（清乾隆帝之后，坛内各处祭祀议程均未再做调整），其中以皇帝躬耕耤田礼最为独特，是清代皇家坛庙祭祀文化所独有的内容之一，也是北京先农坛历史文化内涵中的重要内容，作为北京先农坛非物质文化遗产中的主要部分加以重点研究及历史还原。

三、北京先农坛历史文化基础研究及早期展示工作

古建馆建馆伊始就把北京先农坛历史文化研究列入日常业务工作范畴。针对当时研究工作"一穷二白"的原始状况明确出"基础资料工作先行、以资料工作进展带动相关研究工作的开展"这一符

合通常思路的工作方针。为此以保管部为主体，开始为期二年的资料收集主攻阶段，而后又进行了约三年的补充工作。这个阶段的工作成果，就是对北京市的图书馆、大学进行拉网式排查，收获丰厚，之后对这些资料进行初步整理。按照前述工作方针，在资料初步整理基础上，形成对北京先农坛历史沿革认识的初步脉络，以此形成文字大纲，经过准备于1994年秋向社会推出"为了忘却的纪念——北京先农坛历史沿革展"。展览收到很好的预期效果，向市民揭示了久已埋于尘埃的北京先农坛风貌。该展的完成不仅标志着北京先农坛历史文化研究拉开序幕，而且完成了资料初步整理及展示的第一个阶段。

借这股春风，1995年本馆全体业务人员踊跃参与了《北京文物报》北京先农坛专版的写作，这是一次对先农坛古建筑、坛庙历史等方面全面系统的介绍，不仅提高了参与者对这处坛庙建筑的文化内涵认识，也使馆领导感到有必要将来加大对北京先农坛的研究及宣传力度，使这一处宝贵的物质文化遗产能够尽快地为全社会所认知。

1995年秋至2003年，作为北京先农坛历史文化研究的一个最为重要时期，在分管领导带领下，由保管部人员组成工作组，在第一阶段资料整理基础上开始了北京市文物局课题"北京先农坛史料汇编"的相关工作。课题分为前后两个阶段：第一阶段进行于1995年秋至1996年末，主要对已收集资料进行甄别和细致分类，为课题的申报做出必要前提，同时对资料进一步补充；第二阶段进行于2000年至2003年，是课题的开题申报、专家评审和结题阶段，开题申报、专家评审完成于2000年春，之后至2003年1月为结题时期。因客观条件所限，经过较为艰苦的努力，全部文字整理完毕，于2003年向市文物局主管部门提交结题报告。这一课题的完成不仅标志着北京先农坛历史文化研究第二阶段的圆满完成，更为第二阶段伴生的展览"北京先农坛历史文化展"的顺利完成、开展打下重要基础。可以说，没有这一课题的深入进行，开展于2002年秋季的"北京先农坛历史文化展"就不可能完美实现。"北京先农坛历史文化展"是对当时研究成果的一个成功展示，从展览的设计思路、展材应用、安全设施等方面都受到社会好评，尽管受技术条件所限多媒体应用并不成功，但展陈的形式设计总体效果还是令观众耳目一新，体现出浓厚的文化氛围。

2002 年开展的"北京先农坛历史文化展"，具有以下几大特色：

首先摆脱了传统陈列设计只注重室内不涉及室外的思路，从大环境入手，对古建馆实际管辖区域进行统筹规划，强调整体景观效果，加强景区标志物、指示牌的应用，使观众的参观目的性更为清晰明确；主题立意突出，形式设计者深入吃透内容设计方展陈大纲的核心思想，提出"农"字精神贯穿于形式设计始终，首次明确了"农业文明在中华民族传统文化中占据主导地位，先农文化是农业文明的精神内核、是传统文化中的精品文化"这一设计宗旨，在尊重原有大环境的前提下，刻意打造鲜明的展览主体创意，应用丰富的中国古代农业文明形象化素材，重塑自博物馆大门开始至先农坛神厨主展区之间的观众游览通道，以主旨宣扬先农文化的语言布置彩旗，布置雕有农业文明抽象符号形象的木质标志牌，以及在观众游览通道附近排布汉代及南北朝时期画像砖、画像石上的农耕形象内容，配以观众座椅，这些别具匠心的举措极大渲染了展览主题对观众的感召力；室内形式设计上力求为观众营造出清新轻快富有艺术感召的色调及展具，如富有南方茶室清新格调的室内吊灯，突出夺目效果的历代书法字体的"农"字展墙等，都起到极度营造展室文雅气氛的作用。

该展作为古建馆历史上第二次对北京先农坛历史文化内涵进行展示的专题展览，取得的成功意义深远，形式设计者对先农文化的准确理解、对先农文化在中国传统文化中所处地位的较为深入的思考都以形式设计最终效果的各个方面较为完美的体现得以表达。古建馆也因此第一次感到作为遗址型博物馆，对于如何利用物质文化遗产的自身文化内涵、对先农文化进行深入认识和阐发，还有着相当长的路要走。

伴随第二阶段课题及专题展的圆满完成，北京先农坛历史文化研究进入到第三阶段。课题结束后，在结题资料基础上再次进行甄选整理，重新校对文字，经过反复多达五次的核校，甚至内容三分之一推倒重来。历经四年，于 2007 年编辑出版《北京先农坛史料选编》一书，可谓"十年砺一剑"，为辗转十多年的基础资料研究工作画上句号，标志古建馆北京先农坛历史文化研究的基础阶段正式结束。《北京先农坛史料选编》一书，为北京先农坛历史文化内涵今后的深入研究奠定了坚实基础，是古建馆建馆以来第一部重要学术著作，也是研究北京先农坛历史文化内涵的基本文史工具书。

建馆至 2007 年基础研究工作作为北京先农坛历史文化研究的重要内容，其中尤以资料研究为重，成为今后深入研究的必要前提。

四、2007 年以后的
北京先农坛历史文化研究、展示工作

随着基础研究展示工作的完成，古建馆进入北京先农坛历史文化专项研究与深入展示阶段。

（一）全面总结、整理技术资料

全面总结、整理建馆以来现存先农坛主要古建筑的古建测绘、修缮成果和科技保护的技术资料，形成修缮报告（修缮报告以《北京先农坛研究与保护修缮》之名于 2009 年出版）。始于 20 世纪 80 年代末的北京先农坛古建筑修缮，历经 20 多年，先后完成修缮太岁殿古建群、神仓古建群、具服殿及观耕台、神厨古建群、庆成宫古建群，除了常规性修缮外，还对神厨古建群室内清乾隆时期彩画进行物理保护，没有采用传统修缮古建时的重新绘制彩画的方法，而是进行加固、防虫、防腐、彻底除尘，使这一坛内难得的清代彩画实物得以原貌展示，成为北京先农坛内重要的文物之一。宝贵的测绘和修缮资料极为珍贵，汇集成册出版有利于古建技术专业工作者从技术角度对北京先农坛古建筑进行分析研究。该书具有相当的技术资料性，与前述《北京先农坛史料选编》形成北京先农坛资料一文一理互为依托的格局，成为研究北京先农坛以及北京史地、文史爱好者的重要资料。

（二）扩大对先农坛文化的全面研究

在先前北京先农坛历史资料基础性研究的基础上，继续扩大为先农文化的全面研究，且形成学术成果。2010 年、2013 年先后出版《先农神坛》、《北京先农坛》两部专著，收集、汇览了历代相当丰富的历史资料，以自周代以降为时间纵轴，以放眼世界古代文明史进行中外文化对比为横轴，较为全面地考证及阐述了中国古代先农祭祀文化的方方面面，特别从全球的角度论证了中国古代农神崇拜在世界古代农业神祇祭祀文化中的显赫地位，其视界不仅大为广阔，而且为将来北京先农坛作为中国古代农业祭祀文化最高物质体现申报世界文化遗产先期奠定了不可或缺的资料基础。同时，开启并完成了北京先农坛历史文化研究中的一些专项内容，解决了一批点状问题，对先农文化在中国传统文化中的地位和价值等思想性问题进行思考和解答，得到专家学者的好评。

（三）专项研究工作与展陈进一步相结合

专项研究工作与展陈进一步相结合，实现以展陈带动专项研究的良性循环，使北京先农坛历史文化研究由以往的学术研究走上为观众直观展示的阶段。北京先农坛由于特殊的历史原因饱经沧桑，坛内原有大量历史文物毁没一空。虽然历史资料的收集研究已达到成熟阶段，但历史研究和拟计划落实的祭祀场景复原陈列展示中仍然存在一些不确定性因素，没有展览实物。为此依托本馆的另一固定陈列《中国古代建筑展》的改陈，利用"中国古代建筑展"于先农坛太岁殿展厅办展的契机，按照市文物局领导关于加强北京先农坛历史文化展示的要求，本馆确定了先期恢复清代末年太岁神祭祀陈设，并以此作为全面恢复先农坛历史文物展示开端的方针。按照这一部署，结合天坛公园库存清代礼器的情况（为1950年天坛公园管理处从已撤销的坛庙事务管理所接受的清代坛庙礼器），经过与历史资料间的比较研究后，做出清代末年太岁神礼器的陈设复原方案和礼器复制方案。2012年1月伴随新改陈的"中国古代建筑展"开幕，太岁神的祭祀陈设在经过百年沧桑之后，终于在21世纪向世人揭开了它的神秘面纱，填补了北京清代皇家坛庙历史文化展示的一项空白（图2）。

图2　2012年复原的清末太岁神祭祀陈设

伴随清代太岁神礼器的复制成功，先农神的礼器经过近一年的比较研究和对复制企业的实地考察、技术评估，终于也复制成功，于2014年开展的"先农坛历史文化展"作为清代末年先农坛祭祀陈设复原的展品，展出于先农坛神厨正殿，成为该展的重要文化景观之一，受到各界好评，在学术严谨性方面上升到古建馆历年展览的新高度。

（四）以不断研究和工作实践促进展陈更新

在经历又一个10年之后，计划重新改陈成展于2002年的"北京先农坛历史文化展"（新展定名为"先农坛历史文化展"），寄希望于以全新的面貌向社会展示北京先农坛的文化内涵。比对近10年来北京几处清代皇家坛庙历史文化内涵展示的新情况、新面貌，感到原"北京先农坛历史文化展"虽然形式设计在当初富有相当新颖性，但时至今天在展材日新月异的情况下，原展的展材不仅落后，所采用的大色块展墙色调处理维护成本高昂，存在先天缺陷；因当时的认识及条件所限，没有预留足够经费复制清代礼器为展品，导致展览实物展示内容单薄，展品严重缺乏，图片量过大，不能起到有效的说服力，为此设想从几个方面为"先农坛历史文化展"设定展示思路。

1. 参照2011年太岁坛神祭祀陈设复原的成功的经验，恢复清代末年先农神祭祀陈设，使先农之神的清代祭祀文化物质载体以正确的面貌向世人展示，并以此作为对观众进行相关历史知识讲授的切入点（图3）。

图3　2014年复原的清末先农神祭祀陈设

2. 全面恢复清代先农之神祭祀文化所涉及的其他物质载体的展示。通过考察比对北京天坛公园的祭天文化陈列、神乐署中国古代祭祀音乐陈列，以及北京孔庙大成殿祭孔大礼原状陈列、北京地坛公园的皇地祇祭祀原状陈列，都采取将祭祀礼器、乐器同步展示的方式为观众尽可能全方位的了解本地历史文化信息提供了较为到位的便利性。北京先农坛由于历史沧桑，坛内文物可说是一无所有，因此设想参照复制祭祀礼器的经验，拟将清代北京先农坛祭祀音乐"中和韶乐"乐器全套复制并予以展出。虽然此举已不是首创，但对于广大观众不甚了解的先农祭祀文化来说，其展示意义非同一般；

3. 参照 2012 年开展的"中国古代建筑展"较为成功的思路，以专题的形式分配展厅，力求在不长的展线内使观众对内容设计者将要表达的主题思想有个既简单又明确的了解。该展展出地点位于北京先农坛神厨建筑群（神牌库、神厨、神库），三个古建展厅合计不足 800 平方米，附加一座新建筑共计约 850 平方米。展出面积的不足要求必须对展览内容进行整合，以利充分利用展线。通过策划，为达到较为充分地对北京先农坛历史文化进行清晰展示，将展览主题分成北京先农坛建筑沿革、祭祀大典、农业与农神三个部分。观众可以按展览专题有针对性地观看，也可以按顺时针参观方向沿前述顺序观看，为观众提供了多样化观览选择。展品随着三个部分展出，预设两个重点实物展示，一是清末先农神祭祀陈设复原，二是先农坛祭祀中和韶乐乐器展示；依托馆内两幅重要的历史图形资料"清雍正帝先农坛亲祭图"、"清雍正帝先农坛亲耕图"，预设两个复制品与动画多媒体展示重点，收到预期效果。

4. 使用二维动画技术，把"清雍正帝先农坛亲祭图"、"清雍正帝先农坛亲耕图"转变为虚拟动画，使历史人物动起来，实现虚拟的历史还原。这为加强展览的吸引力无疑起到画龙点睛式的关键作用。

本次"先农坛历史文化展"改陈是对两次改陈期间研究工作的一次实战检验，借助展览大纲编写，业务人员对北京先农坛历史文化和中国古代农业文化相关知识又有了进一步认识。

5. 适时开展主题文化活动，把先农坛历史文化内涵推向社会，让更多人了解先农坛。主要体现在"敬农文化展演"活动的全面推开。2005 年北京先农坛所处天桥社区文化部门开展"祭先农、识五谷"的社区文化活动，以祭先农为外在形式，通过活动提振社区民众对农业重要性的深化认识，劝告生活在城市的人们不要忘记粮食的宝贵。这一社区活动立意具有相当的现实意义，受到社区居民的热烈欢迎。2008年主办部门一改以往借用古建馆场地独自举办活动的做法，打算与古建馆联合开展这项富有现实教育意义的活动，因古建馆当时领导思想的局限未能成行。西城、宣武两区合并后，西城区文委高度重视这项工作，认为这是西城区群众文化活动新的亮点，分别于2012、2013年牵头主办了两次清代祭祀先农活动（也称先农文化节）。虽然受北京先农坛客观现实的严重局限，真正代表先农祭祀文化内涵的"躬耕耤田礼"无法向人们展现，但还是能够一定程度上引导民众从文化核心层面领会先农文化真正伟大意义所在。2014年古建馆将这一活动更名为"敬农文化展演"，通过大量细致的工作，克服经费严重不足及准备时间仓促的困难，成功地独立主办了活动，在组织程序上和活动道具上，都实现了最大限度的科学化，更加贴近历史原貌，为观众提供了较以往更为丰富的、真实的历史信息，取得圆满成功，受到市文物局和专业学会的一致好评。馆领导因此将这一活动定为古建馆自主品牌的文化活动，以后每年适时举办，在宣传先农坛历史文化的同时，也加深全社会对古建馆的认识，对古建馆的发展起到积极的促进作用。

图4　2014年"敬农文化展演"活动复原的清代末年先农之神祭祀场景

2007年以来的研究、展示工作，伴随2014年春季"先农坛历史文化展"的开幕，以及独立举办的"敬农文化展演"活动的告成而告一段落。这个阶段应该是先农坛的重要发展时期之一，为古建馆今后的继续腾飞打下必要的基础。

五、北京先农坛历史文化研究的展望

与对其他祖国优秀的传统文化认识过程一样，对先农文化的认识同样存在逐步深入的过程。中国传统上是个农业大国，这与中国所处的地理环境与气候等自然因素密不可分。人类的社会行为同其他动物的行为及演化过程相仿，无法摆脱大自然法则的控制，即不同的自然环境引发不同的物种演化方向，确定不同的社会行为规范。地理气候等客观因素使中华大地没有产生出发达的游牧农业、渔猎农业，相反却引致出极为发达的农耕农业。约一万年前，原始的华夏农耕农业即呈现出兴旺的迹象，以黄河流域和长江下游流域为重点，产生出最早的农耕农业中心，点燃了华夏大地进入农业文明时代的灯塔，因此农耕农业发展演化过程中不可避免地要出现技术及经验的领军人物。神农氏就是传说中的华夏农业先祖之一，研究表明中国北方地区以后稷弃为旱作农业神。经过两千年的历史传承及演化，成为后世崇拜的先农之神炎帝神农氏。后世对他的祭祀结合了发端于原始氏族公社时期土地氏族公有制下的耤田古礼，形成"祭为上、耕为下"互为倚动的崇祀形式（类似还有亲蚕古礼），事实上也体现出传统小农经济男耕女织的特性。北京先农坛作为昔日国家层面祭拜先农之神的最高级别祭坛，承载着先农文化的内核与外在形式，封建统治者在这里上演的一幕幕活报剧具有极强烈的政治文化含义。揭示这些早已淹没于百年来几近遗忘的记忆沙漠之中的政治文化含义，应该是后人，尤其是以先农古坛为博物馆的从业者们要以精心研究的重要内容，从中取其精华，去其糟粕，并把其精华与祖国现实的文化建设需要紧密相结合，有着极为重要的价值，这方面古建馆的文物从业者责任不可谓不重要。

北京先农坛就像一部厚重的书籍，通览必要，精读更是不可缺少。历史资料的完善，就是通览；对文化内涵进行分门别类研究，就可看成精读。近两年来，以展览为研究依托，通过展览带动相关研究工作取得"物"的方面的成效，像前述所说研究与展示紧密结合，使北京先农坛蕴涵的历史信息得以还原。清代祭祀礼器的初步恢复，迈出研究应用于展示的重要一步，祭祀陈设这类分类研究成果直接应用于展示，使北京先农坛所包含的传统文化信息有了实实在在的依托载体。

因此今后北京先农坛历史文化研究及展示工作，还大有理念层面的探讨。硬件方面，全面实现北京先农坛物质文化遗存的复原展示，给观众提供真实的历史信息还原；在研究及古建保护并进前提下，争取尽早收回现存古坛区遗址，进行统一规划使用，产生集群效益；实现公园化管理方式的转变并提供足够设施，成为市民休闲的好去处。软件方面，努力加强中国古代农业文明中农神崇拜的研究，发掘其中的积极意义，特别要突出科技是第一生产力的理念，淡化祭祀文化中传统儒家"礼"的观念；开拓研究层面的交流度，扩大横向联合，引进社科多学科深入探讨，以萃取出隐含在先农文化中的精华价值，争取为世界古代农业祭祀文化遗产申遗奠定可靠基础。

作为博物馆，对于自身文化内涵的研究、展示，甚至以活动的形式举办展演，不仅要经历相对长的历史资料理解消化过程，更需要揭开外在看本质的深入思考。坐落在北京先农坛的古建馆，以全国重点文物保护单位的历史建筑群为物质依托，相当长的时期内对于自身价值的认知还有很多的问题要思考解决，很多的实事要做，更有很多的理念需要进一步明确认识，这也应该是历史对于以历史建筑群为馆址的博物馆赋予的不可回避的责任所在。

目前古建馆对于北京先农坛的将来走向仍然处于思考阶段。古建馆现已明确的采取多样化手法将北京先农坛丰富的建筑遗址结合其各自不同的历史功能向观众充分展示，以此带动并引导观众产生继续了解北京先农坛历史文化内涵的认知感受，同时通过一定数量的主题文化活动打出先农坛的品牌，努力使社会更多的人认识了解先农坛，以足够的互动性参与到先农坛的新生与再次腾飞中来，是一段时期内的重要工作内容。毕竟在全社会努力营造出对先农坛认知的氛围，还需要一条较为艰苦的长路要走，目前取得的成效仅仅是开端。

就在笔者编辑本文时，古建馆的先农文化研究展示工作揭开新的一页：古建馆学术委员会组成在即，以加强指导并服务于包括北京先农坛历史文化研究在内的业务工作开展；古建馆的馆刊即将出版，成为博物馆学术工作展示的一扇窗口，专门服务普通观众旅游手册式的口袋书《先农坛百问》也在运作之中；原本没有受到足够重视的博物馆创意文化产品的设计与开发在有条不紊地推进；坛区景观照明灯等提携文化环境因素的设施逐步到位；2015年，在消失半个世纪之后，先农坛主要建筑的清代匾额就要复原，将重新悬挂在油饰一新的古建门扉之上。

这一切表明，这里的人们不能停下脚步，可以憧憬的未来正在引导人们完成更多的美好愿景实现。

董绍鹏（北京古代建筑博物馆保管部，主任、副研究员）

清乾隆帝与北京先农坛历史辨析

◎　董绍鹏

　　北京先农坛，是众所周知的老北京九坛八庙之一，自明永乐十八年（1420）建成，至今已近六百年。与其他名胜古迹一样，先农坛历尽沧桑曲折，在漫漫岁月中由盛及衰，在不同历史阶段演绎了多样复杂历史面貌，留下形态不尽相同的物质文化遗存，构成先农坛历史文化内涵的主要内容。

　　翻开史料展现在眼前的是一个类似"丰"字形的先农坛历史文化沿革形态，即随着明代北京城的建成使用一直到当代，这个纵向时间轴自上而下，是中间的一竖；三横隔开的空间，分别代表先农坛历史上的"山川坛"时期（1420—1530）、"神祇坛"时期（1531—1576）、"先农坛"时期（1576年至今）等三个阶段。其中对当今先农坛历史遗址格局有直接影响的、今天人们要恢复体现清代先农坛历史文化内涵的历史阶段，也是我们现在重点研究展示的历史文化内涵，就是清乾隆帝所处的"先农坛"时期。这一时期的影响涉及较为全面，先农祭祀最终伴随着清王朝的覆灭而终结，为沿袭两千多年的先农之神的国家祀典画上句号。

　　乾隆帝（爱新觉罗·玄烨，1711—1799），作为清代入关后的第四任统治者，主政后根据当时全国政治思定、民生富裕、百业兴旺的所谓盛世环境，在秉行前代康雍二帝宣扬重农从本、增殖人丁、促进社会各个阶层各食其力、各得其所的休养生息国策，同时面对开国百余年来社会政治沿袭明制体现出的问题，进行了下到建筑规制上到祭祀礼乐富有一定针对性的调整，这些调整对其后直至清亡的封建国家先农之祀有着重要的影响。可以说，乾隆帝时期是清代国家典章制度发展的分水岭。

一、乾隆十八年之前的先农坛

　　建于明永乐十八年（1420年）的北京先农坛，是明清时期供奉先农之神炎帝神农氏的国家祭坛，也是皇帝亲行耤田之礼的活动场所。乾隆十八年（1753年）之前的先农坛，经历了山川坛、神祇坛156年的创建和完善时期。众所周知永乐帝建北京城，宫阙坛庙悉仿南京旧制，目的是为了传承大明政治上的正统性以及政权的合法性，为此洪武帝在应天（后来的南京）正阳门外营建的天地合祀大享殿、山川坛等成为永乐帝在北京正阳门外效法的模板，史料还说宫阙坛庙虽悉仿南京旧制，但"高厂丽过之"，虽然如此，但根据《明会典》与《洪武京城图志》中的木刻版图比对，我们还是能够看到当初永乐帝在认真翻版南京旧制上的严谨，也就是说，下到了物质层面的功夫。至于物质层面之上的功夫，也就是祭祀典仪，还是沿袭洪武晚年定制，如中祀先农、合祀岳镇海渎风雨雷雨太岁城隍之神，唯独永乐帝日后子孙登基必亲祭先农亲耕籍田之制，成为永乐新定自其以降诸明帝遵守的重要新家规。

事实上迁都北京开启了明王朝的政治新阶段，以后的发展逐渐在旧制基础上有了自己的新举动。因此坛内逐渐出现新添建筑，如天顺二年（1458年）建山川坛斋宫、嘉靖时期添建神祇坛、改山川坛大殿为太岁坛、添建神仓建筑群、每逢亲耕搭造观耕台，形成日后先农坛的格局。尤其是嘉靖时期添建神祇坛、神仓，作为伴随其"大礼议"的附属产物降临在先农坛，开创了短暂的"神祇坛"阶段，成为先农坛沿革史上的不大不小的插曲。

这一切都成为日后主政华夏的满族政权——清朝依袭的亲耕享先农祭祀活动制度模板，出现清袭明制的百年过渡期，直至清乾隆帝时期。

二、乾隆帝改建先农坛的历史背景

1644年清王朝取代明王朝，成为自元代之后成功入主中原的又一少数民族政权。明末长达几十年的明王朝内部动乱，加上关外满族兴起，不断骚扰中原，导致边境战事连年，华夏大地被深深的战争反复折磨，人民生活在痛苦不堪的病痛之中。阶级矛盾、民族矛盾混乱地交织在一起，在这种难以名状的环境下，清王朝虽为另一文明的政治代表，但汲取了历史上的经验教训，入主中原采用满汉分治、汉法沿袭前明的策略，较好地实现了边疆文明向中原文明的过渡，较为迅速地把入关前以渔猎经济、奴隶政治为主要特征的满族落后政治文化，转变为关内汉族农耕经济、封建专制政治为主要特征的先进政治文化，并保留了江南地区业已萌芽的以手工工业为代表的资本主义萌芽阶段的社会经济发展秩序。满族统治者的一系列充满实用主义色彩的政治经济政策，促使其完成其他民族需要更长时间才能完成的文化转型，使政权在一定程度上较为快速地进入休养生息、稳定发展期。入关后的前三代统治者——顺治、康熙、雍正，在长达90余年时间内的勤政、安定、恤民、清廉，为满族政权减少与汉民族的政治摩擦、实现民族间的和谐稳定以求共同生存发展，赢得了相当的政治资本和宝贵的华夏民族休养生息机会，因此社会趋于稳定，人们开始安居乐业、专注民生，百业逐渐兴旺，社会财富逐渐增加，国家进入繁荣昌盛阶段，后来史书把这一段时期称为康乾盛世，其实主要指的就是国家的安定带来国富民康的局面。

乾隆帝在其父雍正皇帝在世时目睹了父皇勤政、廉洁、爱民、敬神、务实的系列举措，感受到江山社稷的稳固首要在于人民的温饱，因此即位后没有松懈对农业的重要性认识，在形而上层面上加大对先农之神在内的农业神祇祭祀，以祈求国家康泰。经过长达半个世纪的休养生息，清的国家财富逐渐积累到可与历史上的任何盛世相媲美，以致有过之而无不及。国家的富有成为家天下的皇帝实现一系列举措的物质基础，乾隆帝在即位之后逐渐关注先农坛的一草一木，开始了定型日后二百多年的先农坛布局形成、祭祀乐舞和礼器的更定过程。

三、大规模修缮、改建先农坛

自顺治进关，先农坛这座前明的皇家祭坛，因其嘉靖之时的修缮营造去时不远，加上清朝忙于平定四处战乱、稳定政治，经济上国家因为连年战祸导致的贫瘠需要修养，也因为满族原是游猎民族，起初对汉族的农耕神祇神农氏认识上没有提到足够的高度，祭祀礼仪直到顺治十一年（1654年）方才确定施行，因此无暇顾及祭坛的修缮。康熙时代也因国家处于平乱、统一和休养生息诸事，康熙帝又喜好务实不尚虚，在位六十一年仅亲耕一次，先农坛也未见整修。及至乾隆朝，确因年代过于久远，坛内建筑应该陈旧不堪，让皇帝不堪入目，于是乾隆八年（1743年）"二月。癸丑。奏准：先农坛

内外墙垣坍塌损坏处甚多，请将应行修理之处，交部会同太常寺计费兴修"（《清会典事例》卷八六五），乾隆十八年（1753年）"奉谕旨：朕每岁亲耕耤田，而先农坛年久未加崇饰，不足称朕祇肃明禋之意。今两郊大工告竣，应将先农坛修缮鼎新。总理工程王大臣遵旨详议。次第修缮，并太岁殿、天神、地祇坛俱崇饰鼎新。惟旗纛殿以前明旧制，本朝不于此致祭，毋庸修葺"（《清朝文献通考》卷一一〇），"先农坛旧有旗纛殿可撤去，将神仓移建于此"、"观耕台着改用砖石制造"（《清会典事例》卷八六五），开始了系列大规模修缮改建。史料虽记载了，但根据今日的测绘考证，证明乾隆十八年至二十年（1753—1755）的营造大动作体现在以下几点：其一，将名义上皇帝斋戒的斋宫外在形式，由两重回廊式围墙（今天坛斋宫围墙样式），改为两重单墙体实心砖围墙，并更名为庆成宫，寓意耕耤礼成后在此庆贺之意；其二，将宫前广场西南角的钟楼拆除，只余下东南角的鼓楼，并拆除鼓楼围墙；其三，废去前明的旗纛庙，理由是当朝不于此致祭，但只拆除了前院旗纛殿和焚帛炉，将旗纛庙东侧的神仓整体移建于此，成为现世之状；其四，修缮太岁殿、拜殿、神仓、太岁殿焚帛炉，将前明使用的瓦件一律更换为黑色，重绘所有建筑的彩绘并保留至今；其五，把始建于嘉靖时期的木质观耕台改建为琉璃砖制。经历此次大规模改建修缮，先农坛鼎饰一新，一扫大清进关以来先农坛的陈旧破败之状。从此之后先农坛再也未见改变，建筑格局面貌延至清亡。

先农坛斋宫的更名，体现了乾隆帝对该组建筑实际功能的把握。自明天顺二年（1458年）斋宫建成以降，史料中未见皇帝在此斋戒，事实上斋宫建成的目的不过是摆个样子供世人观瞻；进入清代至雍正帝时，雍正帝于紫禁城中辟建斋宫，以为平日祀神斋戒和替代郊祀斋戒之用，当然替代者中也包括先农坛祭祀斋戒，因此先农坛斋宫在使用功能上实质是虚设。但它的另外一项附属功能，即皇帝三推完毕于此等待终亩并稍事歇息，不仅在前明有所体现，更于清代每逢亲耕必举，成为事实上斋宫的实际用途。乾隆帝看到这一点，索性揭暗为明，删繁就简，干脆以庆成宫之名行其事。但观耕台的改建，本意上乾隆帝以每年搭造耗费银钱为由改为永久砖石形式以省去银钱之资，但改造后的观耕台装饰华丽，四面以琉璃砖饰面，台面围以汉白玉石栏，三出陛均以汉白玉造并施以纹饰，此举所费银两虽无史料记叙，但光凭材质也能猜出七八分。这又体现出这位号称"十全千古一帝"的好大心态，所谓堤内损失堤外补，不能失却天子的威严和必要的高贵。

四、对坛内环境的重新考虑
导致坛庙自养制度的退出

伴随坛内建筑的修缮，乾隆帝的目光也注意到原本习以为常的坛内环境问题。自永乐建立先农坛之后，坛内北半部、西半部以及东南部，都留有大片空地，这些地称为护坛地是先农坛不可分割的内容。这些护坛地的管理归先农坛祠祭署（历史上先后称作耤田祠祭署、山川坛祠祭署），雇佣农民常年耕作，"嘉靖九年（1530年），令以耤田旧地六顷三十五亩九分六厘五毫拨与坛丁耕种。岁出黍、稷、稻、梁、芹、韭等项。余地四顷八十七亩六分二厘九毫，除建神祇坛外，其余九十四亩二分五厘六丝四忽亦拨与坛丁耕种"（《明会典》卷五一），"先农坛围墙内，有地一千七百亩。旧以二百亩给坛户，种五谷蔬菜，以供祭祀。其一千五百亩，岁纳租银二百两，储修葺之需"（《养吉斋丛录》卷八）。农民耕种护坛地，以其地岁入作为祭坛养护之用，这个做法源起自南宋，明代沿袭宋代做法，颇有自养自足、自己动手丰衣足食之效。到清雍正帝时，为了强调养廉清正，甚至更为极端化，坛地耕种作物的变卖之资不仅养护坛内建筑，甚至作为祠祭署工作人员薪俸之用，国家似乎成为旱涝不保的甩手掌柜。

乾隆帝时期长期的休养生息使国家经济状况大为改观，乾隆帝对坛庙的功用更强调敬神的理念，认为敬神之所肃穆、整洁、安详、宁静为上，非神职或祭祀官员根本不能入内，以利圣洁，于是下令取消护坛地的耕种，"（乾隆）十八年（1753年）谕：先农坛外墙隙地，老圃于彼灌园，殊为亵渎。应多植松、柏、榆、槐，俾成阴郁翠，以昭虔妥灵。着该部会同该衙门绘图，具奏，钦此"（《工部则例》）、"（乾隆）十九年（1754年）三月，重修先农坛外墙，隙地多植松、柏、榆、槐，交太常寺饬坛户敬谨守护"（《清通志》卷三七），先农坛内松柏成荫，至今尚余有古树几十株。作为日常管理机构的祠祭署，也彻底告别自养之制，仍旧作为公养部门。

因此坛户耕作的退出，直接导致先农坛自养制度的终结。

五、更定先农坛祭祀乐舞之制和祭祀礼器

自清入关伊始，皇家典章沿袭明制，没有全面根本的变化。如先农坛"定先农坛用执事，乐舞生一十八名。如皇帝耕耤、亲祭，共用乐舞生二百二十二名。……太岁坛，共用二百三十二名。又定：乐舞生服色。……先农坛焚香，乐舞生服红绢服；执事，乐舞生服月白镶边兰绢服。如皇帝耕耤、亲祭，武舞生服红绢销金花服。文舞生及乐生，焚香，乐舞生服红绢补服；执事，乐舞生服月白镶边青绢服。……太岁坛，乐舞生服色亦与历代帝王庙同。其带均用绿色，绅为之。其顶，文舞生用裹金铜顶，武舞生用裹金三叉铜顶。俱由太常寺行文，工部给领"（《清会典事例》卷五二八），为顺治元年（1644 年）颁布；顺治十一年（1654 年）正月议定"祭先农坛、亲耕耤田仪，定祭先农乐七章"，顺治以降少有变化。进入乾隆时期，乾隆帝逐渐感到前明的典章虽为康雍二帝沿用，但已历经近百余年时间的洗礼，凸显大清自有规矩的重要性。况前明祭祀诸神礼法中的局部在当朝已有不同针对对象和目的，因此适时调整已是政治之需。

首先乾隆帝对祭祀乐舞相关事宜进行局部调整。康熙帝在位时，曾就中和韶乐的音律、乐器音阶音色进行校正，并铸造大清自己的祭乐编钟（如近年新发现现存于台湾的"康熙五十六年造先农坛用编钟"）。乾隆帝即位后，再次明确这一规定，乾隆六年（1741 年）颁旨"钦遵圣祖仁皇帝钦定律吕正义旋宫转调之法。嗣后……朝日坛、太岁坛亦以太簇为宫……先农坛改用姑洗为宫"（光绪《清会典事例》卷五二四）。清代之后先农祭祀中和韶乐音律未做改变。乾隆七年（1742 年），又颁旨"定祷祀天神，应从圜丘以《黄钟》为宫；地祇，应从方泽以《林钟》为宫，乐章用'丰'字"（光绪《清会典事例》卷五二五），确定神祇坛祭祀乐律乐章。这以后，对祭祀乐又有局部改动，如乾隆十七年（1752 年）"定祈雨致祭神祇坛，仍用乐"（《清会典事例》卷五二五），乾隆十八年（1753 年）"四月。定太岁坛祈雨乐章"（《清实录·高宗实录》卷四三七）。最后更改演唱耕耤禾辞的乐班，明代至清雍正之前，耤田禾辞由礼部教坊司宫廷乐工演唱，雍正时改为和声署乐工演唱，乾隆二十年（1755 年），乾隆帝下令改由顺天府乐舞生演唱（光绪《清会典事

例·顺天府》），因此乾隆帝时期是清代最为集中的祭祀乐舞核定阶段。

第二，乾隆帝这个时期还对祭祀礼器进行大规模的重新考证。在中国古代青铜器发展史中，特别是夏商周三代，礼器占据十分重要的位置，无论品种还是制作工艺都达到后人无可超越的顶峰。但由于这一时期的文献对于祭祀礼器的记载要么有名无形、要么名形具无，后代逐渐无法真正明辨。唐代以后，青铜器的制作工艺渐趋失传。宋代金石考据之风大兴，对以往传世或出土的青铜器大加考据，今天所知的青铜器器名，多是宋人考据结果。由于明代没有考据周代以至唐宋各类礼器质地形态，只因袭宋人对不同礼器的命名之法，因此明代祭祀活动中使用的琳琅满目的所谓各类祭器，在祭祀现场竟然用瓷盘瓷碗代替，如祭器登、铏用大瓷碗代替，而笾、豆、簠、簋都用大瓷盘代替。清代建国后至乾隆初年一直沿用明制未做更改，因此祭器只徒有虚名。乾隆帝时，在考据周代礼器制度及唐宋以来的发现基础上，明确了各式礼器的形制、质地，并将这一考据结果颁行在《皇朝礼器图式》中。先农坛的礼器从此得以定型、正名，按颜色先农坛为黄（方泽、社稷、先蚕同）、太岁坛为白、天神坛为蓝（与祈谷、圜丘同）、地祇坛亦为黄（同先农坛），以体现各自对应的内涵，尤其将先农之神耕作的土地与地祇之神代表的山川一律定性为黄色，突出喻以农业依存之本土地之色的立意，可谓周全之虑。

六、非定制规矩的沿袭和创制

为了体现自己营造大同理想的努力，身体力行敬神活动，保持着高度责任感和关注度，对于先农坛的先农之祀，乾隆帝的举动可说是有清一代登峰造极。

（一）演耕制度的改进

雍正帝在位时，为了确保亲耕享先农的议程顺利进行，体现自己虔诚、恭敬对待先农之神，雍正帝首开演耕做法。所谓演耕，就是皇帝找一个地方，按照三推亲耕的全套规制亲自演练，不仅提前体验操作程序，也是为了找准活动的感觉，以稳定亲耕当天的心绪。雍正帝作为一位较为务实的皇帝，把演耕的针对性定的明明白白。

乾隆帝继位后，按照遵从皇考定制不做更改的习俗，把这一规矩沿袭下来，但由于不是政府发布的典章定制，只是个人的做法，因此并不是凡逢亲耕之前都要演耕，也就是说，有兴致时玩一次票，没兴致也就不当真。乾隆帝把对演耕的重要性与自娱自乐的把玩感结合，既通过演耕向天下宣示自己重农从本的高度认知，也宣示了尊重先皇的孝道，更视为一种另类消遣，可谓多用合一，比后世子孙的演耕，如嘉庆帝、道光帝、光绪帝要轻松享受得多。乾隆帝还发挥有余，除了将西苑丰泽园当作演耕地之外，又将圆明园四十景之一的山高水长、西苑的瀛台等处也作为推耕把玩之所，甚至亲耕结束后，带着余兴还要进行演耕。

（二）中和韶乐的使用

从来都是皇帝亲祭先农之神时祭乐使用中和韶乐，中和韶乐成为皇帝亲行祀神事物的专享音乐。乾隆帝为了凸显自己对先农之神祭祀事宜的高度关注，明确不能亲祭时前去代祭王公依旧享用中和韶乐：

（乾隆八年，1743 年）谕：向来先农坛亲祭，始用《中和韶乐》，遣官，则同群祀之例，不用《中和韶乐》。……朕思国之大事在农，先农坛在中祀之列。此次遣亲王恭代，即著照日、月坛之例，用《中和韶乐》。永着为令。——《清会典事例》卷五二五

这个看来不过参照移用日月坛祭祀之制的变化，实质正如他自己所言"国之大事在农"，小处着眼加强对农神祭祀的重视，也可谓用心良苦。

（三）撤除彩棚

更正恤农与奢侈并存的做法，撤除彩棚。所谓彩棚是明清皇帝亲耕时，为了免受日照、风雨之苦，在皇帝耕作的耤田中央地块上临时搭制的用印染彩色图案棉布构成的大棚，大棚南北长 11 丈，内里有立柱支撑，皇帝亲耕时就在彩棚内来回三趟推耕。作为汉代恢复的亲耕之礼，其政治象征性大于实用性，因此在耤田搭制专给皇帝提供防护性的临时建筑也在情理之中，毕竟天子九五之尊不可有丝毫损伤。不过乾隆却认为专注敬神无可厚非，但皇帝每年亲耕除了敬神，更是借此了解稼穑之艰难，是一个体恤民生的绝好机会，搞这种看似防护性的措施实质上隔绝了皇帝应该体验的亲耕目的，

而且耗费国库帑银，"设棚悬彩，以芘风雨，义无取焉。吾民凉雨犁而赤日耘，虽襁褓之尚艰，岂炎湿之能避。且片时用而过期彻，所费不啻数百金，是中人数十家之产也"（《清会典事例》卷三一三），因此下令自乾隆二十年（1755年）始，不做彩棚之设，从此在体现亲民恤民的亲耕典礼时建造的有违初衷的彩棚，退出了历史舞台。绘于雍正帝时的清代宫廷绘画"雍正帝先农坛亲耕图卷"（现藏于法国吉美博物馆），正是表现了当年彩棚耕耤之盛况。

（四）对亲耕年龄的限制

子孙天寿超过六十，可以不再亲耕。乾隆帝登基正值青年，又是清代乃至有文字记载以来最为长寿皇帝，实际执政达63年之久，应该说乾隆帝对先农之神的重视达到有清一代的顶峰。不过，随着执政时间的推移伴随年记的高企，人不服老也有违天性，乾隆帝虽有十全武功之心，但渐无践行之力，正视这一事实，也算是对亲耕享先农的一种务实，于是下令子孙"凡遇亲耕典礼，若年在六十以内，礼部自应照例具题，年年躬行耕耤之礼"（《清会典事例》卷三一三），反义就是六十岁以后可以不必亲耕。

（五）对太岁神祭祀事宜的调整

对太岁之神的祭祀诸事宜做了局部调整，成为乾隆以后的定制。主要表现在：

1. 采纳礼臣的献言，于乾隆十六年（1751年）增定太岁坛上香之仪（如前述），将旧制中春秋两祭正殿、东西庑殿只祭不上香，改为都上香；

2. 乾隆十八年（1753年），定太岁坛供奉神牌之礼。原来每逢祭祀太岁前，都要将安奉于先农坛神厨正殿内的太岁神牌请至太岁坛。乾隆帝下旨改为将太岁神牌常奉于太岁坛神龛，永为定制；同年，又采纳礼部奏言，下旨比对天神地祇坛乐章另行撰写太岁坛岁首岁暮祭祀乐词，都用"丰"字，以此凸显太岁坛"祈祷雨泽之义"；

3. 乾隆二十年（1755年），改旧制派遣太常寺堂官到太岁坛行礼为派遣亲王、郡王行礼，理由是"以昭诚敬"；

4. 乾隆二十一年（1756年），因前一年已将亲王、郡王派遣到太岁坛正殿祭祀行礼，而东西两庑如果还让旧制中的太常寺厅员行

礼就不合官员高低逐级相配的体制，于是改派旧制祭正殿的太常寺堂官分祭东西两庑。

乾隆帝生性好大，但不失细腻，终生对敬神礼神抱有虔诚认真之心，79 岁时最后一次躬耕祀先农，是为中国历史上年岁最大的皇帝亲耕；还在身怀敬重之心祭祀先农炎帝神农氏后，写下了几十篇祭农感怀的亲耕诗（见《清高宗御制诗二集》、《日下旧闻考》卷五十五），虽然从不吝惜笔墨却文采无甚亮点，但对于先农的敬重、对于亲耕中体会的百姓民生艰辛、对于逢雨亲耕感怀苍天恩泽、对于扶观耕之台的万千思绪，都有不厌其繁式的描述，"吉亥将耕耤，先农致祭崇。载兴耒耜始，实赞地天功。泽润青郊溥，春和赭幕融。休嘉锡畇隐，愿与万民同"，"彩棚早已彻华纷，卅六禾词依旧闻。何必金根重载耒，所期惟实不惟文"，极尽笔墨。《日下旧闻考》还说乾隆帝某年提笔挥就先农坛具服殿内壁子匾一块，名曰"卲农劝稼"，以示重农之意。乾隆帝在一个行将就木的社会形态落日余晖之际，还以一个陶醉在往日辉煌的心态赏析这不久于世的封建专制时代的文化海市蜃楼，以自己的努力延缓着孔儒诗书文化的终结，既可以看成乾隆帝的文化天真体现，也可以说是中国文化的天真体现。

仅仅在乾隆帝去世之后 45 年的 1840 年，西洋的炮舰轰开了中国这个古老帝国的大门，自我陶醉的天朝大国一刹那间如朽木般轰然倒塌。国人才知道，我们早已不是先进文化代表，真的要以现代的、现实的眼光看世界。北京先农坛这个古老的祭神之所像其他昔日享尽荣耀的皇家之所一样，再无乾隆帝时代的一切关爱与殊荣，过去的一切伴随着不再的辉煌成为这里永远的记忆。

董绍鹏（北京古代建筑博物馆保管部，主任、副研究员）

从祭享先农看国家祭礼的
政治与宗教性

◎ 张　敏

中国作为农业大国，对农神的祭祀起源悠远。在历史演进中，农神祭祀也时有变动。就对先农神的祭祀而言，自汉代有明确记载以来，虽历朝代而有变化，但这一祭礼却历朝不废，直至明清时期而臻完备。本文拟通过祭祀先农的渊源流变，结合明清时期完善的国家祭礼体系，来分析祭祀先农作为国家祭礼在政治体制中不可或缺的作用，以及它脱胎于原始宗教活动而自身存有的宗教属性和祭享先农既拥有国家祭礼所具有的一般属性，又因内涵与形式的特殊而呈现出异质。

一、祭先农是国家祭礼

先农神是我国古史传说中最早教民耕种的神者，代表人物是炎帝神农氏。《白虎通义》中说："古之人民皆食禽兽肉。至于神农，人民众多，禽兽不足。于是神农因天之时，分地之利，制耒耜，教民农作，神而化之，使民宜之故谓之神农也。"[①] 这一对神农氏功绩与作用的描写非常符合国家对祭祀对象的认可标准。将祭祀活动以文本的形式载于史册，成为国家规定的典章制度，即为祀典。为什么制定祀典，祀典的制定原则及对入祀对象的认定标准在《鲁语》中讲，"夫祀，国之大节也；而节，政之所成也。故慎制祀以为国典……夫圣王之制祀也，法施于民则祀之，以死勤事则祀之，以劳定国则祀之，能御大灾则祀之，能捍大患则祀之。非是族也，不在祀典。"[②] 由此可见，祭祀不仅关注鬼神，更是对

---

① 参见［东汉］班固著《白虎通义·卷上》，影印文渊阁四库全书 第八五〇册，台湾商务印书馆，第7页。
② 参见［周］《国语》卷四《鲁语上》，《展禽论祭爰居非政之宜》。

人事的关照与注重。神农氏以劳定国，以致人民生息繁衍，当是国家祀典所载，成为国家祭礼无疑。所谓国家祭祀是指由各级政府主持举行的一切祭祀活动，其中既包括由皇帝在京城举行的一系列国家级祭祀礼仪，包括地方政府举行的祭祀活动，因为相对于民间社会而言，他们就是国家；就祭祀的目的而言，这种活动不是为了追求一己之福，而是政府行使其职能的方式，本身具有"公"的性质。[①] 可见国家祭祀不仅仅是程序化的仪式展示，更是以具有象征意义的仪式活动来实现某些实际社会治理功用，其行为具有明显的现世取向。

说到现世取向，祭祀先农似可谓国家祭礼中最关怀现世、最接地气的祀典，主要从以下三个方面说明。

（一）祭先农与耕耤礼表达了统治者治理天下的诚意

中国自古以农立国，国以土为本，民以食为天，农业是立国之本，生民保障，因而历代统治者都十分重视农业生产。这种重视，除颁布法令保障生产外，确立重农思想以达成全社会的价值认同并由此达到政治控制与社会整合，应该是统治者更应该宏观考虑的问题。

祭农神祈丰收是统治者向全社会传达的重农信息。虽然皇帝不可能亲自下田耕种，但是要为天下人作表率，让天下人知道皇帝首重农事心系苍生，于是便有了耕耤礼。"耕耤礼"是帝王在特定的田亩里模拟耕种的仪式，以耤田之日祀先农之礼始自汉代，即"亲耕享先农"。耤田仪式通常在都城南郊举行，特别是明清以降，皇帝于春初在京师的先农坛祭祀先农，主持耤田礼，亲自扶犁三推，以示天下农事开始，这可以说是帝王重农思想垂范于民的突出体现。

以皇帝身体力行的亲耕作为祭农仪式的重要内容，这在明清北京各坛庙祭祀中似不多见，也使先农之祭有了更多的现实指导意义，闪烁着人性光辉，这是国家祭礼与宗教活动的一个明显不同，国家祭祀活动是以政府行为的方式表达治理"天下"的诚意，以人事为中心，以民生为根本关注对象。

----

① 参见雷闻《隋唐国家祭祀与民间社会关系研究》，北京大学 2002 年博士论文，第 2 页。

（二）祭祀先农的主旨是中国古代农业社会皇权至上的
　　　特质在精神层面的意识强化

　　古代中国是典型的农业国家，"务农为百业之本"——这是最根本的社会认同。这种社会认同需要统治者以象征性的政治仪式来不断加以强化，即如祭祀先农。汉文帝曾下诏："农，天下之大本也，民所以恃以生也；而民或不务本而事末，故生不遂，朕忧其然，故今兹亲率群臣，农以劝之。其赐天下民今年田租之半。"①历代统治者在倡导的同时，还要借重仪式性的表演使古代中国社会的这种核心价值观予以延续。祭祀礼仪是神圣的，祭祀对象的选择标准与现实社会中权力、经济或文化结构等具有对应关系，正如祭祀先农对应了农业社会的经济结构。因此献祭在获得心理慰藉与寄托的同时，也因为对应关系的转化而实现了对社会结构的认可和归附。

　　从统治者的角度，农业社会必然需要一个强有力的中央政权，皇权必须凌驾于一切。表面上看来，皇帝在举行祭祀典礼时是万般虔诚的，是在竭力维护神祇的神圣，但是作为人神沟通的使者，借助仪式威严的外在形式最终突出的是主祭人的皇权至上，使人们在祭祀仪式的庄严肃穆中产生对皇权的服从和恭顺，因而实现从对神祇祭祀到对皇权敬从的转化。这一层面的心理调适是国家祭礼所普遍存在的，是统治者主观的意识强化。

（三）祭祀先农的具象行为真实描述了
　　　农业社会春耕秋收的自然图景

　　在中国传统的农业社会中，男耕女织是亘古不变的基本社会经济格局。举行皇帝亲耕与皇后亲蚕祭礼的目的，一是肯定农业生产在社会生活中的重要地位，希望借助象征性耕作仪式的效力保证岁稔年丰，另一方面也力图建构一个王朝政府为主导的社会秩序。祭祀先农来源于古代农业生产的实际过程，因此它在实施社会引导与整合过程中的作用就更为明确与具象，仿佛是一次次真实描绘着普天之下的耕作景象。先农之祭作为国家祭礼，虽然参与的社会民众

---

　　① 参见［东汉］班固著《汉书·文帝纪卷四》，中华书局 1962 年第 1 版，第 118 页。

不多，但这种祭祀所传递的信息却是最近民意的。难怪在河北武强县的年画中就出现皇帝如农夫般耕种，皇后如农妇般送饭到田间地头的形象，并配有"二月二龙抬头，天子耕地臣赶牛，正宫娘娘来送饭，五谷丰登太平秋"的质朴文字。这一方面反映出普通民众无缘国家祭礼，无法想象祭祀的庄严和神圣而出现了略带滑稽的演绎，另一方面正说明这种国家祭礼与社会生活的紧密联系，以皇权加神权的礼仪形式再现了真实的社会生活。

因此层层的剥离无不说明祭祀先农这一国家祀典的人文关怀和现世取向。

二、祭先农的政治性

前文所述祭先农作为国家祭礼所表达的现世取向是其政治性的一个突出表现，在此想就先农之祭是农业社会实施政治统治的客观要求和宗法社会统治方式的主观需求等两方面再行说明。

（一）先农祭祀是民脉所系，是在农业社会中
实施政治统治的客观需求

中国在历史上一直是人口最多的国家，解决吃饭问题是一个朝代得以确立和延续统治的基本前提。因此，设立先农坛，祭祀先农，就是将吃饭问题提升为国之大政。每年祭先农，皇帝还要亲耕加以标榜，昭告天下。这是国情所在，是统治者的清醒认识，是国家发展、民族繁衍的根本所在。

以明清时期祭先农为例，明初战乱初定，当务之急是恢复生产。明太祖朱元璋把恢复先农祭祀放在首位，洪武元年十一月癸亥，朱元璋在举行耕耤礼前延谕曰："古者天子籍田千亩，所以供粢盛，备馈饷。自经丧乱，其礼已废，上无以教，下无以劝……欲财用之不竭，国家之常裕，鬼神之常享，必也务农乎。故后稷树艺稼穑，而生民之诗作；成王播厥百谷，而噫嘻之颂兴。有国家者其可弃是而不讲乎？"[①] 于是从次年春开始行耤田礼。

明清两代，每年仲春亥日在北京先农坛祭祀先农并举行耤田礼。据《天府广记》载："耕之日，上具弁服诣坛躬祭如仪，更翼善冠

---

① 参见《明太祖实录》卷三十六，洪武元年十一月癸亥。

黄袍，各官吉服。户部尚书进耒耜，顺天府官进鞭。上秉耒耜，三推三返。部臣受耒耜，府臣受鞭，府官捧青箱，随以种子播而覆之。上御观耕台坐观，三公五推，九卿九推。府官率庶人终亩。"① 清代的耤田礼仪式则更为复杂，犁地时御耒耜二具，韬以青绢，御耕牛四，被以青衣。天青色的布帛象征着草色代表东方的初始颜色，使祭祀活动在视觉上充满生命力的颜色。推耒按照从皇帝到九卿依次增多的规则，实行皇帝三推，三公五推，九卿九推，直至庶人终亩。既然祭祀活动只是象征意义的仪式，那么不同的推礼数，也明确传达了不同等级的信息，这是从祭祀体系中传递出的现实社会的鲜明等级观念。

农业文明与西方海洋文明在早期国家政权形成阶段即走了不同的路径。天时、土地、先辈的生产经验，大量劳动力是农业文明的命脉，相应的对天地神祇、祖先圣贤的尊崇和祭祀就形成国家政治的核心。因此农业文明不仅崇拜自然，而且崇拜改造自然的英雄，炎帝神农氏当属此列。詹鄞鑫先生认为："祭祀活动从本质上说，就是古人把人与人之间的求索酬报关系，推广到人与神之间而产生的活动。所以祭祀的具体表现就是用礼物向神灵祈祷（求福曰祈，除灾曰祷）或致敬。祈祷是目的，献礼是代价，致敬是手段。"②

祭祀的出发点和落脚点是平衡人与人之间的关系，而借助了人与神之间的沟通而增加其神圣性。当然，这不排除在中国古代特定的社会环境与文化氛围下，历代帝王及统治集团对祭祀对象确有发自内心的敬畏与信仰。因为在自然科学并不昌明的古代，有超自然力量的存在是被普遍认同的。在这一点上祭祀与宗教有着相类之处，祭祀在一定程度上就是原始宗教时期人与超自然力量的沟通行为的延续，只是在这种延续中被注入了政治统治所必须的内容与目的，即在祭祀中人们油然而生的对权威的敬仰、畏惧和信心被转化为对君王在世俗社会中绝对权威的认可，这一过程在祭祀先农这一国家祭礼中体现得更自然、更彻底。归根到底，农业生产五谷丰登是古代中国的民生所系，有着农业社会施政准则的客观需求。

---

① 参见《天府广记》卷八。

② 参见詹鄞鑫《神灵与祭祀——中国传统宗教综论》，南京江苏古籍出版社 1992 年第 1 版，第 172 页。

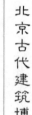

（二）祭祀先农是历代帝王实施政治统治的主观需要

先农是上古神话传说中的炎帝。如果我们从先农之祭出发扩而大之，考察一下对炎帝的祭祀，可从更宏观层面来看这一祭祀对象对于文明的传承，帝统与道统接续方面的深刻内涵，从而认定祭祀先农是历代帝王政治统治的主观需要。

以清代为例，综览炎帝祭祀，除先农坛祭和先医庙祭是把炎帝作为古代教民稼穑的农神和发明医药的先祖予以祭祀，以弘扬其对社会民生做出的创造与贡献外，还包括帝王庙祭、传心殿祭和炎帝陵祭。

帝王庙祭专指对历代圣帝明王的祭祀。帝王庙祭炎帝是把炎帝视作与伏羲、黄帝并列的三皇之一加以祭祀。在清统治者看来，历代的帝王统治是一个前后传承的完整体系，以伏羲、炎帝（神农）、黄帝为开端，这里对炎帝的祭祀反映了清统治者对帝王治统的传承。

传心殿祭是指对帝王之师的祭祀。炎帝是作为帝王之师的开创者，即先圣先师的代表之一予以祭祀，这里突出体现了清统治者在建立全国政权后所选择的"崇儒尊道"的基本文化国策。乾隆皇帝曾特别强调："治统原于道统，学不正则道不明。"[1] 因此，传心殿祭是通过对至圣先师的尊崇来体现圣王相继的道统传承，以昭示继统而治的合法性，为政治统治提供强有力的凭借。

炎帝陵祭是把炎帝视为古代圣帝明王的象征，以帝王陵寝的规格予以祭祀，更是代表了治统与道统的合一。

以上帝王庙祭、传心殿祭和炎帝陵祭突出强调了炎帝祭礼对于统治者道统与治统接续的合法性认证。古代中国国家祭礼在建构君主专制政体和统治的合法性方面具有重要的作用，这一点通过炎帝祭祀得以充分佐证。祭祀炎帝神农氏可以彰显对中华传统传承，是中华文明得以延续，是历代帝王实施政治统治的主观需要。

祭祀活动的举行是对天、神、君、民秩序观的反复演示，从而引导着社会成员对于政治权威主体的合法性产生认同，以强加帝国或王朝的权力。在这里，祭祀活动更多地体现为政治仪式，它是政

---

① 参见《清实录·高宗实录》卷一百二十八。

治信仰的外化，它的重要意义在于使政治信仰得以强化和宣泄，使信仰变成看得见的行为。炎帝祭祀正是众多国家祭礼之一，通过国家祭祀来确定古代政治信仰。

三、祭先农的宗教性

国家祭祀行为的产生是以原始宗教的神灵崇拜心理为基础的。中国传统文化广袤肥沃的土壤，孕育出一个虚幻空灵的神的世界。自古以来中国就是一个多神崇拜的国家，而祭礼则成为神灵与苍生的传感方式。对天神、地祇、人鬼的祭祀与膜拜是古代中国人精神生活的一个重要组成部分，在他们心目中，天神的幽幽星光、地祇的变幻莫测、人神的福祸法力，构成了一个神秘世界，它们无影无形却又无所不在，主宰着芸芸众生的旦夕祸福。具体到祭农活动，中国古代国家祭祀与季节性的农业生产紧密联系，举行仲春吉亥日祭先农的仪式在本质上就是古代农业社会的生活节奏。

（一）祭祀仪式

祭祀仪式是祭礼的外在形式，这是与宗教、迷信等共有的，这种仪式有时被笼统地称为"祭祀"或"祭拜"。

在原始人看来，自然界的事物是同人一样有感觉，具有喜怒哀乐的生命实体，因而需要种种宗教手段与它们沟通思想，联络感情。祭祀行为表明先民对事物发展开始有了控制意识，希望通过人的行为来影响神灵，使之按人的意愿行事。起源于原始宗教的祭祀本质里活跃着宗教的因子，祭祀的宗教性是祭祀被信仰的基础，即仪式、传统和权威。恩斯特·卡西尔指出："在祭祀中人对他所崇拜的超自然力量的态度比在神话人物的形象中得到更清晰的显示，祭祀在一定程度上就是原始宗教时期人与超自然力量的沟通行为的延续。"[①]庄严的程序活动，严格的程序仪式带给人们灵魂的震撼，从而生出敬畏与信仰。

仅以《曾纪泽日记》中记录的光绪十五年（1889 年）皇帝祭先农行耤田礼的整个过程为例。首先，正式行礼的前几日，要先

----

① 参见（德）恩斯特·卡西尔著，黄龙保等译《神话思维》，中国社会科学出版社 1992 年第 1 版，第 240 页。

演耕："（光绪十五年，1889 年，三月）初三日。……往三座门，历金鳌玉蛛桥，至紫光阁前丰泽园，偕箴亭、淑庄、子授在总管室一坐，至园中幄旁，立候极久。巳初立班迎驾，皇上脱外套演耕，四推四返，纪泽与孙诒经布种。礼毕而归，巳巳正矣。"[1] 其次，行耤田礼的前一天，皇帝要亲自到中和殿阅视农器："初五日。……入朝。因皇上升中和殿，阅视农器，前往侍班，至则典礼已毕，盖传谕在卯初，而邸钞误作卯正也。"[2] 最后，正式行祭先农耕耤礼："初六日。……着蟒袍补服，往先农坛，在账房中与叔平、子授久谈，偕如坛门。卯正二刻乘舆幸坛，因未着朝服，不侍班，不陪祀，偕叔平、子授至祭器库一坐。辰时一刻，皇上亲耕稻田，纪泽与孙诒经脱外套以播种，四推四返即毕，皇上步入黄幄，纪泽与孙诒经离坛而归。"[3]

皇帝作为主祭者，实施着对祭祀权的垄断，而亲见祭祀仪式正是通过视觉的冲击而将对神灵的信仰转化为对人神之间的沟通者（即主祭人）的激情信仰。因此像宗教仪式一样被戏剧化了的各种祭祀仪式会唤起人们对君主的忠诚，这在本质上是对神圣事物、对人生终极目的的戏剧性回应，而后者正是宗教的根本特征。

（二）国家祭礼

国家祭礼作为政治仪式而体现出的职能如前文所述，但不可否认的祭祀与宗教一样具有心理调适功能。

在这一问题上，作为主祭人的皇帝更多的体现出其主观上对这种心理调适的依赖性。因为在古代中国，皇帝肩负着国家安全与繁荣的责任，因此他必须表现得兢兢业业，如果不能给民众带来所期待的福祉，他就要对此负责，其统治的合法性就会降低，正如埃森斯塔德所说，中国古代的"统治者有责任不断地解决问题，因为任何他们未能克服的困难都很容易引起广泛的社会变迁，甚至引起他们自己的垮台"[4] 既然神灵主宰着世间的祸福，作为人神沟通的使

---

① 参见曾纪泽《曾纪泽日记》，长沙岳麓书社 1998 年第 1 版，第 1778—1779 页，1779，1708 页。

② 参见曾纪泽《曾纪泽日记》，长沙岳麓书社 1998 年第 1 版，第 1779 页。

③ 参见曾纪泽《曾纪泽日记》，长沙岳麓书社 1998 年第 1 版，第 1708 页。

④ 参见（以色列）S. N. 埃森斯塔德著，阎步克译《帝国的政治体系》，贵州人民出版社 1992 年第 1 版，第 242 页。

者就有责任向神灵虔诚献祭。

"皇帝亲耕"这种活动也兼具向鬼神示敬的祭礼意蕴，如果皇帝不亲耕，就被视为对鬼神不敬。在《后汉书·黄琼传》中记载了这样的故事：顺帝即位以后不行耤田礼，黄琼以国之大典不宜久废而上疏曰："自古圣帝哲王，莫不敬恭明祀，增致福祥，故必躬郊庙之礼，亲籍田之勤，以先群萌，率劝农功……臣闻先王制典，籍田有日，司徒咸戒，司空除坛。先时五日，有协风之应，王即斋宫，飨醴载末，诚重之也。《易》曰：'君子自强不息。'斯其道也。"① 在黄琼的劝勉下，顺帝惧招神谴，于是遵制行耕耤礼如故。

罗素在《权力论》中指出："服从神的意志会产生一种无与伦比的安全感，这种感觉使许多不服从任何尘世之人的君主对宗教表示谦卑。"② 即"去献祭时，人是自然的奴隶，献祭归来时，人是自然的主人，因为他们已经与自然后面的神灵达成了和解，恐惧和不安被削弱了，人以祈祷和献祭换来了心理的平衡"。③

（三）民间祭祀与宗教交融

在国家祭礼层面之下的民间祭祀更易与宗教交融。国家祭礼主要表现为政治功能，如祭先农这样与国家经济生活密切相关的祭礼也因主要限定于宫廷与官府的层面而与底层民众的心灵交流存在差距（虽然清代重视祭先农耕耤礼，不仅帝王要亲自躬耕，同时也要求直隶督抚及所属府、州、县、卫，立农坛耤田，把耤田之礼推及到了全国）。正是由于国家祭礼未能有效解决底层民众个人内心的问题，才使民间信仰与祭祀有其活动的空间。民间祭祀主体都是个人或小团体，其中几乎不掺杂"尊儒重道"等国家祭礼层面的理性精神，因此求祈奇迹的意向更为普通，其在实践层面则更易与宗教、迷信等活动交融。

据《金华地方风俗志》载，在近代金华地区，农民要一年四次祭农神。首先是清明后下种前，手持黄纸、炷香，面向田地作揖，

---

① 参见［南朝宋］范晔撰《后汉书·列传·黄琼》，岳麓书社 2008 年 第 1 版，第 730 页。

② 参见［英］伯特兰·罗素著，靳建国译《权力论》，东方出版社 1989 年第 1 版，第 10 页。

③ 参见朱狄《原始文化研究》，三联书店 1988 年第 1 版，第 788 页。

企求种子早日发芽并许愿。第二次是在开秧门之前，捧肉碟燃香，叫"尝田头"。第三次在夏至，供奉酒饭于田头，农民披蓑衣戴斗笠，表示求雨；烧一把大麦秆，表示驱虫。第四次在收割前，摘两穗新粮，插在两碗米饭上，报答神的保佑，以示还愿。这些祭祀活动，实际上是农民在播种、移秧、中期管理、开镰前的四个水稻种植转折阶段所奉行的生产活动开始仪式。在这种地方风俗中，很难厘清祭祀与民间宗教的成分。

总之，以祭先农为例的国家祭祀活动，由于脱胎于原始宗教，其从形式到本质都与宗教有密切的关联，但却不能同一视之。正如邓子琴先生曾经对中国祭礼和宗教的关系做了精辟的辨析，他说："祭礼与宗教，犹子母之相生，水乳之交融。"但是"中国祭礼与普通宗教，其各所含之意蕴，大相径庭迥非一事"。[①] 并指出祭礼与宗教之间的三点区别，即一是宗教之神具神格，祭礼之神具人格。儒家祭祀对象虽然被赋予神性，但目标却是民生与现实秩序的和谐，是对世俗世界进行治理的努力，这与佛道斋醮之内涵迥异。二是宗教之祭主于祈，祭礼之祭在于报。祭祀是提醒统治者行仁政，勤民事，是一种激劝，而非单纯的匍匐求祈。三是宗教注重他力，祭礼注重自力。祭祀是对从人本精神和现世取向出发而认定的功德垂世者进行祭拜，而非对于超自然神力的皈依。

祭享先农作为国家祭礼，拥有国家祭礼的一般属性，即具有准宗教的内涵，但更多的是作为神化古代政治权力秩序的一种政治仪式，其政治控制与社会整合的功能更为明显和强烈。历千年而延续的先农祭礼，在明清以来随典章制度的完备而日臻成熟与完善。从中央到地方，从宫廷到官府、再到民间更因为有着民生实际的需求而普及，似在国家祭礼的一般属性之外又有特殊性。其主要表现：一是因为农业国家的特质，社会各阶层对农业生产的普遍依赖与关注而使祭祀先农成为影响面甚广的国家祭礼。二是炎帝神农氏作为中华文明的开创者，古代圣帝明王和先农先医的创造者多重功绩于一身的神，对其祭祀关乎治统的接续和民生的维持等诸多因素，具有多处祭祀，多层含义的多样性特征。三是起源于原始宗教的农神

---

① 参见邓子琴《中国礼俗学纲要》，中国文化社 1947 年第 1 版，第 80 页。

祭祀因迫切关乎现实生活而使祭祀本身褪去更多的宗教色彩而呈现饱满的人文情怀。俎豆馨香，祭享先农凝结着中华民族悠久的农业传统和民族文明，时光更迭与形式创新都不应改变我们对祖国优秀传统文化的珍视与传承。

张敏（北京古代建筑博物馆，馆长助理、副研究员）

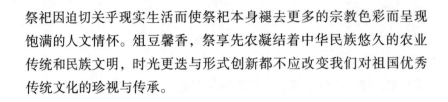

先农坛太岁殿建筑特征初析

◎ 宋长忠

中国是世界四大文明古国之一，有着悠久的农业发展史，"以农为本"的观念深刻地影响着上至皇帝下到百姓的生活。先农坛是明清两代皇家祭祀炎帝神农氏，举行亲耕仪式的重要祭坛，被誉为神州先农第一坛。出正阳门前行几里，在路的西侧，苍松翠柏掩映着红墙碧瓦，巍峨的古建筑点缀其间，此处便是 2001 年被列入全国重点文物保护单位的北京先农坛。先农坛身处北京古都的核心轴线上，与天坛隔街相望，由此可见其在明清时期的重要性，其建筑也代表了明代的最高水平（图 1）。

图 1　先农坛鸟瞰图

一、北京先农坛

先农坛始建于明永乐十八年（1420 年），时称山川坛，是明代帝王举行耕耤典礼、祭享先农等神灵的坛庙，面积约 3 平方公里，四周护坛土地约 600 亩。清朝乾隆年间重修了部分建筑物，《明会典》中记载了北京先农坛的修建及祭祀情况。

《明会典》卷八五记载，"国初，建山川坛于天地坛之西，正殿七间，祭太岁、风、云、雷、雨、五岳、五镇、四海、四渎、钟山之神；东西庑各十五间，分祭京畿山川、春、夏、秋、冬四季月将及都城隍之神。坛西南有先农坛，东有旗纛庙，南有耤田。洪武二年（1369 年），封京都及天下城隍神。三年（1370 年），正岳、镇、海、渎、城隍诸神号，合祀太岁、月将、风、云、雷、雨、岳、镇、海、渎、山川、城隍、旗纛诸神。又令，每岁用惊蛰、秋分各后三日，遣官祭山川坛诸神……永乐中，建山川坛，位置、陈设悉如南京旧制，惟正殿钟山之右增祀天寿山神。"（图 2）

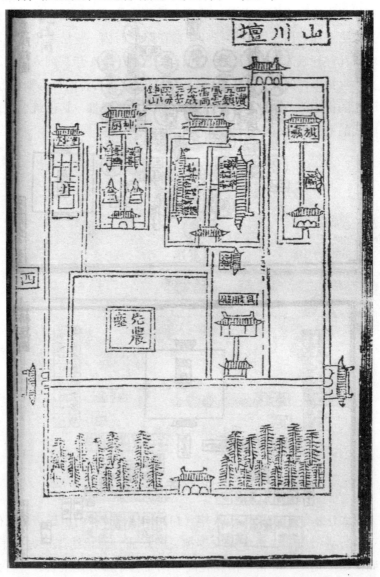

图 2　山川坛图《洪武京城图志》

永乐皇帝建都北京，于南郊建山川坛，嘉靖十年（1531年）又在山川坛内的西南角增建天神、地祇两坛。"十年（1531年），建天神地祇坛于先农坛之南"（《明会典》卷八五），至此先农坛主要建筑均已建成，永乐时期的山川坛主体建筑就是现在的太岁殿院落，虽经历代修复，但它的格局及主要建筑一直保留沿用至今，太岁殿就是永乐山川坛的核心建筑山川殿（图3）。

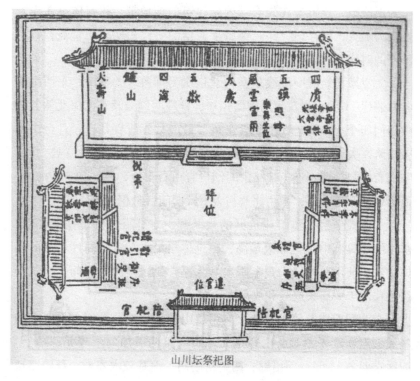

山川坛祭祀图

图3　山川坛祭祀图《明会典》

辛亥革命结束了封建王朝的统治，同时也结束了先农坛作为皇家专用祭坛的命运。1911年国民政府将先农坛收归国有，同时废止了它的祭祀功能。1915年端午节先农坛公园正式挂牌，对公众开放，是当时仅次于中央公园的第二大公园，太岁殿也被改为"忠烈祠"，祭奠黄花岗就义的七十二烈士，每年双十节进行祭祀。1919年成立"城南公园"，之后改为"先农坛事务所"管理北京坛庙事物。1949年先农坛被学校使用主要建筑成为学生宿舍、会议室、图书馆、校办工厂等。1978年8月先农坛被北京市政府列为第二批市级重点文物保护单位。1989年在先农坛成立了全国首个以古建为专题的博物馆"北京古代建筑博物馆"。2001年先农坛被国务院列为第五批全国重点文物保护单位。

二、太岁殿建筑群概况

太岁殿建筑群位于先农坛内坛北门西南侧，主要祭祀太岁、春、夏、秋、冬等自然神灵及十二月将之地。东侧为神仓，西为神厨，南为俱服殿，位置处在先农坛内坛建筑的核地带，建筑体量在先农坛内为最大，保存最完整，保留了大量的明代初期建筑特点，具有鲜明的时代特色。

太岁殿建筑群中轴线从南向北依次为拜殿、太岁殿，东西两侧各有厢房 11 间，建筑间用围墙相连，拜殿两侧墙及东西墙北侧共设随墙门四个。拜殿坐落在整组建筑群最南端，前有月台，月台南侧三出阶，大殿为过堂式，北侧在明间和东、西二次间设三处台阶，明间台阶与神路相连。神路中间铺设青白石石板，两侧为青砖海墁，道沿也使用青白石，神路北侧与太岁殿明间台阶相连。

太岁殿坐落在整组建筑群的最北侧，与拜殿隔神道南北相望，是本组建筑群中建筑等级最高，建筑体量最大，建筑高度最高的单体建筑。使用单檐歇山顶七踩单翘重昂斗拱，南向七开间。建筑等级上仅次于太庙大成殿和故宫太和殿。

东西配殿建筑等级较低，使用悬山顶，彩画也是用更低级别的墨线大点金旋子彩画，内容是死箍头一整两破加勾丝咬龙锦枋心。配殿东西各 11 间，前出廊，四扇格扇门，地基较太岁殿、拜殿略矮（见图4）。

三、先农坛太岁殿

太岁殿建筑雄伟高大，建筑面积 1118.2 平方米，通面阔七间51.35 米，明间、稍间前置六阶台阶，进深三间（12 椽 13 檩）25.7米。其木构架结构形式基本与故宫太和殿上层类似，为彻上明造。屋面单檐歇山式，歇山顶共有九条屋脊，即一条正脊、四条垂脊和四条戗脊。由于其正脊两端到屋檐处中间折断了一次，分为垂脊和戗脊，好像"歇"了一歇。其上半部分为硬山顶的样式，而下半部分则为庑殿顶的样式。歇山顶结合了直线和斜线，在视觉效果上给人以棱角分明、结构清晰的感觉。歇山式的屋顶两侧形成的三角形

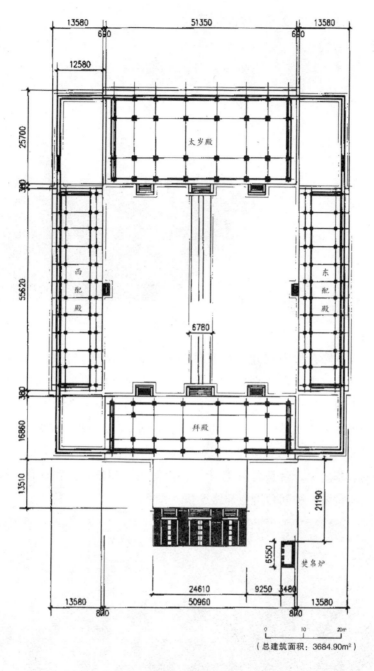

各种尺寸标注：
13580　51350　13580
690　690
12580
25700
太岁殿
390
55620
西配殿　东配殿
6780
拜殿
380
16860
13510
21190
6550　焚帛炉
24610　9250　3480
13580　50960　13580
890　890

0　10　20m

（总建筑面积：3684.90m²）

图 4　太岁殿建筑群平面图

墙面，叫作山花。为了使屋顶不过于庞大，山花还要从山面檐柱中线向内收进，这种做法叫收山。歇山顶屋脊上有各种脊兽装饰，其中正脊上有吻兽或望兽，垂脊上有垂兽，戗脊上有戗兽和仙人走兽，其数量和用法都是有严格等级限制的。先农坛太岁殿屋面的单檐歇山顶，铺黑色琉璃瓦，镶绿剪边。正脊两端脊兽巨大，有剑把，垂脊有垂兽，戗脊设七个神兽（图5）。

图5　先农坛太岁殿走兽

　　太岁殿在先农坛建筑中是体量最大的一组建筑，总高接近20米，而故宫太和殿才高26.92米。太岁殿建筑面积1319.7平方米，面阔七间（51.35米），进深三间（25.7米），为十二椽十三檩，木结构形制为明代早期形式，类似故宫太和殿上层结构，为砌上明造，就是殿内没有天花和藻井，直接将梁架漏出。太岁殿坐落在砖石结构的台基之上，台基高96厘米，在南侧明间和稍间位置设有六级清白石质台阶，明间台阶与神路连接（图6）。

图6　先农坛太岁殿

太岁殿面阔七间，进深三间，金厢斗底槽布局，南北两侧各有八根檐柱，东西各两根，高为6.2米，内部有十二根金柱，南北各六根，高10.35米，金柱将建筑物平面分为大小不等的三区，中间进深较大（10.07米，约等于31.75营造尺，折合92斗口），前后两区进深小（5.55米约等于17.5营造尺，折合50斗口）。前檐柱距为：明间8.31米，次间7.93米，二次间5.71米，尽间5.55米。折合营造尺为：明间26.2尺，76斗口；次间25.0尺，72斗口；二次间18.0尺，52斗口；尽间17.5尺，50斗口（根据北京古代建筑博物馆陈旭、李晓涛所著《北京先农坛研究与保护修缮》所推算出的1营造尺=317.2毫米，斗口为3.46寸）。太岁殿梁架与立柱节点使用大斗连接，斗正面出梁头，侧面出檩枋，柱间用额枋连接。柱头有卷杀，柱有侧角。檐柱柱础为素面覆盆式，边长138厘米，上部圆面直径100厘米，出台高12厘米，柱径66厘米，金柱柱础为同样的素面覆盆式，边长146厘米，上部圆面直径108厘米，出台高12厘米，柱径76厘米。在建筑的梁架部分普遍的使用了荷叶墩连接，荷叶墩上部位卷草纹，下部为倒置荷叶纹，起加强梁架结构作用，檐枋与金檩垫枋之间用五踩斗拱连接，具有典型明代特征（图7）。

太岁殿四周均有斗拱，共118攒，其中角科4攒，柱头科18攒，补间平身科96攒，明间平身科6攒，次间6攒，二次间4攒，尽间4攒。檐下采用单翘重昂七踩斗拱，隔架斗拱用于承重梁架和随梁之间起增强承重和抗弯曲作用。明间采用的是单翘双昂七踩溜金斗拱，落金做法，上层秤杆落于隔架科斗拱坐斗内，后尾伸出斗坐，外雕成三幅云。单翘双昂七踩鎏金斗拱是明清时代具有代表性的做法，它由室外檐下采用的是单翘双昂七踩斗拱和室内使用鎏金斗拱两部分组合而成。单翘重昂七踩鎏金斗拱，大斗之上进深方向构建依次为头翘、头昂、二昂，从正心枋向内外各处三踩，加上坐斗一踩，共七踩。此种斗拱规格极高，仅次于单翘三昂九踩斗拱，如太和殿下层檐下就使用的是单翘双昂七踩斗拱，上层檐下使用的是单翘三昂九踩斗拱，此种斗拱只能用在皇家建筑和坛庙等专用建筑上。鎏金斗拱的意思是斗拱的室内部分有个假的斜昂向后延伸，尾部翘起，与上层的金檩相接，相接处使用五踩斗拱形式，但它在结构上并没有真正的承重作用。昂的演变是从大至小、由简至繁、由真变假，同时也从唐宋时的结构件演变到明清的装饰件。自宋起，有将华拱拱头做成昂式的，其结构作用与拱无异，此种昂称为假昂，

太岁殿

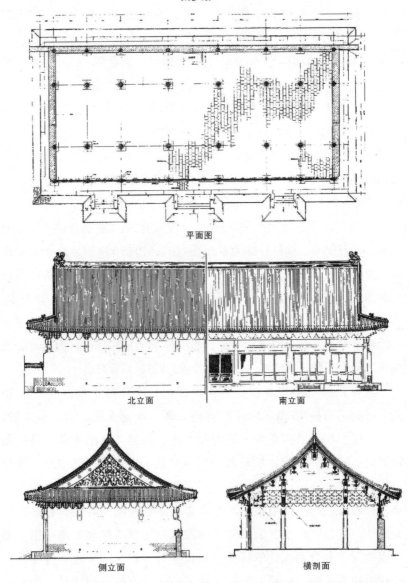

平面图

北立面　　　南立面

侧立面　　　横剖面

图7　太岁殿图

与真昂并用。元代起假昂渐居统治地位，清代则已全部用假昂。昂的外观，又有批竹、琴面及象鼻多种，太岁殿的昂为批竹。另外在室内檐枋与金檩垫枋之间用五踩斗拱连接，起到了支撑和加固作用。

溜金斗拱在太岁殿上大量使用，在宋元时期却没有鎏金斗拱的制作使用工艺，因此可以说鎏金斗拱是在明代建筑斗拱作用弱化的同时产生的。在清《工部工程做法则例》中曾经有关于鎏金斗拱产生于明代早期的记载（图8）。

图8　太岁殿鎏金斗拱

太岁殿为传统的殿宇式建筑，正面前檐七间各开四扇隔扇门，其余三面均砌墙封闭，墙体下半部为青砖砌筑，使用磨砖对缝工艺，上半部分用加麻灰抹平，涂刷土朱红。正面各间檐下依次为平盘枋、柱头枋、额枋垫板、额枋和隔扇门组成。隔扇门为四抹三交六碗菱花门，门分上下两部分，上半部分为菱花部分，使用宫殿常用的三交六碗菱花，与紫禁城太和殿、角楼和雍和宫主殿所用工艺相同，裙板为如意头有帘架，绦环版内为变性方格图案。大门遍涂刷朱红大漆，并依所处位置不同，由于明间到尽间开度不同，隔扇门的宽度也有相应的变化，依次为明间门宽174厘米，次间门宽170厘米，二次间门宽113厘米，尽间门宽113厘米。三交六碗菱花窗整体涂刷朱红大漆，花心刷金漆（图9）。

太岁殿不仅形体高达威严，其装饰同样金碧辉煌。太岁殿外部檐下采用金龙和玺彩画，和玺彩画根据建筑的规模、等级与使用功能的需要，分为金龙和玺、金凤和玺、龙凤和玺、龙草和玺和苏画和玺等五种，它们是根据所绘制的彩画内容而定名。全画龙图案的为金龙和玺彩画，一般应用在宫殿中轴的主要建筑之上。如故宫三大殿，以表示"真龙天子"至高无上的意思。太岁殿使用的就是金龙和玺彩画，在明间是上蓝下绿，明间两旁的次间、稍间则上下互换分配，次间上绿下蓝，稍间又上蓝下绿。而额垫板用红色，平板

图9　太岁殿隔扇门

枋用蓝色，梁上画"跑龙"，用绿色画"工王云"。"和玺彩画"的箍头、藻头都用线将它分成整齐的格子，把各种形式的龙画在格子内，箍头盒子内画"坐龙"，藻头画"升龙"或者或"降龙"，枋心之内画"行龙"，整个彩画的分布从枋心开始，向两端做对称式。

太岁殿枋心藻头等在各部位均为金龙和玺彩画。平板枋：青地，两端向中顺序画行龙；枋心：大额绿地，小额青地，画二龙戏珠；藻头：大额青地画升龙，小额绿地画降龙，升降龙互换；藻头画升降龙二龙戏珠；箍头：大额青楞线，青盒子，小额绿楞线，绿盒子，内画坐龙、升龙、降龙；垫板：朱红地，两端向中对画行龙；柱头：上下两头各一条箍头，上下刷绿红，和青地对应，花纹有多种画法。青地画两绿盒子，画坐龙；斗拱：用蓝绿两色，周角用金黄线，升斗绿色侧拱昂蓝色，升斗蓝则拱昂绿，每攒蓝绿相间分配，色彩次间互换，隔间相同（图10）。

太岁殿室内彩画与室外檐下彩画不同为墨线大点金龙锦枋心旋子彩画。其明间大额枋彩画图案为死箍头加活盒子，一整二破藻头，二龙戏珠枋心。小额枋为死箍头加活盒子，一整二破加勾丝咬，锦纹图案枋心。挑檐枋为死箍头加活盒子，一整二破加勾丝咬藻头。大殿内彩画为原始彩画，1988年修缮时未对其进行修复，因此彩画保留了很多清代工艺信息，根据分析殿内彩画为清代乾隆时所绘（图11）。

图 10　太岁殿廊下金龙和玺彩画

图 11　太岁殿室内旋子彩画

　　太岁殿整体建筑在一个长 51.35 米、宽 25.70 米、高出地面 0.96 米的长方形地基之上，地基采用复合夯土加砖石包砌的结构。复合夯土是在古人不断营建过程中发现的，他们在地基土壤中加入一定量的烧土制品碎渣（如红烧土碎片、陶粒、瓦砾、砖渣等）或石灰，经夯打后其强度较通常的夯土地基有显著提高，而且在耐水、防潮方面也有很大优越性。河南洛阳王家湾原始社会建筑遗址夯土墙下的地基是加有红烧土夯实加固的。现存的山西五台山唐代南禅寺大殿，其做法是在黄土中渗入约三分之一的瓦碴和碎砖，然后分层夯实。在近年的施工过程中我们发现太岁殿下的地基深挖两米有余，其工艺是，黏土与砖块混合夯筑而成其粘土层厚度为12～15厘米，砖块厚度也不一样，薄的大约5～6厘米，厚的大概8～12厘米。碎砖和黏土基础是对夯土基础做法的改进和提高，从而增强了基础的抗压强度，因此太岁殿历经近六百年风雨屹立不倒。这种地基做法在北京故宫内随处可见，宫殿、门座、宫墙、城墙等都是建立在此种地基之上的（图12、13）。

图12　太岁殿台基局部

图13　太岁殿地基夯土做法

四、先农坛太岁殿拜殿

拜殿坐落在太岁殿建筑群最南端起点，建筑面积约860平方米。通面阔七间50.96米，进深三间（8椽9檩）16.88米。前置332.5平方米的月台，正面置六阶台阶三个，后檐分别在明间、稍间置六阶台阶。殿内北部减去金柱四根，其木构架结构与宋《营造法式》的"八架椽屋乳栿对六椽栿用三柱"类同，彻上明造。屋面单檐歇山式，黑色琉璃瓦绿琉璃瓦剪边，檐柱头有砍杀。斗拱为五踩单翘单昂鎏金斗拱，明间及次间补间斗拱六攒，稍间及尽间为四攒，四周共用柱头斗拱18攒，角科斗拱四攒，补间斗拱84攒。殿宇前檐中三间用四扇格扇门，稍间下砌槛墙，上置四扇格扇窗，尽间砌墙，后檐七间全开四扇格扇门，格扇形制为四抹头，菱花为三交六碗。

拜殿始建于明永乐年间，为单檐歇山式建筑。歇山顶建筑亦叫九脊殿，除正脊、垂脊外，还有四条戗脊，正脊的前后两坡是整坡，左右两坡是半坡，在等级上仅次于庑殿顶，在古建筑中如天安门、太和门、保和殿等均为此种形式。歇山顶的出现晚于庑殿顶，其样式最早可见于汉阙石刻，在汉代的明器、北朝石窟的壁画上，也都可看到歇山顶。现存最早的歇山式建筑是五台山的唐代南禅寺大殿，到了宋、元时期，歇山顶已经大为流行，一些建筑物的单檐庑殿式主殿开始改为重檐歇山式，明代时重檐歇山更广为运用到殿宇建筑之中，超越单檐庑殿，成为仅次于重檐庑殿的最高等级建筑样式（图14）。

图14　太岁殿拜殿

拜殿采用简化了的鎏金斗拱后尾做法，将前檐斗拱后尾下方的覆莲梢与两山前廊近角斗拱重合，后檐也是用同样做法，而上方的覆莲梢即下金檩位置与山面下金檩步架与正身相同。

五、太岁殿东西配殿

东西配殿建筑面积各为 755.3 平方米，其面阔各 11 间 55.56 米，进深三间（6 椽 7 檩）13.58 米，前出廊，仅明间置五阶台阶，南北两侧于廊步尽头置如意踏跺三级，悬山黑琉璃瓦屋面。东西配殿大木构架为早期特色，殿宇梁架每一结点的柱头直接承载大斗，斗正面出梁头，侧面出檩枋，柱间用额枋相连接，柱头有卷杀，柱有侧角。殿宇通面阔 11 间，各开四抹方格四扇格扇门，彩画为一整两破勾丝咬墨线大点金龙锦枋心旋子彩画。东西配殿结构为抬梁式，建筑不使用斗拱，柱础为素面覆盆式柱础，室内和廊下铺一尺二寸见方方砖（图 15）。

图 15　太岁殿西配殿

六、太岁殿建筑群其他特点

太岁殿大木框架使用金丝楠木。金丝楠木在我国分布于长江流域以南，尤其以西南为最常见，其水不浸、蚊不穴，不腐不蛀亦有幽香。明代金丝楠木为皇家专用，皇家的宫殿、陵寝、坛庙等建筑多为金丝楠木制作。1988太岁殿修缮时进行了糟朽椽望更换，另外更换扶脊木四根，经当时参与工程的人员回忆，其中有一两根为金丝楠木，另外还观察到大木结构为金丝楠木，同在太岁殿建筑群的东西配殿使用的望板有一部分也是金丝楠木。神厨位于太岁殿西侧，建筑年代与太岁殿相同，其中井亭的斗拱及枋木为金丝楠木（图16）。

图16　先农坛神厨井亭竖铺望板及楠木角梁

太岁坛坛座建在太岁殿明间北山墙正中，坛座高1.24米，进深1.6米，面阔3.18米，为汉白玉雕刻有雕刻纹饰，束腰型须弥座。经文物专家辨认，所刻纹饰有明显的明代特征，结合《明会典》关于嘉靖帝建太岁坛记载，可以认定太岁坛为明代所建。

太岁殿所用木材尺度巨大，檐柱下直径有66厘米，高6.2米，金柱尺寸更达到了76厘米，高10.35米，是清代建筑所没有的。另外在太岁殿拜殿内使用了平面减柱做法，扩大了内部空间，也是明代早期的建筑特点。

太岁殿檐下斗拱疏朗，线条优美，为明代做法，坐斗敧倾斜，歪向一边，并且有内拱、瓣拱、昂嘴这些都是早期斗拱所具有的特点，清代少见。在斗拱支撑下大殿出檐深渊，屋顶曲线柔和，整体建筑外形比例符合明代特点，既有宋元时的高大优美又有明清时的紧凑繁密。另外在梁架截面尺度和制作工艺手法上，既不同于宋《营造法式》又有别于清《工部工程则例》，可以看作是二者的过渡。屋面木基层的竖铺望板是明代建筑所特有的工艺手法，清代多使用横铺，还有口里木的应用也是明早期建筑与清代建筑所不同的，在明代木构架技术在强化整体结构性能、简化施工和斗拱装饰化三个方面有所发展。柱与柱之间增加了联系构件的穿插枋、随梁枋，改善了殿阁建筑结构；斗拱用料变小而排列越来越丛密，等等，这些都太岁殿所具有的特点。

七、史料文献

太岁殿建筑群的前身为明代山川坛主体，《明实录》中记载了永乐皇帝建山川坛"悉仿南京旧制"。在《明史》卷四九中有记载"嘉靖十年（1531 年），命理部考太岁坛制。遂建太岁坛于正阳门之西，与天坛对"。这里看可能有一些问题，到底是永乐建太岁殿还是嘉靖建太岁殿呢？其实我们分析一下还是可以分清的。第一，永乐帝建了山川坛，既今天的先农坛，在南郊正阳门西，山川坛正殿山川殿就是今天的太岁殿。第二，嘉靖帝只建了天神坛、地祇坛和太岁坛，这里说的"坛"其实就是坛座，因为《明实录》卷八五里有明确的记载，"嘉靖八年（1529 年），令以每岁孟春及岁暮，特祀太岁、月将之神，与享太庙同日，太庙同日。凡亲祀山川等神、皆用皮弁服行礼、以别於郊庙。九年（1530 年），更风云雷雨之序曰云雨风雷，又分云师雨师风伯雷师以为天神，岳镇海渎钟山天寿山京畿并天下名山大川之神以为地祇。每岁仲秋中旬、择吉行报祭礼、同日异时。而祭城隍神于其庙。十年（1531 年），建天神地祇坛于先农坛之南天神在左、南向。地祇在右、北向。附祖陵基运山皇陵翔圣山、显陵纯德山神于地祇坛，并号钟山曰神烈山。十一年（1532 年），令神祇坛以丑辰未戌三年一亲祭。隆庆元年议罢，惟太岁月将特祭于山川坛、如初洪武二十六年初定仪"。嘉靖八年（1529年）重新确定祭祀礼仪，九年（1530 年）众神分为天神与地祇，十年（1531 年）将太岁殿内的天神、地祇迁出，在先农坛南另建两坛，至此太岁殿内只剩下太岁神。之后隆庆元年（1567 年）又再次明确只有太岁、月将特祭于山川坛，由此可以看出太岁殿确为永乐时所建。

明嘉靖和清乾隆帝时期都曾对先农坛的建筑进行改建和大修，文献中可以找到嘉靖帝建太岁坛和清乾隆帝下诏修葺先农坛的记载，

这点在后来 1988 年对太岁殿维修的时候找到了实证，太岁殿屋顶的琉璃瓦上有"乾隆年制"印款。

结束语

通过对先农坛太岁殿建筑群的史料与建筑特征分析，我们可以做出以下结论，北京先农坛内太岁殿建筑群具有大量明代早期建筑特征，可以确定为明代早期所建。太岁殿建筑群从侧面显现了明代建筑的成就，它不仅是沿袭唐宋建筑的精华，还在此基础上有所发展，而且在建筑技术上也取得了进步。明代太岁殿建筑群突出了梁、柱、檩的直接结合，减少了斗拱这个中间层次的作用。这不仅简化了结构，还节省了大量木材，从而达到了以更少的材料取得更大建筑空间的效果。

先农坛太岁殿建筑群从南至北沿轴线平面铺开，呈现规整的中轴对称结构，建筑高大威严，彰显了明清时期皇家坛庙的非凡气势，是不可多得的明代建筑精品。在对太岁殿建筑细部的分析研究中，我们可以找到大量的明代建筑特征，因此这里也是研究明代建筑的完美教材。

宋长忠（北京古代建筑博物馆保管部，副主任、馆员）

雍正皇帝
重农思想下的统治策略

◎ 郭 爽

先农坛是坐落在北京城西南一隅的一处皇家礼制建筑，作为明清两代皇帝祭农躬耕之所，它与统治者都有着千丝万缕的联系。明清时期的封建帝王纷纷制定相应的规章制度，来完成对先农之神的祭祀及亲耕耤田之礼。在这些帝王中，清雍正帝与先农坛有着密不可分的关系，同时在他重农的思想下也有着不同的统治策略。

在雍正当政期间，他励精图治，大刀阔斧地实行了一系列革新政策，清除了康熙朝晚期留下的弊病，为乾隆朝的盛世奠定了坚实的基础，在康乾盛世中起到了承上启下、举足轻重的作用，可以说没有雍正帝的当政就没有日后乾隆朝的鼎盛。但是雍正帝的形象却一直备受争议，长期以来雍正帝的形象一直被恶意丑化，在稗官野史中甚至被妖魔化，变成一位为了谋权篡位，整日骄奢淫逸，喜怒无常，无德而暴戾的昏君。随着近几年清史研究的发展，雍正帝的形象得到了公正的评价，他的勤政以及对于清王朝的贡献越来越得到人们的认可。无论如何胤禛是个勤勉的皇帝，从先农坛祭祀的历史上也可以说明这一点，以下就从几个方面证明雍正皇帝重视农业，以农为本、关注国计民生的治国态度和他通过重农思想实行的治国政策。

一、雍正皇帝先农坛行亲祭、亲耕礼

雍正皇帝在位13年，虽然时间不长，但非常重视祭祀先农和行耤田礼。与一般需要皇帝亲祭的大祀诸礼相比，位列大祀第一礼的是每年在与先农坛隔街相望的天坛，进行圜丘祈谷与冬至祭天，雍正帝曾两次遣庄亲王允禄代祭，自己并未亲祭；至于大祀中的祭大社大稷、祭太庙等，更是多次遣官代祭，唯独对于在先农坛祭祀农神之礼，年年亲祭不辍。这样看来，他是明清两代帝王中来先农坛亲祭和亲耕频率最高的一位皇帝。除登基后第一年各项政事繁忙没有亲祭外，从雍正二年至十三年（1724—1735），共亲祭先农、亲耕耤田十二次，表现出他对农业以及先农坛极其重视的态度。

雍正皇帝对于祭先农礼的重视很好地诠释了"国之大事，在祀与戎"，同时祀礼也是帝王对国家进行统治的一项重要手段，雍正帝几乎将祭礼视为军政要事中的头等大事，同时也把耕耤礼制度建设推到极致，成为一项从中央到地方的国家制度。雍正皇帝不但亲耕时在以往三推基础上又加了一推，还颁发了新修订的《三十六禾词》。后诏令全国州县府卫所，"各择东郊官地洁净丰腴者，以四亩九分为耤田，即于耤田之后建先农坛"，守土官员须率属"按九卿制行耕耤礼"亲耕，等等。中国国家图书馆藏有顺天府涿州房山县《鼎建先农坛碑碑文》拓片，详细记述了清朝雍正七年该县建成先农坛及坛域的建制情况。雍正五年（1727年）以后全国许多地方建立了先农坛。关于全国地方先农坛的建制记载，在清代方志中随处可见，而且作为一方地名，至今仍保存在一些县市的街区名称之中。祭祀先农行耕耤礼的推行，对于推进地方的农业生产以及地方的民俗民风有一定的积极影响。又如雍正二年（1724年）二月，雍正皇帝曾下旨："耕耤牛二只，着交内务府总管于洁净处加意喂养。"雍正三年（1725年）二月又下旨说：耕耤典礼朕每岁举行，交与尔等牛只着于南苑圈内加意喂养，届期仍用此牛"等。

雍正帝胤禛对图画颇感兴趣，他喜欢把自己扮作各种角色绘制在画中，题材多为游玩行乐，而这其中有两幅大场面的纪实画作，即"雍正皇帝祭先农图"（图1）和"雍正皇帝祭先农图"（图2），这两幅图现分别藏于故宫博物院和法国巴黎吉美东方艺术馆。"雍正皇帝亲祭图"描绘了一幅雍正帝在先农坛祭祀的盛大场面。画中坛台上的布局，如典制规定：靠北处是一座方形帐篷，里面供的是神农氏的牌位；后面放置一张爵桌，上面放置瓷盏；爵桌前红色的架子即宰割祭物的案子，但此时案子上供的是早已被宰割完毕的牺牲。祭祀时，皇帝要在此率百官向神农氏行三跪九拜大礼。按规定坛上应有参与祭祀的官员15人，但是画家在坛上却只画了9人，或许是出于构图的需要吧。坛前甬路两侧有诸多穿红袍者，他们是乐舞生和武舞生。从图中可以看出，雍正皇帝身着石青色祭祀礼服满怀庄严感，在前引后拥的官员护卫下，缓步走向祭坛。尽管拜祭先农的场面宏大，仪式庄严，但皇帝祭先农的重头戏还不在此，而是祭拜过后的亲耕耤田礼。所谓"耤"是周时专为天子亲耕开辟的一块土地，称"耤田"。从"雍正皇帝亲耕图"的画面上可以看到这场重头戏的浩大与繁复画面。图中所绘朱红色木制方台是皇帝的观耕台，上面屏风宝座、靠背迎手，如宫内。台前是以朱红色木杆支起的华丽彩棚，棚外左右两侧，各有六头黑牛，区别于皇帝所使用的黄色犊牛，黑牛后拖着红色木犁，亦区别于皇帝使用的黄色木犁，在此待命；扶红犁的是披蓑戴笠、来自顺天府大兴与宛平的老年农夫；穿红袍的乐舞生们分立耤田两侧，百官们也都齐集观耕台前。雍正帝这时脱去了祭祀专用礼服，只穿一件龙袍，右手扶着犁柄，左手挥着牛鞭，正在耤田上实施礼制规定的"天子三推"。皇帝身后两位大臣，左边是手捧青箱的顺天府府尹，右边是负责播种的户部尚书，在皇帝推犁后播种下地。此时"左右鸣金鼓，彩旗招展"，歌声大作。皇帝推犁完毕，歌声停止，他应该走上观耕台，观看臣民耕作。图下侧所绘的一排红色矮桌，上摆各式农具，是供皇帝观看的陪耕顺天府农夫们使用的。从图中还可以看到，在身披黄衣的御用耕牛尾部，还有两个弯腰拱背的人在用力，他们是扶犁的顺天府农夫，其作用是保证皇帝所扶铁犁耕入地中。

图 1　雍正皇帝祭先农图

图 2　雍正皇帝祭先农图

二、雍正皇帝亲书颁示郎士宁"瑞谷图"

"瑞谷图"是由宫廷画师郎士宁所绘，纸本横幅，高 50 厘米、宽 158 厘米。整幅画面构图匀称，画面色调和谐统一，仅用赭石、墨两种颜色，恰如其分地描绘出颗粒饱满的谷穗。椭圆形颗粒，转侧向背，生动自然。饱满的子实，似脱谷欲出，体现了西洋画法所

注重的物象解剖和结构的准确。以赭石和墨色的浓淡变化，表现出条状披针形谷叶层次。飘逸流动的谷叶自然舒展，一派瑞谷兆丰年的祥瑞之气跃然纸上。画面采用五穗谷子入画，正是寓意着中国传统吉语——五谷丰登。画面右端雍正帝亲笔书写的圣谕，字体结构精谨，疏密得当，代表了清代皇家哀翰之风。圣谕末端钤"敬天勤民"宝玺。"敬天勤民"简单4个字蕴涵着"以民为本"的治国方略。"敬天"是历代皇帝尊崇的一项重要方针，因为帝王乃"天子"。而中国古代，又有所谓"君以民为天"，"民以食为天"之说，所以民即是天，顺民意，为民生，天意即是民意。"勤民"则体现了宽大仁政，把老百姓放在了立邦之本的位置之上（图3）。

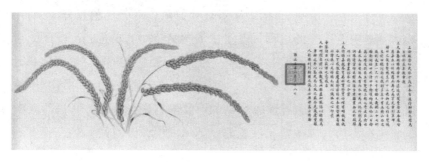

图3　瑞谷图

雍正四年（1726年）先农坛耤田出现多穗瑞谷，全国各地亦呈现难得一见的丰收景象，雍正皇帝闻报各处粮食丰收，大悦，便令大学士张廷玉传旨，让宫廷御用画师郎士宁作"瑞谷图"。此后连年风调雨顺，五谷丰稳。雍正五年（1727年）八月二十二日，雍正帝颁示"瑞谷图"，并降旨曰："今蒙上天特赐嘉谷，养育百姓，实坚实好，确有明征。朕抵承之下，感激欢庆，着绘图颁示各省督抚等。朕非夸张，以为祥瑞也……自兹以往，观览此图，益加做惕，以修德为事神之本，以敬民为立政之基。"谕旨末端还钤上"敬天勤民"宝玺。中国自古为农业国家，谷类作物是人们赖以生存的主要食粮，若遇风调雨顺，五谷丰收，则往往被视为君主恭祭先农神、施行德政的结果。因此雍正闻各地上报瑞谷而大悦，命人绘"瑞谷图"且亲降旨颁示也就不难理解了。

三、雍正皇帝与"耕织图"

耕织图是我国古代所特有的一种将农业生产过程绘成连环画，

并配以诗文加以说明的图画。其诗不同于一般的田园诗，因为它不以抒情为主，而以具体的描述为主；其图也不同于一般的美术作品，因为它不重艺术渲染而重写实。图与诗的结合提供农民仿效操作的范例，其目的是为发展农业生产服务的，是一种社会化、大众化的科普著作。我国古代耕织图丰富多彩，它形象地描绘了当时农桑并举、男耕女织的生产内容和特征，既是精美的艺术品，又是研究社会经济史、农业历史和艺术史以及民风、民俗的可贵资料。清代耕织图源于我国创制最早的南宋楼璹"耕织图"，楼璹在任於潜（今浙江临安）县县令时，关心农业，同情农民，因而"既为图以状其事，又作诗以抒其情"，所作"耕织图"共45幅，其中耕图21幅，从浸种到入仓；织图24幅，从浴蚕到剪帛。每图自题五言诗一首，内容描绘农业生产的过程，也叙述了农民劳动的艰苦，可惜此图后来失传了，其诗保留了下来。清代根据楼璹"耕织图"绘制、摹刻或按其艺术手法创作了多版本的耕织图，这些耕织图中，就出处说，既有宫廷御制的，也有地方自制的；就内容说，既有综合描绘耕织的，也有专门宣传蚕桑和棉业的；就形式说，既有绘画的，也有石刻、木刻等作品的。

清代所绘的数套"耕织图"，以雍正皇帝的"耕织图"最为特别。雍正"耕织图"的特别之处在于图中主角——耕夫与织妇均画作胤禛夫妇的形象。图中已过中年的胤禛，不但弯腰插秧，挥刀割稻，且裸身赤脚，十足一个辛劳耕作的农民。一个皇帝竟然屈尊至此，使人感到有趣的同时，也倍感奇怪。雍正年间所制"耕织图"的原图，至今尚未查到，但民国二十二年（1933年）《故宫周刊》曾刊登此图，该刊注说："中国古代常于守令之门，绘耕织图以劝民，使为吏者知其本。宋高宗即位下劝农之诏，其时有於潜令楼璹绘耕织图始末四十余条，各题以诗，被召入都，赏赐有加。农图自浸种起至登察止；织图自浴种起至剪帛止，分条题诗始于此……明清因之，康熙帝曾印行二图，作为画册，并附以序，颁于群臣。雍正帝袭旧章命院工绘拟五十二图，其中重复六张，图上亦无题诗，设色绢地，尚未成画册模样。自第一至二十三幅为耕图；第二十四至四十六幅为织图，每幅上方有御笔分题句，并绘印'雍亲王宝'、'破尘居士'，但不知究为何人所绘，或出当时院技名手。厥后每帝仍之拟绘，朝夕披览，借无忘古帝王重农桑之本意也。"雍正"耕织图"究系何人所绘，尚待查考。现存图分耕、织各23幅，合计46

幅。画面内容及画目与康熙时焦秉贞图基本相同，但排列顺序则稍有改动，并删去了每幅楼璹所题五言诗。

雍正"耕织图"每一幅画面上均有胤禛的题诗，而且也还都钤有"雍亲王宝"和"破尘居士"之印。这两方印表明，此图是胤禛被封为雍亲王后在藩邸所绘；据《清世宗御制文集》所收《雍邸集》的诗文编排看，《皇父御极之六十年岁次辛丑元旦群臣上寿恭颂》一诗，排在《耕图二十三首》和《织图二十三首》诗之前，由此可以判断，这46首吟诵"耕织图"的诗，是作于康熙六十年至六十一年（1721—1722）之间；那么图的绘制，就应在康熙四十年至六十年（1701—1721）之间。胤禛是个以"宵衣旰食"自诩的人，从未见他有何风雅之举，收入《雍邸集》的反映他在雍邸生活的诗，还不足40首，连乾隆当宝亲王时吟诗的零头都不够。那么他为什么要投入相当大的精力绘制这52幅"耕织图"呢？"破尘居士"之印及画面主角均为胤禛夫妇这一细节，是我们分析此图产生主要原因的重要线索。"看破红尘"，常常是人们在遭受挫折而非充满希望时产生的感觉。胤禛被封为雍亲王是在康熙四十八（1709年）年，也是宣布他夺嫡无望之年。在诸子封王的同时，废皇太子允礽亦被复立为太子。看破红尘之感，又何止胤禛独有？只不过胤禛附庸风雅，将它以名号和印章形式表现出来罢了。然而，没过两年太子复废，原已渐熄的皇储之争战火，再次被点燃，储位又再次空缺，这对于角逐皇储的皇子们来说，有如注射了一针兴奋剂，他们各自使出浑身解数，开始了新一轮的争斗。胤禛当然也不甘落后，但他采取的手段与众不同。太子复废的第二年（康熙五十二年，1713年），胤禛心腹门人戴铎所进密书，可视为胤禛争储方式的反应：诸王当未定之日，各有不并立之心……我主子天性仁孝，皇上前毫无所疵，其诸王阿哥之中，俱当以大度包容，使有才者不为所忌，无才者以为靠。一至于左右近御之人，俱求主子破格优礼也。一言之誉，未必得福之速，一言之谗，即可伏祸之根。主子敬老尊贤，声名实所久，更求意留心，逢人加意。素为皇上之亲信者不必论，即汉官宦侍之流，主子似应于见面之际，俱加温语数句，奖语数言；在主子不用金帛之赐，而彼已感激无地矣。贤声日久日盛，日盛日彰，臣民之公论谁得而逾之！至于各部各处之闲事，似不必多于与闻也。"胤禛在复废太子后的几年间，也正是这么做的。他一方面声称反对结党，一方面却派门人私下结交江湖术士就是例证。试想，若他真

的认为储位无望，看破红尘，发自内心萌生了携妻率子种田植桑的愿望，何必要宣称自己为"破尘居士"呢？更无须命画家将自己和福晋画作农夫织妇去张扬。这无非是掩人耳目，韬光养晦，以博得皇父认可，朝野同情。由此可以看出，雍正"耕织图"的出现绝非胤禛依前朝之例，以为表达自己关注国计民生的作品，而是激烈的皇储之争的产物。

所以从以上几点我们可以深切地看出，无论是强化祭先农制度，还是宣扬嘉禾瑞谷，或是绘制"耕织图"，无一不是雍正帝实施权力的政治手段。不管是继位之前的韬光养晦，还是继位之后掌控朝政的统治策略，都以重农思想为前提，继而采取一系列的措施，从而达到所要达到的目的，这均表现了他不同于其他帝王的政治韬略。

郭爽（北京古代建筑博物馆社教与信息部，馆员）